高等职业教育智能制造系列新形态教材

机械加工工艺制订与实施

主　编　侯云霞　王泉国　马华霞
副主编　王淑霞　陈博范　梁东明　陈　建　陈秋霞

同濟大學出版社
TONGJI UNIVERSITY PRESS
·上海·

内 容 提 要

本书首先从高职学生的认知规律和能力进阶规律出发，结合金属切削原理与刀具、金属切削机床、机床夹具、机械制造工艺等方面的专业知识，重构知识体系；然后介绍传动轴的加工工艺制订与实施、轴承套的加工工艺制订与实施、方箱体的加工工艺制订与实施、齿轮的加工工艺制订与实施四个项目，依据企业产品制造的实际工作过程，选取典型的轴、套、箱体、齿轮类零件进行项目化设计，以工作过程为导向细化工作任务，将知识点的学习穿插于任务执行过程中，使学生更好地掌握理论知识，提高综合实践能力，实现预定的学习目标。

本书可作为高等职业院校机械、机电类及相关专业的教材，也可作为从事机械制造类工作的技术工人的岗位培训教材。

图书在版编目(CIP)数据

机械加工工艺制订与实施/侯云霞，王泉国，马华霞主编．—上海：同济大学出版社，2022.12

ISBN 978-7-5765-0484-2

Ⅰ.①机… Ⅱ.①侯… ②王… ③马… Ⅲ.①金属切削—工艺学—高等职业教育—教材 Ⅳ.①TG506

中国版本图书馆 CIP 数据核字(2022)第 220884 号

高等职业教育智能制造系列新形态教材

机械加工工艺制订与实施

主编 侯云霞 王泉国 马华霞

副主编 王淑霞 陈博范 梁东明 陈 建 陈秋霞

责任编辑 任学敏 **助理编辑** 竺奕辰 **责任校对** 徐春莲 **封面设计** 陈益平

出版发行 同济大学出版社 www.tongjipress.com.cn
(地址:上海市四平路 1239 号 邮编:200092 电话:021-65985622)
经　销 全国各地新华书店
排　版 南京文脉图文设计制作有限公司
印　刷 常熟市大宏印刷有限公司
开　本 787mm×1092mm 1/16
印　张 17.75
字　数 443 000
版　次 2022 年 12 月第 1 版
印　次 2022 年 12 月第 1 次印刷
书　号 ISBN 978-7-5765-0484-2

定　价 69.00 元

前　言

为贯彻落实党的二十大精神，推进党的二十大精神有效融入专业课程体系，本书结合《高等职业学校专业教学标准（试行）》、职业标准和专业课程特点，坚持校企协同育人以及工学紧密结合，立足职业岗位需求，本着科学、务实的态度将机械制造基础理论与产品加工生产实际有机结合，引导学生“做中学、学中做”，在实践中树立学生的职业信念，使学生践行职业规范，增强职业责任感，实现知识传授、能力培养、价值塑造三位一体的教学目标。

“机械加工工艺制订与实施”课程是机械类专业核心平台课程之一，对核心岗位（工艺编制）能力的形成起着重要的支撑作用，本书把原课程体系中的“机械制造工艺学”“金属切削原理与刀具”“金属切削机床”等课程的内容进行了重构并整合。通过学习，学生能够运用基础理论知识和实践技能经验，在遵循国家职业标准和行业规范的基础上，独立完成轴、套、箱体、齿轮类零件的加工工艺分析、工艺设计及工艺文件的编制等任务，并能与设计、生产等部门的人员进行交流、协作，实现预定的任务目标。

本书的主要特点和创新点：

（1）基于典型零件的机械加工工艺制订与实施过程构建教材的体系架构。将理论学习与企业产品生产有机结合，在真实的工作情境中实施教学，突出“做中学、做中教”。

（2）融入思政元素，强化立德树人的目标。通过职业标准、质量标准、安全规范、环保意识、人文关爱等思政元素的有机融入，激发学生的爱国情怀，树立学生的职业信念，使学生自觉践行职业规范，增强职业责任感。

（3）基于工作过程，序化教学内容。教学内容编排上打破原有的理论框架，对内容进行整合、取舍和补充，简化原理性描述，尽量采用浅显易懂的语句或图表形式将复杂的内容形象化。

（4）基于工作任务，设计教学过程。通过分析任务、制订计划、实施方案、检验任务等训练环节，激发学生的学习兴趣和动手能力，强调互动学习，使学生快速有效地将知识内化为技能。

（5）可视化内容设计。部分任务增加“拓展阅读”内容，提供相关文章、制度、标准、微课、课件、视频等信息资料的链接，满足学生课堂外的学习和交流需求，提高学生的综合职业能力和职业素养。

本书由侯云霞、王泉国、马华霞担任主编，王淑霞、陈博范、梁东明、陈建、陈秋霞任副主编，刘秀霞、侯磊、武霄鹏、朱丽萍、王霄琳及明治机械（德州）有限公司王景坤、大亚机械杨锋、山东泰达染整机械有限公司李家全提供了大量实例，参与了编写。本书在编写过程中参阅了大量的相关教材、教辅参考书、技术手册等图书资料及相关视频、动画，在此向原作者致以衷心的感谢！

由于编者水平和经验有限，本书虽然经反复修改、审校，但仍可能有欠妥或疏漏之处，恳请广大读者和同仁批评、指正，以使本书更加完善。

编　者

2022 年 11 月

工作页答案

目　　录

课程认知

走进机械加工的世界

项目导入

你了解机械产品是怎样加工出来的吗？加工这些机械产品应用到哪些机械制造技术？让我们一起走进机械加工的世界，一起学习吧！

任务目标

知识目标	能力目标	素质目标
① 了解企业生产安全规范。 ② 了解机械制造技术的发展及重要性。 ③ 掌握生产过程和工艺过程的关系。 ④ 了解本课程的学习内容、特点及学习方法	① 能够正确识别安全标志。 ② 能够分析并实施正确的生产方法。 ③ 能够自觉遵守安全劳动纪律。 ④ 能够从教材、网站等多途径获取相关知识	① 激发学生的爱国情怀、荣誉感和使命感，助力学生树立远大的理想。 ② 培养学生安全生产意识。 ③ 培养学生自主学习和团队协作的意识

任务描述

通过参观校内外实习实训基地，了解并学习机械制造技术的发展、企业生产安全规范、生产过程、工艺过程等基本知识，通过分组讨论，按要求完成学习活动，并认真填写工作页。

任务分析

本任务主要包括两个方面，一是概述机械制造技术，二是介绍产品的生产流程，目的是帮助学生了解职业及职业安全规范，同时熟悉产品的生产流程。

学习活动　机械加工认知

【知识储备】

拓展阅读——言传身教　匠心筑梦

一、机械制造技术概述

(一) 机械制造技术的发展及重要性

1. 机械制造技术的发展

机械制造技术是使原材料变成产品的技术的总称，其发展大体可分为手工业生产阶段、大工业生产阶段和虚拟现实工业生产阶段。

2. 机械制造技术的重要性

随着社会经济的不断发展，机械制造技术已成为国家经济和国防实力的重要体现，也是衡量一个国家科技发展水平的重要标志，其重要性主要体现在以下三个方面：

① 社会发展与制造技术密切相关。

② 制造技术是所有工业的支柱。

③ 制造技术是国力和国防的后盾。

(二) 机械制造工艺

机械制造工艺是各种机械的制造方法和过程的总称，涉及将原材料转变为成品的各种劳动，通常包括零件的毛坯制造工艺、机械加工工艺、热处理工艺和产品的装配工艺，包括生产过程及具体的工艺过程。

1. 生产过程

生产过程是将原材料变成成品的全部劳动过程，主要包括生产准备过程（原材料→毛坯）、工艺过程（毛坯→零件）和生产辅助过程（零件→产品），如图 0-1 所示。

图 0-1　产品的生产过程

2. 工艺过程

在生产过程中凡直接改变生产对象的尺寸、形状、相对位置关系和性质，使其成为成品或半成品的过程，称为工艺过程，如铸造、锻造、冲压、焊接、机械加工、热处理、装配等工艺过程。而机械加工工艺过程是指利用机械加工方法直接改变毛坯尺寸、形状、相对位置和表面质量，使其成为合格零件的全部加工过程。

生产过程与工艺过程的关系及具体内容如图 0-2 所示。

- 生产过程
  - 生产准备过程
    - 产品设计
    - 工艺设计
    - 工艺装备的设计、制造或购置
    - 机床设备的设计、制造或购置
    - 生产计划的制订
  - 工艺过程
    - 毛坯制造过程(铸造、锻压、焊接等工艺)
    - 机械加工工艺过程(车削、铣削、磨削等)
    - 热处理工艺过程
    - 装配、试车工艺过程
  - 生产辅助过程
    - 原材料、成件、附件的购置、运输及保管
    - 工具的修磨和修理
    - 机床设备的维修及保管
    - 成本核算及统计
    - 销售与服务

图 0-2　生产过程和工艺过程的关系及具体内容

二、本课程的学习内容和任务

本课程是机械类专业课程体系中的一门专业核心必修课程，主要面向的目标岗位是工艺员，侧重于操作加工与工艺设计能力并重的技术技能型人才的培养。本课程以工程图的识读与测绘、公差配合与精度检测、零件材料分析与选择等课程的学习为基础和前提，同时又为后续的数控车床编程与加工、毕业设计、顶岗实习等课程的具体实施做好了知识与能力的准备，起到了承上启下的桥梁作用。教学内容的组织与安排见表 0-1。

表 0-1　教学内容的组织与安排

序号	项目名称	指导学时
1	课程认知	2
2	项目一　传动轴的机械加工工艺制订	32
3	项目二　轴承套的机械加工工艺制订	20
4	项目三　方箱体的机械加工工艺制订	18
5	项目四　齿轮的机械加工工艺制订	18
6	实践环节	6
合计		96

三、本课程的特点及学习方法

本课程是一门综合性、实践性和灵活性很强的专业核心课程。针对课程的特点，学习本课程时应注意以下三个方面的问题。

① 制造技术是一门以机械为主体，交叉融合了光、电、信息、材料、管理等学科的综合体。其综合性强、内容丰富，涉及各类制造方法和过程，其综合性主要表现在机械、光、电、声、化学、电化学、微电子和计算机等的结合，而不是单纯的机械制造。

② 机械制造技术与生产实际密切相关，其理论源于生产实践，是长期生产实践经验的总结。深入生产一线实践，有利于掌握本课程的理论知识，提高对知识的综合应用能力。

③ 机械制造技术的应用有很大的灵活性，对同一个零件，在工艺设计上，可能有多种工艺方案。在实际应用中，必须根据具体情况，辩证地进行分析，灵活运用理论知识，确定最优方案。

【任务实施】

一、课前准备工作

① 准备相关教学资料，包括教材、教学参考书、工作任务书等。

② 做好课前准备，按要求完成课前知识点的学习。

二、学习活动安排

① 到企业、车间参观见习，熟悉岗位操作规范及注意事项。

② 了解产品生产流程，熟悉产品的机械加工工艺过程，并按要求填写工作页。

拓展阅读——8S管理制度简介

工作页	工作任务:课程认知	学习活动

【知识梳理】

通过自主学习、小组讨论、信息查找等方法,结合基础知识的学习完成以下工作任务。

1. 为什么学生进厂前必须接受安全教育？你了解哪些企业安全生产标识？

2. 简述产品的一般生产过程。生产过程与工艺过程有什么关系？

3. 想一想,为什么说工艺过程是生产过程中的一个重要环节？

4. 谈一谈你对机械制造工艺的认识,其重要性体现在哪些方面？

【思考与练习】

通过对以上相关基础知识的学习,完成以下测试。

一、判断对错

(　　)1. 生产过程是将原材料转为成品所需的全部劳动过程。

(　　)2. 工艺过程是生产过程中的一个重要环节。

二、选择题(可多选)

1. 生产过程包括(　　)。

A. 生产准备过程　　B. 工艺过程　　C. 加工过程　　D. 生产辅助过程

2. 本课程的特点包括(　　)。

A. 实践性　　B. 综合性　　C. 灵活性　　D. 以上都是

3. 机械制造过程包括(　　)。

A. 毛坯制造工艺　　B. 机械加工工艺　　C. 热处理工艺　　D. 装配工艺

【检查评价】

① 自行检查工作任务完成情况。

② 学习小组间互查,查找存在的问题。

③ 针对问题,提出解决方法及改进措施。

④ 整理相关资料,归档。

工作任务评价单

序号	考核评价项目			考核内容	学生自评	小组互评	教师总评	分数比重
1	过程性考核	专业能力	课前	学习知识点,完成测试				60%
			课中	能明确机械制造技术的发展及重要性				
				能正确理解产品的生产过程				
			课后	巩固课程知识,完成习题				
2		方法能力		能搜集信息、自主学习、分析解决问题、归纳总结及创新				15%
3		社会能力		能与团队共同协作、交流沟通;能遵守安全规范,有安全质量意识和工匠精神等				15%
4		其他		能按时出勤、遵守课堂纪律、积极参与活动、回答问题等				10%
总评								100%
综合评价	组别		组长签字		日期			
	评语							

存在的问题及改进措施

序号	存在的问题	解决方法及改进措施	备注
总结与提高:			

【教学反馈】

信息反馈表

序号	反馈问题	反馈意见
1	你对该工作任务是否感兴趣?	A. 感兴趣　B. 一般　C. 不感兴趣
2	该工作任务的安排是否合理?	A. 合理　B. 一般　C. 不合理
3	该工作任务的难度是否合适?	A. 太难　B. 合适　C. 太简单
4	该工作任务的学时安排是否合适?	A. 太少　B. 合适　C. 太多
5	该任务的学习目标是否实现?	A. 实现　B. 部分实现　C. 没有实现
问题综述		
学习心得		

项目一

传动轴的加工工艺制订与实施

项目导入

如图 1-1 所示，你能区分哪些是轴类零件吗？这些轴类零件主要有什么功用？它们又是如何加工出来的？

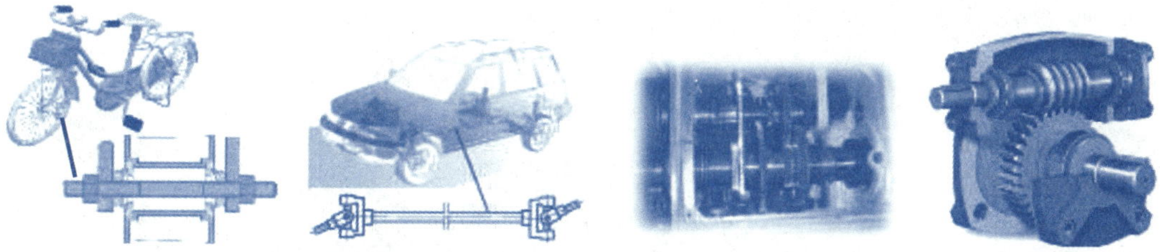

自行车前轮轴　　汽车转动轴　　车床主轴箱　　减速机

图 1-1　轴类零件的应用

如图 1-2 所示为某传动轴的零件图，通过对此轴类零件的工艺分析，了解制订机械加工工艺规程的原则、主要依据、步骤和方法。试完成传动轴的机械加工工艺规程的制订，编制该零件的机械加工工艺文件，并通过仿真或机械加工验证工艺的合理性。

为了使学生更好地掌握本项目的学习内容，具备相关技能，项目的具体实施通过六个任务来完成。

任务一　传动轴工艺分析及毛坯选择

任务二　传动轴加工方案的选择

任务三　传动轴定位基准的选择

任务四　传动轴加工工艺路线的拟定

任务五　传动轴加工工序的设计

任务六　轴类零件的加工质量分析

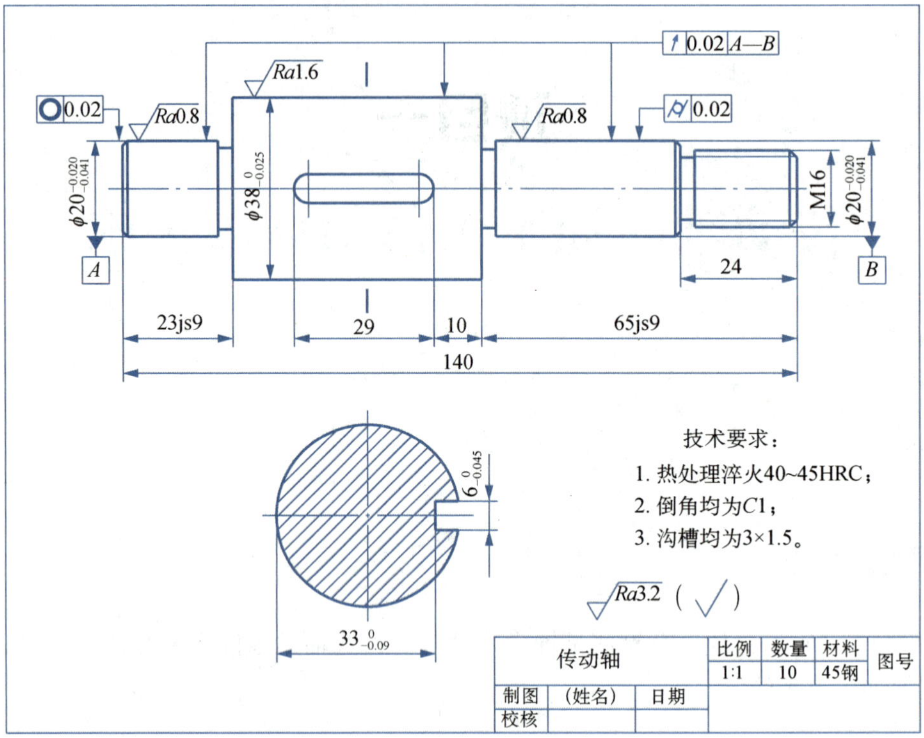

图 1-2　传动轴

任务一
传动轴工艺分析及毛坯选择

学习目标

知识目标	能力目标	素质目标
① 了解机械加工工艺过程的组成。 ② 掌握机械加工工艺规程的基本概念，制订原则、主要依据和步骤。 ③ 熟悉轴类零件的功用、结构、类型、材料及主要技术要求。 ④ 了解常用毛坯的种类及选择依据	① 能够明确机械加工工艺规程的制订原则、步骤。 ② 能够完成传动轴零件的工艺分析及毛坯选择。 ③ 能够通过轴类零件的工艺分析，选择零件的毛坯	① 培养学生自主学习能力及团队合作精神。 ② 培养学生正确的职业观及质量意识

任务描述

观察传动轴零件实物，识读并分析图 1-2 所示传动轴零件图，通过学习和讨论，完成以下学习活动，并认真填写工作页。

学习活动 1 工艺规程认知

学习活动 2 零件的工艺分析

学习活动 3 零件毛坯的选择

任务分析

图 1-2 所示的传动轴是轴类零件中应用最多、结构最典型的阶梯轴，该轴加工数量为 10 件，材料选择 45 钢。在制订机械工艺规程时，如选择不同的加工方案，产品质量、生产效率、加工成本就会有所区别，因此，为了合理安排生产，保证加工产品时的高质量、高效率、低成本，就需要制订合理的机械加工工艺规程。

在制订机械加工工艺规程前，首先对图 1-2 所示传动轴进行工艺分析和毛坯选择。零件的工艺分析主要是从加工制造的角度对零件进行可行性分析，通常包括零件的技术要求分析和零件的结构工艺分析两个方面。

学习活动 1 工艺规程认知

训练目的：了解机械加工工艺过程的组成及工艺规程的相关知识。

① 熟悉机械加工工艺过程的组成。

② 了解机械加工工艺规程的概念，制订原则、方法和步骤。

③ 会识读机械加工工艺文件。

【知识储备】

一、机械加工工艺过程

(一) 机械加工工艺过程的组成

机械加工工艺过程主要由若干道工序组成，每道工序又可依次细分为安装、工位、工步和进给。

拓展阅读——数控加工工艺基础

1. 工序

一个或一组工人，在一个工作地对同一个或同时对几个工件所连续完成的那一部分工艺过程称为工序。划分工序的主要依据是工件加工过程中的工作地点、岗位工人、加工对象是否发生变化或加工是否连续完成，如其中一个改变，则视为另一道工序。

如图 1-3 所示的台阶轴零件，其机械加工工艺过程中工序的划分，见表 1-1、表 1-2。

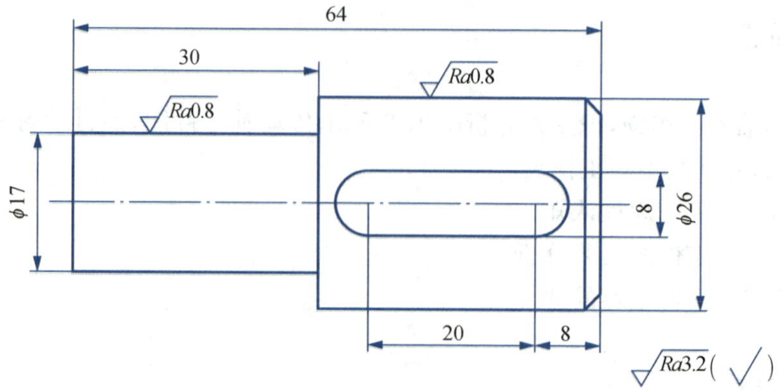

图 1-3　台阶轴简图

表 1-1　机械加工工艺过程 1

工序号	工序内容	设备
1	铣端面，打中心孔	铣钻联合机床
2	车外圆及倒角	车床
3	铣键槽	铣床
4	去毛刺	钳工台

表 1-2　机械加工工艺过程 2

工序号	工序内容	设备
1	车端面，钻中心孔，车外圆，倒角	车床
2	铣键槽	铣床
3	去毛刺	钳工台

在表 1-1 的工序 2 中，先车工件的一端，然后调头，再车另一端，此时为一道工序，因为整个加工过程是连续完成的。如果先车好一批工件的一端，然后再车这批工件的另一端，这中间就有了间断，整个加工过程不再连续，则即使是在同一台车床上加工，也视为另一道工序。

工序是工艺过程的基本单元，也是制订生产计划和进行成本核算的基本依据。

2. 安装

所谓安装就是工件（或装配单元）经过一次装夹后所完成的那一部分工序。在一道工序中，工件可能要经过一次或多次装夹，才能完成全部加工。装夹包含定位与夹紧，是指工件在机床或夹具中占有正确的位置，并使已确定的位置在加工过程中保持不变。

例如表 1-1 的工序 2 就要进行两次安装：先装夹一端，车外圆、倒角，此为一次安装；然后调头，再装夹另一端，车另一外圆、倒角，此为二次安装。工件在加工过程中应尽量减少安装次数，以减少安装误差和节省辅助时间。

3. 工位

工件在一次装夹后，工件与夹具或设备的可动部分相对刀具或设备的固定部分所占据的每一个位置为工位。如图 1-4 所示，利用回转工作台，工件在一次安装中具有四个工位，可顺序完成工件的工位 1 装卸工件、工位 2 钻孔、工位 3 扩孔和工位 4 铰孔。

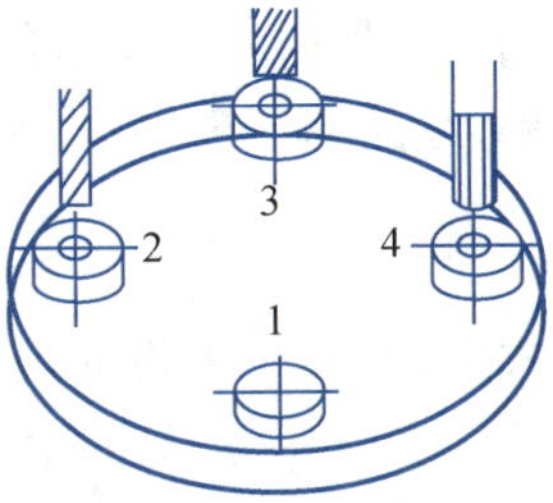

图 1-4　多工位加工

采用多工位加工，可以减少工件的安装次数，减少装夹辅助时间，提高生产率和保证被加工表面的相互位置精度。

4. 工步

工步是工序的组成部分，是指加工表面、加工刀具和切削用量（切削速度和进给量）均不变的情况下，所完成的那一部分工序。以上三个要素中只要有一个要素发生改变，即视为一个新的工步。一道工序可以只有一个工步，也可以包含多个工步。

为简化工艺文件，对于那些连续进行的几个相同的工步，通常可看作一个工步。如图 1-5 所示，在某一零件上连续钻 4 个相同的 $\phi15$ mm 的孔，就可视为一个工步，在工艺文件上可写成钻 $4\times\phi15$ mm 孔。

为了提高生产率，生产中也常常采用复合刀具或多刀同时加工几个待加工表面，这样的工步称为复合工步，这种复合工步也可视为一个工步。如图 1-6 所示，在立式转塔车床上利用回转刀架进行加工，即为复合工步。

5. 进给

进给又称工作行程或走刀，是工步的一部分。在一个工步中，有时被加工表面的加工余量较大，需要多次切削才能完成该表面的加工，每切去一层材料称为一次进给。一个工步可以只有一次进给，也可以有多次进给。

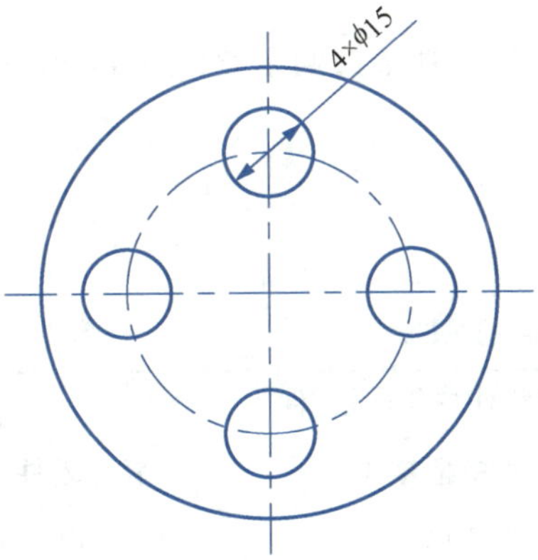

图 1-5　复合工步

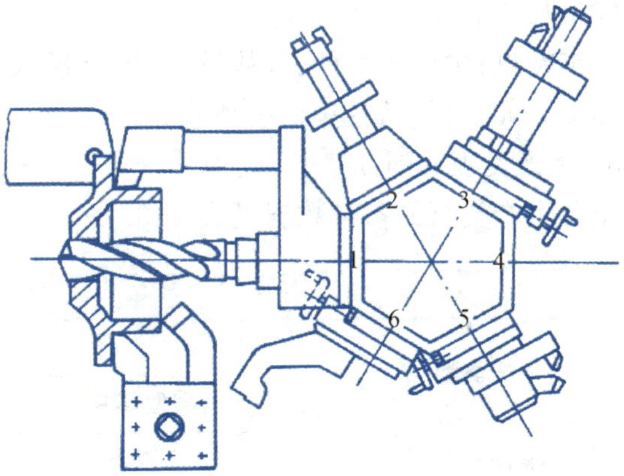

图 1-6　在立式转塔车床加工

机械加工工艺过程中常不包含进给，但在加工量较大的场合，应规定进给（余量）。

（二）生产纲领和生产类型

1. 生产纲领

根据市场需要和企业的生产能力制订企业在计划期内应当生产的产品产量和进度计

划。计划内容主要指包括备品和废品在内的产品的年产量，可根据产品需求数量、备品率、废品率计算，公式如下：

$$N = Qn(1+\alpha)(1+\beta)$$

式中，N ——零件的生产纲领(件/年)；

Q ——产品的生产纲领(台/年)；

n ——每台产品所需该零件数量(件/台)；

α ——备品率；

β ——废品率。

2. 生产类型

不同的生产类型，其生产过程和生产组织、车间的机床布置、毛坯的制造方法、采用的工艺装备、加工方法以及对工人技术熟练程度的要求等都有很大的不同，因此在制订工艺规程时必须明确该产品的生产类型。

生产类型是企业(或车间、工段、班组、工作地)生产专业化程度的分类。一般分为单件生产、成批生产和大量生产。

(1) 单件生产

基本特点：产品品种繁多，数量少，只做一件或几件，很少重复生产。如新产品试制、重型机器制造、大型船舶制造等。

(2) 成批生产

同一产品(或零件)每批投入生产的数量称为批量。根据批量的大小又可分为大批生产、中批生产和小批生产。

成批生产的基本特点：生产品种较多，每一种产品均有一定的数量且为周期性生产。如通用机床制造、电机制造等。

(3) 大量生产

基本特点：生产的品种少、数量多，生产模式为在工作地点长期重复地进行某一道工序的加工。如自行车制造、轴承制造等。

3. 生产类型的划分

划分生产类型的参考数据见表 1-3。

表 1-3 划分生产类型的参考数据

生产类型		同类零件的年产量/件		
		重型零件	中型零件	轻型零件
单件生产		5 以下	10 以下	100 以下
成批生产	小批	5～100	10～200	100～500
	中批	101～300	201～500	501～5 000
	大批	301～1 000	501～5 000	5 001～50 000
大量生产		1 000 以上	5 000 以上	50 000 以上

为取得好的经济效益，不同生产类型的制造工艺有不同特征，小批生产的生产特点接近于单件生产，中批生产的生产特点介于小批生产和大批生产之间，大批生产的生产特点接近于大量生产。

各种生产类型的工艺特点见表 1-4。

表 1-4　各种生产类型的工艺特点

工艺特点	单件、小批生产	批量生产	大批、大量生产
产品数量	少	中等	大量
加工对象	经常变换	周期性变换	固定不变
毛坯的制造方法及加工余量	铸件用木模手工造型，锻件用自由锻。毛坯精度低，加工余量大	部分铸件用金属模造型，部分锻件用模锻，毛坯精度和加工余量中等	广泛采用金属模机器造型、模锻以及其他高效率的毛坯制造方法。毛坯精度高，加工余量小
零件互换性	一般配对制造，广泛采用调整法和修配法	大部分零件有互换性，少数用钳修配	全部零件有互换性，某些精度要求高的零件配合，采用分组装配
机床设备及其布置形式	采用通用机床设备，按机床类别采用机群式排列	部分采用通用机床和高效率专用机床，按零件加工的工段排列	广泛采用生产率高的专用机床和自动机床，按流水线形式排列
工艺装备	采用通用夹具、刀具和量具，靠划线和试切法达到设计要求	较多采用专用夹具、专用刀具和专用量具，部分用找正装夹达到设计要求	广泛用生产率高的工艺装备，用调整法达到精度要求
对技术工人的要求	需要技术水平高的工人	需要有一定技术熟练程度的工人	需要调整工技术水平高，机床操作工技术熟练程度可较低
对工艺文件的要求	只编制简单的工艺过程卡	有详细的工艺过程卡，零件的关键工序有详细的工序卡	详细编制工艺过程卡和工序卡
生产率	低	一般	高
成本	高	一般	低

二、工艺规程

(一)工艺规程的概念

规定产品或零部件制造工艺过程和操作方法等的工艺文件称为工艺规程。其中，规定零件机械加工工艺过程和操作方法等的工艺文件称为机械加工工艺规程。

它是在具体的生产条件下，把较合理的工艺过程和操作方法，按照规定的形式书写成工艺文件，经审批后用来指导生产的。最常用的机械加工工艺规程有机械加工工艺过程卡片和机械加工工序卡片两种形式。

1. 机械加工工艺过程卡片

机械加工工艺过程卡片是以工序为单位，简要说明产品或零部件的加工过程的一种工艺文件，格式见表1-5。它是生产管理的主要技术文件，是准备生产、制订生产计划和组织生产的依据。它广泛用于成批生产和单件、小批生产中比较重要的零件加工。

2. 机械加工工序卡片

机械加工工序卡片是在工艺过程卡片的基础上按每道工序所编制的一种工艺文件，格式见表1-6。此卡一般具有工序简图，并详细说明该工序的每一个工步的加工内容、工艺参数、操作要求以及所用设备和工艺装备等，主要用于指导工人进行生产。一般用于大批、大量生产中的所有工序，中批生产中的重要工序，单件、小批生产中的关键工序。

（二）工艺规程的作用

（1）工艺规程是指导生产的主要技术文件

它是在总结工人和技术人员实践经验的基础上，依据工艺理论和有关的工艺试验而制订的，是保证产品质量和正常生产秩序的指导性文件。

（2）工艺规程是进行生产组织和生产管理的依据

在生产管理中，原材料、毛坯的供应，机床设备和工艺装备的调配，劳动力的组织，生产计划的制订以及生产成本的核算等都是以工艺规程作为基本依据的。

（3）工艺规程是新建或扩建工厂或车间的主要技术资料

根据工艺规程，能够确定生产所需的机械设备、技术工人、基建面积以及生产资源等。

（4）工艺规程还是开展技术交流、技术革新的技术语言和基本资料

总之，工艺规程是每个工厂的主要技术文件之一，是全体有关生产人员必须认真贯彻和严格执行的纪律性文件。随着科学技术的进步和生产的发展，工艺制订人员应根据生产实际情况，及时听取合理化建议，吸取技术革新成果、新技术、新工艺，对工艺规程不断进行改进和完善，使其能更好地指导生产。

（三）制订工艺规程的原则、主要依据和步骤

1. 制订工艺规程的原则

制订工艺规程的原则是优质、高产和低成本，即在保证产品质量的前提下，应尽可能提高生产率和降低成本。在具体制订时，应注意以下问题。

（1）技术上的先进性

制订工艺规程时，在充分利用本企业现有的生产条件的基础上，应尽可能采用国内外先进、实用的工艺技术和经验。

（2）经济上的合理性

制订工艺规程时，在一定的生产条件下，可能会出现几种能保证零件技术要求的加工方案。此时，应通过成本核算或相互对比，进行综合考虑，选择经济上最合理的方案，保证生产成本最低。

表 1–5　机械加工工艺过程卡片格式

<table>
<tr><td colspan="3" rowspan="2"></td><td colspan="4" rowspan="2">机械加工工艺过程卡片</td><td>产品型号</td><td colspan="2"></td><td>零件图号</td><td></td><td></td><td colspan="2"></td></tr>
<tr><td>产品名称</td><td colspan="2"></td><td>零件名称</td><td></td><td>共（ ）页</td><td colspan="2">第（ ）页</td></tr>
<tr><td colspan="2">材料牌号</td><td></td><td>毛坯种类</td><td></td><td colspan="2">毛坯外形尺寸</td><td></td><td colspan="2">每毛坯可制件数</td><td></td><td>每台件数</td><td></td><td>备注</td><td></td></tr>
<tr><td rowspan="2">工序号</td><td rowspan="2">工序名称</td><td colspan="5" rowspan="2">工序内容</td><td rowspan="2">车间</td><td rowspan="2">工段</td><td rowspan="2">设备</td><td colspan="3" rowspan="2">工艺装备</td><td colspan="2">工时</td></tr>
<tr><td>准终</td><td>单件</td></tr>
<tr><td></td><td></td><td colspan="5"></td><td></td><td></td><td></td><td colspan="3"></td><td></td><td></td></tr>
<tr><td></td><td></td><td colspan="5"></td><td></td><td></td><td></td><td colspan="3"></td><td></td><td></td></tr>
<tr><td></td><td></td><td colspan="5"></td><td></td><td></td><td></td><td colspan="3"></td><td></td><td></td></tr>
<tr><td></td><td></td><td colspan="5"></td><td></td><td></td><td></td><td colspan="3"></td><td></td><td></td></tr>
<tr><td></td><td></td><td colspan="5"></td><td></td><td></td><td></td><td colspan="3"></td><td></td><td></td></tr>
<tr><td></td><td></td><td colspan="5"></td><td></td><td></td><td></td><td colspan="3"></td><td></td><td></td></tr>
<tr><td></td><td></td><td colspan="5"></td><td></td><td></td><td></td><td colspan="3"></td><td></td><td></td></tr>
<tr><td></td><td></td><td colspan="5"></td><td></td><td></td><td></td><td colspan="3"></td><td></td><td></td></tr>
<tr><td></td><td></td><td colspan="5"></td><td></td><td></td><td></td><td colspan="3"></td><td></td><td></td></tr>
<tr><td></td><td></td><td colspan="5"></td><td></td><td></td><td></td><td colspan="3"></td><td></td><td></td></tr>
<tr><td></td><td></td><td colspan="5"></td><td></td><td></td><td></td><td colspan="3"></td><td></td><td></td></tr>
<tr><td></td><td></td><td colspan="5"></td><td></td><td></td><td></td><td colspan="3"></td><td></td><td></td></tr>
<tr><td></td><td></td><td colspan="5"></td><td></td><td></td><td></td><td colspan="3"></td><td></td><td></td></tr>
<tr><td></td><td></td><td colspan="5"></td><td></td><td></td><td></td><td colspan="3"></td><td></td><td></td></tr>
<tr><td></td><td></td><td colspan="5"></td><td></td><td></td><td></td><td colspan="3"></td><td></td><td></td></tr>
<tr><td></td><td></td><td colspan="5"></td><td></td><td></td><td></td><td colspan="3"></td><td></td><td></td></tr>
<tr><td></td><td></td><td colspan="5"></td><td></td><td></td><td></td><td colspan="3"></td><td></td><td></td></tr>
<tr><td></td><td></td><td colspan="5"></td><td></td><td></td><td></td><td>设计（日期）</td><td>审核（日期）</td><td>标准化（日期）</td><td colspan="2">会签（日期）</td></tr>
<tr><td>标记</td><td>处数</td><td>更改文件号</td><td>签字</td><td>日期</td><td>标记</td><td>处数</td><td>更改文件号</td><td>签字</td><td>日期</td><td></td><td></td><td></td><td colspan="2"></td></tr>
</table>

表 1-6 机械加工工序卡片格式

<table>
<tr><td rowspan="2"></td><td rowspan="2">机械加工工序卡片</td><td>产品型号</td><td></td><td>零件图号</td><td></td><td colspan="2"></td></tr>
<tr><td>产品名称</td><td></td><td>零件名称</td><td></td><td>共（ ）页</td><td>第（ ）页</td></tr>
</table>

<table>
<tr><td rowspan="10">（工序简图）</td><td>车 间</td><td>工 序 号</td><td>工序名称</td><td>材料牌号</td></tr>
<tr><td></td><td></td><td></td><td></td></tr>
<tr><td>毛坯种类</td><td>毛坯外形尺寸</td><td>每毛坯可制件数</td><td>每台件数</td></tr>
<tr><td></td><td></td><td></td><td></td></tr>
<tr><td>设备名称</td><td>设备型号</td><td>设备编号</td><td>同时加工件数</td></tr>
<tr><td></td><td></td><td></td><td></td></tr>
<tr><td>夹具编号</td><td>夹具名称</td><td colspan="2">切削液</td></tr>
<tr><td></td><td></td><td colspan="2"></td></tr>
<tr><td>工位器具编号</td><td>工位器具名称</td><td colspan="2">工序工时</td></tr>
<tr><td></td><td></td><td></td><td></td></tr>
</table>

<table>
<tr><td rowspan="2">工步号</td><td rowspan="2">工步内容</td><td rowspan="2">工艺装备</td><td rowspan="2">主轴转速
(r/min)</td><td rowspan="2">切削速度
(m/min)</td><td rowspan="2">进给量
(mm/r)</td><td rowspan="2">背吃刀量
mm</td><td rowspan="2">进给次数</td><td colspan="2">工序工时</td></tr>
<tr><td>机动</td><td>辅助</td></tr>
<tr><td></td><td></td><td></td><td></td><td></td><td></td><td></td><td></td><td></td><td></td></tr>
<tr><td></td><td></td><td></td><td></td><td></td><td></td><td></td><td></td><td></td><td></td></tr>
<tr><td></td><td></td><td></td><td></td><td></td><td></td><td></td><td></td><td></td><td></td></tr>
<tr><td></td><td></td><td></td><td></td><td></td><td></td><td></td><td></td><td></td><td></td></tr>
<tr><td></td><td></td><td></td><td></td><td></td><td></td><td></td><td></td><td></td><td></td></tr>
<tr><td></td><td></td><td></td><td></td><td></td><td></td><td></td><td></td><td></td><td></td></tr>
<tr><td></td><td></td><td></td><td></td><td></td><td></td><td></td><td></td><td></td><td></td></tr>
</table>

<table>
<tr><td></td><td></td><td></td><td></td><td></td><td></td><td></td><td></td><td></td><td></td><td>设计(日期)</td><td>审核(日期)</td><td>标准化(日期)</td><td>会签(日期)</td></tr>
<tr><td>标记</td><td>处数</td><td>更改文件号</td><td>签字</td><td>日期</td><td>标记</td><td>处数</td><td>更改文件号</td><td>签字</td><td>日期</td><td></td><td></td><td></td><td></td></tr>
</table>

(3) 良好的劳动条件和避免环境污染

制订工艺规程时，在工艺方案上要尽量采用机械化或自动化设施，以减轻工人的劳动强度，保障生产安全，创造良好的工作环境。同时，应符合《中华人民共和国环境保护法》的有关规定，避免环境污染。

另外，制订工艺规程还应做到清晰、正确、完整和统一，所用术语、符号、编码、计量单位等都应符合相关标准。

2. 制订工艺规程的主要依据

① 技术设计说明书。它是针对技术设计中确定的产品结构、工作原理、技术性能等方面的说明性文件。

② 产品验收质量标准。

③ 产品装配图、零件图。从装配图中了解产品的结构和零件在装配图中的位置、作用，从零件图中了解该零件的结构特点和技术要求。

④ 产品的生产纲领和生产类型。

⑤ 工厂的生产条件，包括毛坯生产条件及协作关系，机床设备和工艺装备的规格、性能和加工能力，工人的技术熟练程度及各种工艺资料等。

⑥ 国内外同类产品的有关工艺资料等。

⑦ 工艺规程设计、工艺装备设计所用设计手册和有关标准。

3. 制订工艺规程的步骤

① 熟知和分析制订工艺规程的有关资料，由生产纲领确定生产类型。

② 审查零件图和装配图，进行零件的工艺分析。

③ 确定毛坯种类、形状、尺寸和制造方法。

④ 选择定位基准。

⑤ 拟定零件加工工艺路线。

⑥ 确定各工序所用机床设备和工艺装备(含刀具、夹具、量具、辅具等)。

⑦ 确定各工序的加工余量，计算工序尺寸及公差。

⑧ 确定各工序的切削用量和工时定额。

⑨ 进行技术经济分析，选择最佳方案。

⑩ 按照标准格式和要求编制工艺文件。

【任务实施】

一、课前准备工作

① 准备相关教学资料，包括教材、教学参考书、工作任务书等。

② 做好课前准备，按要求完成课前知识点的学习。

二、学习活动安排

① 到企业、车间参观见习，了解产品生产流程，熟悉机械制造过程。

② 分组识读产品主要技术文件，按要求填写工作页。

工作页	任务一 传动轴工艺分析及毛坯选择	学习活动 1 工艺规程认知

【知识梳理】

通过自主学习、小组讨论、信息查找等方法，结合基础知识的学习完成以下工作任务。

1. 你了解机械加工工艺过程的组成吗？请简单描述。

____

____

____

____

____

2. 什么是机械加工工艺规程？简述机械加工工艺规程制订的原则、主要依据和步骤。

____

____

____

____

____

【思考与练习】

通过对以上相关基础知识的学习，完成以下测试。

一、判断对错

(　　)1. 机械加工工艺过程中最基本的组成单元是工步。

(　　)2. 多工位加工可以减少工件的安装次数，提高生产率，保证被加工表面的相互位置精度。

(　　)3. 安装包括定位和夹紧两个环节。

二、选择题(可多选)

1. 常用的机械加工工艺规程的两种文件形式是(　　)。

A. 机械加工工艺过程卡片　　B. 机械加工工序卡片

C. 刀具卡　　D. 程序卡

2. 复合工步可看作(　　)个工步。

A. 1　　B. 2　　C. 3　　D. 多

3. 生产类型是企业生产专业化程度的分类，一般分为(　　)。

A. 单件生产　　B. 成批生产　　C. 大量生产　　D. 批量生产

4. 工序的三要素是(　　)。

A. 岗位工人　　B. 工作地　　C. 连续完成　　D. 不连续完成

【检查评价】

① 自行检查工作任务完成情况。

② 学习小组间互查,查找存在的问题。

③ 针对问题,提出解决方法及改进措施。

④ 整理相关资料,归档。

工作任务评价单

<table>
<tr><th>序号</th><th colspan="3">考核评价项目</th><th>考核内容</th><th>学生自评</th><th>小组互评</th><th>教师总评</th><th>分数比重</th></tr>
<tr><td rowspan="4">1</td><td rowspan="7">过程性考核</td><td rowspan="4">专业能力</td><td>课前</td><td>学习知识点,完成测试</td><td></td><td></td><td></td><td rowspan="4">60%</td></tr>
<tr><td rowspan="2">课中</td><td>能正确理解机械加工工艺过程的组成</td><td></td><td></td><td></td></tr>
<tr><td>能完成工艺规程的认知任务</td><td></td><td></td><td></td></tr>
<tr><td>课后</td><td>巩固课程知识,完成习题</td><td></td><td></td><td></td></tr>
<tr><td>2</td><td colspan="2">方法能力</td><td>能搜集信息、自主学习、分析解决问题、归纳总结及创新</td><td></td><td></td><td></td><td>15%</td></tr>
<tr><td>3</td><td colspan="2">社会能力</td><td>能与团队共同协作、交流沟通;能遵守安全规范,有安全质量意识和工匠精神等</td><td></td><td></td><td></td><td>15%</td></tr>
<tr><td>4</td><td colspan="2">其他</td><td>能按时出勤、遵守课堂纪律、积极参与活动、回答问题等</td><td></td><td></td><td></td><td>10%</td></tr>
<tr><td colspan="5">总评</td><td></td><td></td><td></td><td>100%</td></tr>
</table>

<table>
<tr><td rowspan="2">综合评价</td><td>组别</td><td></td><td>组长签字</td><td></td><td>日期</td><td></td></tr>
<tr><td>评语</td><td colspan="5"></td></tr>
</table>

存在的问题及改进措施

<table>
<tr><th>序号</th><th>存在的问题</th><th>解决方法及改进措施</th><th>备注</th></tr>
<tr><td></td><td></td><td></td><td></td></tr>
<tr><td></td><td></td><td></td><td></td></tr>
<tr><td></td><td></td><td></td><td></td></tr>
<tr><td colspan="4">总结与提高:</td></tr>
</table>

学习活动 2　零件的工艺分析

训练目的:观察传动轴零件,分析该零件的主要技术要求及轴类零件的结构工艺性。

【知识储备】

一、轴类零件的功用、结构特点及分类

1. 功用

轴类零件主要用于支承传动零件(如齿轮、带轮、凸轮等)、传递转矩,并保证安装在轴上的零件(或刀具)具有一定的回转精度。

2. 结构特点

轴类零件是回转体零件,其长度大于直径,由内外圆柱面、圆锥面、阶台、螺纹、内孔及相应端面所组成。圆柱面一般用于支承传动零件和传递扭矩,端面和阶台一般用来确定装在轴上的零件的轴向位置。除了上述表面,轴类零件的加工表面还有花键、键槽、沟槽及横向孔等。

3. 分类

按照轴类零件结构形状的不同,可以分为光轴、台阶轴、空心轴、异形轴(花键轴、曲轴、偏心轴),如图 1-7 所示;按照轴类零件的长度与直径比(长径比)可分为刚性轴($L/d \leqslant 12$)和挠性轴($L/d > 12$);按轴类零件所受载荷的不同,又可以分为心轴、传动轴和转轴。

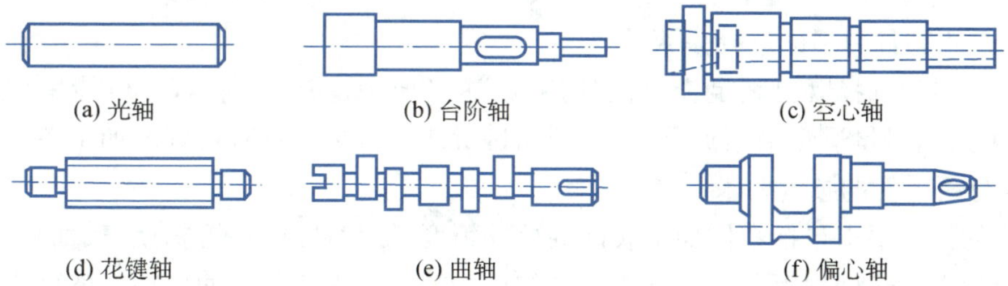

图 1-7　轴的分类

二、轴类零件的主要技术要求

轴颈是指轴上与其他零件相配合的外圆表面,是轴类零件的重要表面,它的加工质量好坏直接影响轴工作时的回转精度。轴颈分为配合轴颈和支承轴颈,配合轴颈是与轴上传动零件相配合的轴颈;支承轴颈是与轴承相配合的轴颈。

轴颈的主要技术要求包括尺寸精度、形状精度、位置精度、表面粗糙度等。

1. 尺寸精度

轴颈的尺寸精度要求根据轴的使用要求确定,轴颈的尺寸精度通常为 IT9～IT6 级,高精度的轴颈尺寸精度为 IT5 级。

支承轴颈的尺寸精度应高于配合轴颈的尺寸精度。

2. 形状精度

轴颈的形状(一般指圆度、圆柱度)误差，应限制在轴颈的直径公差范围内，精度要求高的轴应在零件图上直接标注形状公差。

支承轴颈的形状精度应高于配合轴颈的形状精度。

3. 位置精度

主要的相互位置精度是指配合轴颈轴线相对支承轴颈轴线的同轴度或配合轴颈相对支承轴颈的圆跳动，以及轴肩端面对轴线的垂直度。

普通精度的轴，径向圆跳动为$\phi 0.03$～$\phi 0.01$ mm，高精度的轴为$\phi 0.005$～$\phi 0.001$ mm。端面圆跳动为$\phi 0.01$～$\phi 0.005$ mm。

4. 表面粗糙度

轴类零件的各加工表面均有表面粗糙度的要求。一般来说，支承轴颈的表面粗糙度值应小于配合轴颈的表面粗糙度值。

支承轴颈的表面粗糙度值为 Ra0.63～0.16 μm；配合轴颈的表面粗糙度值为 Ra2.5～0.63 μm。

5. 其他要求

除上面的技术要求之外，根据轴的材料和需要，常进行正火、调质、淬火、表面淬火及表面渗氮或渗碳等热处理工艺，以获得一定的强度、硬度、韧性和耐磨性等。

三、零件图分析的主要内容

零件图是制订工艺规程最主要的原始资料，零件图的分析主要包括四项内容。

(1) 检查零件图的完整性和正确性

检查零件图的完整性和正确性时，主要检查零件视图的表达是否直观、清晰、准确、充分，尺寸、公差、技术要求是否合理、齐全。如有错误或遗漏，应提出修改意见。

(2) 分析零件材料的选择是否恰当

零件材料的选择既要满足产品的使用要求，又要考虑产品成本，尽可能采用常用材料，如 45 号钢，尽量避免采用贵重金属。同时，所选材料必须具有良好的加工性能。

(3) 分析零件的技术要求

零件的技术要求包括零件加工表面的尺寸精度、形状精度、位置精度、表面粗糙度、表面微观质量以及热处理等要求。分析零件的这些技术要求在保证使用性能的前提下是否经济、合理，在本企业现有生产条件下是否能够实现。零件上的尺寸公差、形位公差和表面粗糙度的标注，应根据零件的功能要求和经济要求合理地确定，过高会增加加工难度，过低会影响工件的使用性能，两者都是不允许的。

(4) 零件的结构工艺性

零件的结构工艺性是指所设计的零件在能满足使用要求的前提下，其制造的可行性和经济性，它是评价零件结构设计优劣的主要技术经济指标之一。零件的结构工艺性问题比较复杂，涉及毛坯制造、机械加工及装配等各个方面。

在制订机械加工工艺规程时，主要进行零件切削加工工艺性分析。归纳起来，主要有以下九个方面的要求：

① 工件应便于装夹和减少装夹次数。

② 应减少刀具的调整与走刀次数。

③ 应采用标准刀具,减少刀具种类。

④ 应减少刀具切削空行程。

⑤ 应避免内凹表面及内表面的加工。

⑥ 加工时应便于进刀、退刀和测量。

⑦ 应减少加工表面数和缩小加工表面面积。

⑧ 应增强刀具的刚度和寿命。

⑨ 应保证零件加工时有必要的刚度。

零件结构工艺性分析示例见表 1-7。

表 1-7　零件结构工艺性分析示例

序号	零件结构	
	结构设计方案 A:工艺性不好	结构设计方案 B:工艺性好
1	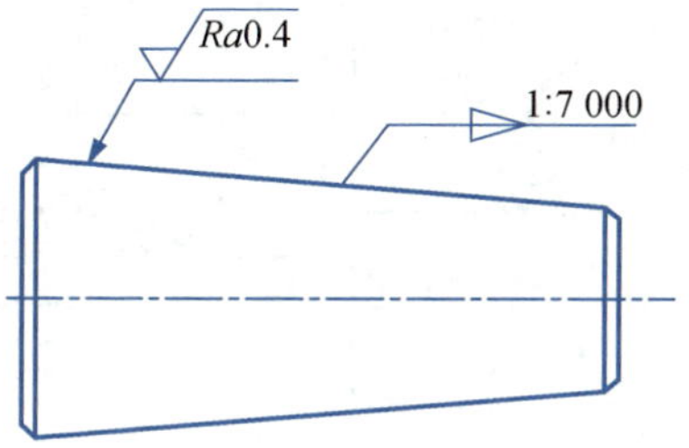	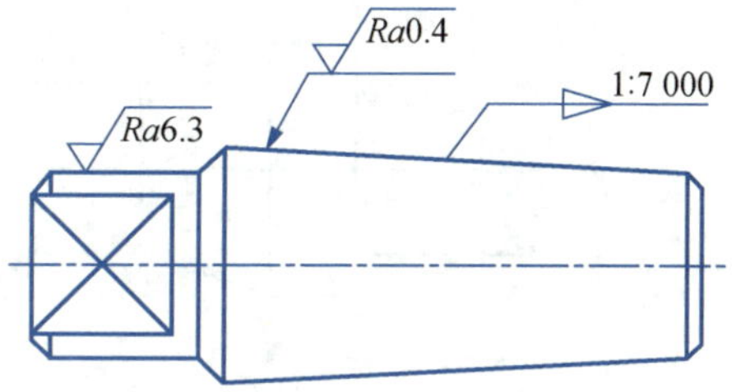
	不方便装夹	增加了工艺凸台,便于装夹,减少了装夹次数
2	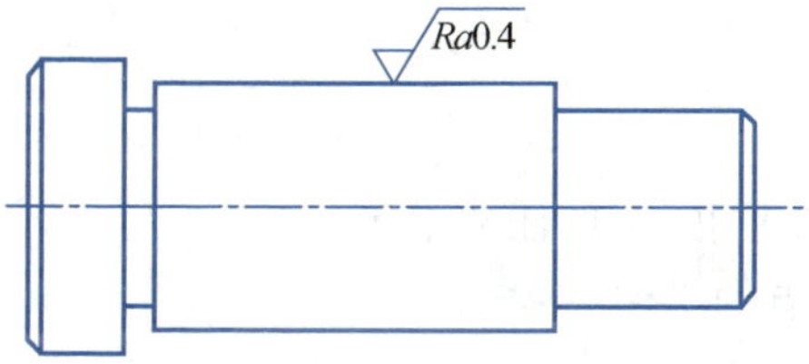	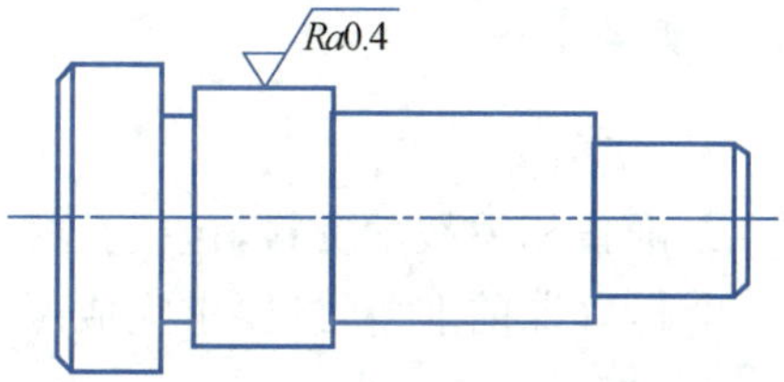
	加工面积大,加工时间长,并且尺寸越大,精度越不容易控制	加工表面面积减少,节省工时,减少刀具损耗,更容易保证加工精度
3	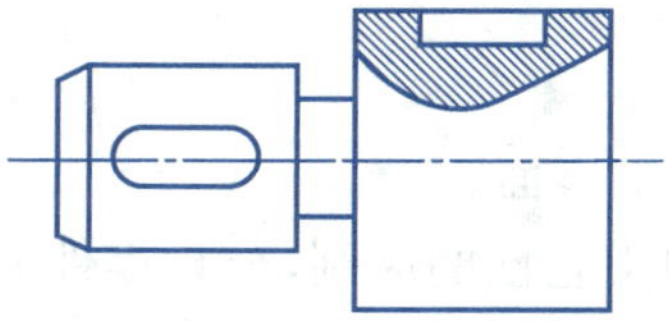	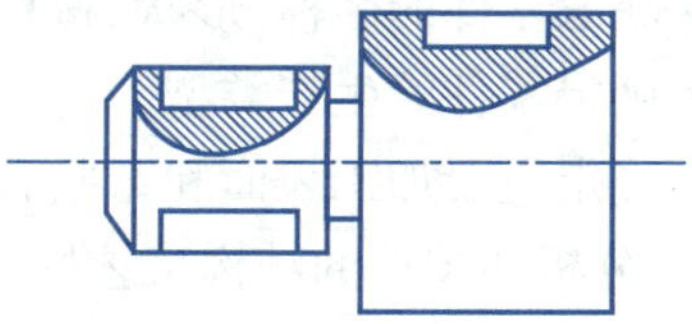
	键槽方向不一致,需要两次装夹	键槽方向一致,一次装夹即可加工,效率高

（续表）

序号	零件结构	
	结构设计方案 A：工艺性不好	结构设计方案 B：工艺性好
4	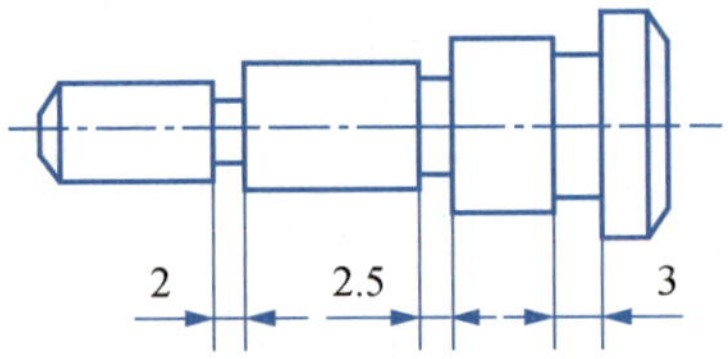	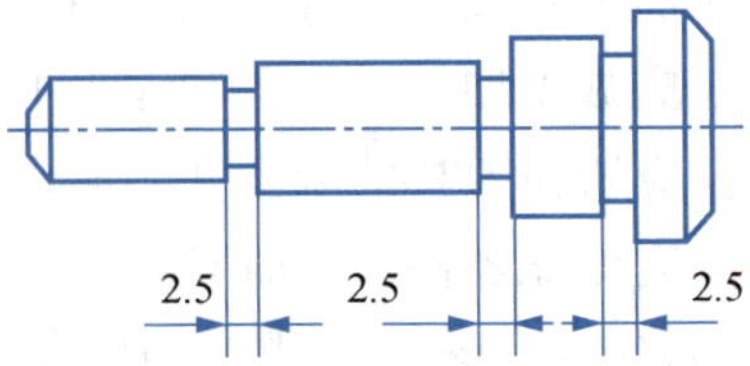
	空刀槽宽度有三种不同的尺寸，需要三种不同尺寸的刀具	空刀槽宽度尺寸相同，减少了刀具数量
5	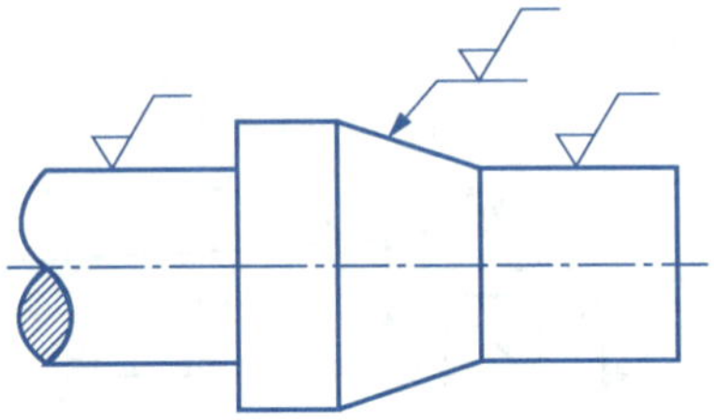	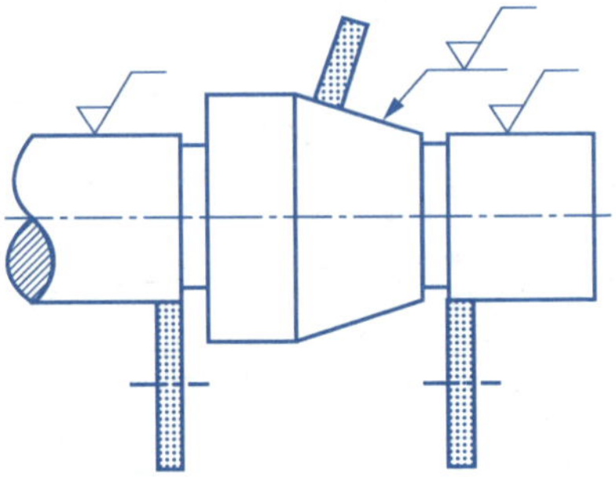
	磨削时易碰伤圆柱面，砂轮为圆角而不能清根	设有砂轮越程槽（或退刀槽），可方便加工

【任务实施】

一、课前准备工作

① 准备相关教学资料，包括教材、教学参考书、工作任务书等。

② 做好课前准备，按要求完成课前知识点的学习。

二、学习活动安排

① 分组讨论图 1-2 所示传动轴零件的主要技术要求，完成以下工作任务，按要求填写工作页。

- 说明轴类零件的类型、功用、结构特点。
- 获取零件的名称、形状、材料及主要技术要求。
- 确定零件的生产类型。
- 确定主要加工表面和某些有特殊工艺要求的表面。

② 分析各零件的结构工艺性，掌握衡量结构工艺性的原则，分析零件的结构工艺性是否合理，对 A、B 两种方案进行比较说明，按要求填写工作页。

工作页	任务一 传动轴工艺分析及毛坯选择	学习活动 2 零件的工艺分析

【知识梳理】

通过自主学习、小组讨论、信息查找等方法,结合基础知识的学习完成以下工作任务。

1. 你了解轴类零件吗?请描述一下轴类零件主要应用在什么场合,举例说明。

____

____

____

____

____

2. 简述轴类零件的结构特点和分类。

____

____

____

____

____

3. 简述轴类零件的主要技术要求。

____

____

____

____

____

【思考与练习】

通过对以上相关基础知识的学习,完成以下测试。

一、判断对错

(　　)1. 轴类零件主要用于支承传动零件、传递转矩和保证轴上零件的回转精度。

(　　)2. 轴类零件主要的加工面是内、外圆柱表面。

(　　)3. 零件上的尺寸公差、几何公差和表面粗糙度的要求越高越好。

二、选择题

1. 零件的工艺分析中主要技术要求分析包括(　　)。

A. 尺寸精度分析　　　　　　　　B. 形位精度分析

C. 表面粗糙度分析　　　　　　　D. 以上都有

2. 零件的结构工艺性是指零件结构在满足使用要求的前提下，(　　)的可行性和经济性。

A. 设计零件　　　B. 制造零件　　　C. 铸造零件　　　D. 锻造零件

【做中学】

根据工作任务要求，请你和小组成员讨论，完成以下工作任务。

□　任务 1　零件的技术要求分析

观察传动轴零件，识读图纸，分析如图 1-2 所示传动轴零件的主要技术要求。

____

____

____

____

____

□　任务 2　零件的结构工艺性分析

1. 根据工作任务要求，请你和小组成员讨论，试对下表零件进行比较说明，分析零件结构工艺合理性。

零件结构工艺性分析

序号	零件结构	
	结构设计方案 A:工艺性不好	结构设计方案 B:工艺性好
1	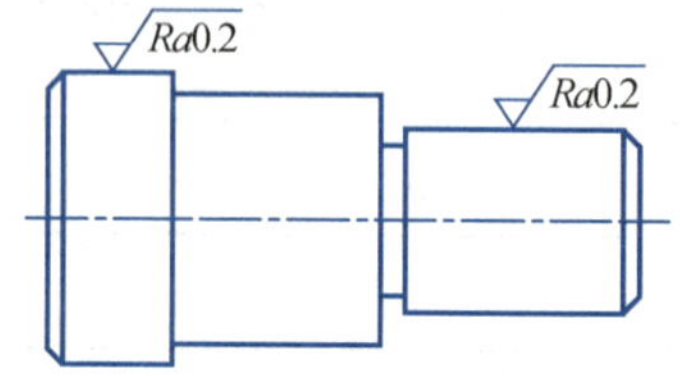	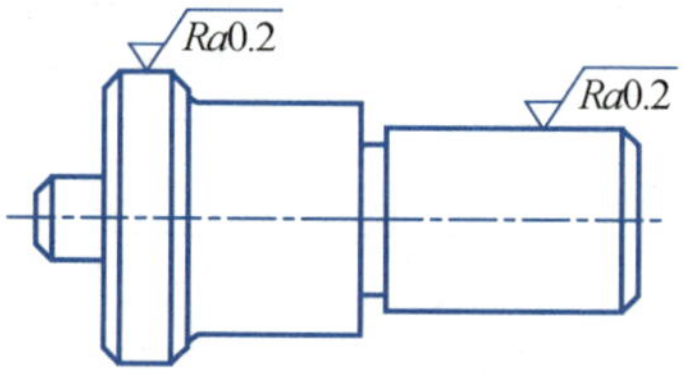
2	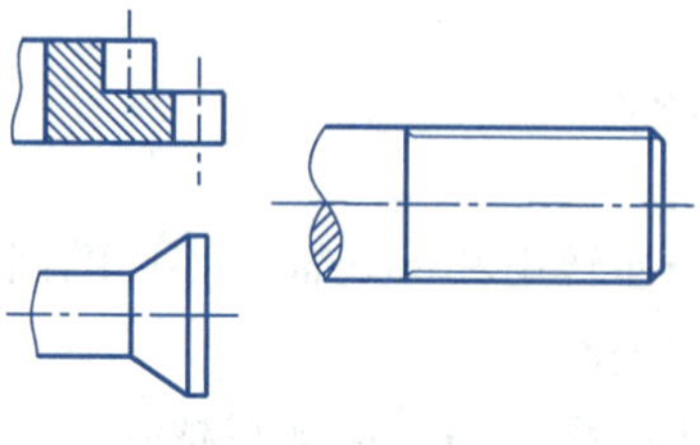	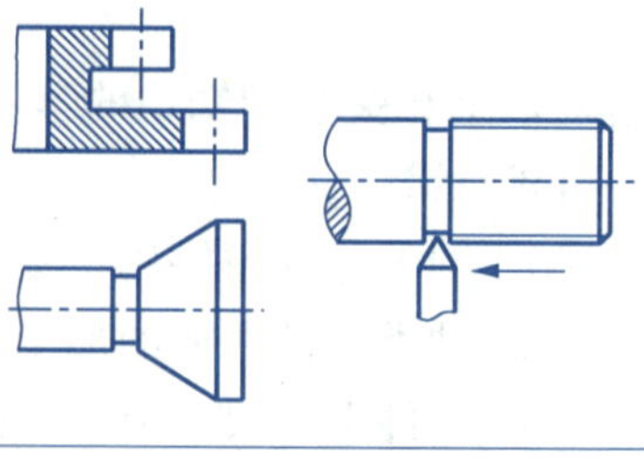

2. 如图 1-8 所示，分析阶梯轴的主要技术要求，说明此轴在结构工艺设计上存在哪些问题。

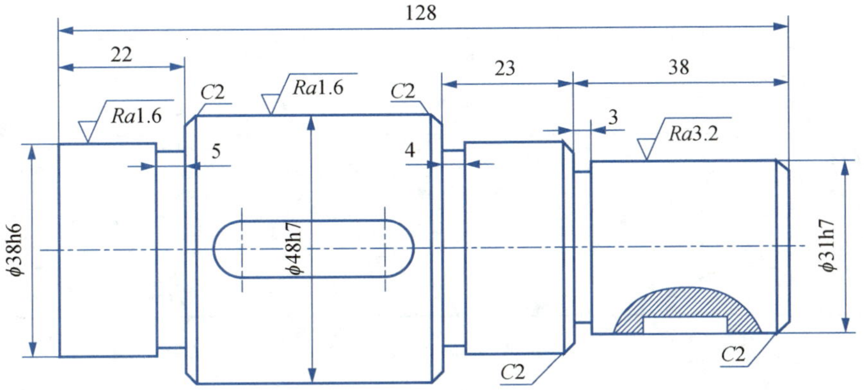

图 1-8　阶梯轴简图

【检查评价】

① 自行检查工作任务完成情况。

② 学习小组间互查，查找存在的问题。

③ 针对问题，提出解决方法及改进措施。

④ 整理相关资料，归档。

工作任务评价单

序号	考核评价项目			考核内容	学生自评	小组互评	教师总评	分数比重
1	过程性考核	专业能力	课前	学习知识点，完成测试				60%
			课中	能完成轴类零件的技术要求分析				
				能完成轴类零件的结构工艺性分析				
			课后	巩固课程知识，完成习题				
2		方法能力		能搜集信息、自主学习、分析解决问题、归纳总结及创新				15%
3		社会能力		能与团队共同协作、交流沟通；能遵守安全规范，有安全质量意识和工匠精神等				15%
4		其他		能按时出勤、遵守课堂纪律、积极参与活动、回答问题等				10%
总评								100%
综合评价	组别			组长签字		日期		
	评语							

存在的问题及改进措施

序号	存在的问题	解决方法及改进措施	备注
总结与提高：			

学习活动 3　零件毛坯的选择

训练目的：依据传动轴零件的技术要求分析、确定其毛坯的类型、尺寸及工艺方法。

① 了解各种毛坯的制造方法、特点及适用场合。

② 能正确地选择轴类零件毛坯。

【知识储备】

一、轴类零件的材料

轴类零件常用的材料有普通碳素结构钢、优质碳素结构钢、合金结构钢、轴承钢和弹簧钢等。合理选用材料和规定热处理的技术要求，对提高轴类零件的强度和使用寿命有重要意义，同时，对轴的加工过程有极大的影响。

对于不重要的轴，可采用普通碳素结构钢 Q235A、Q255A 等，不经热处理直接加工使用。

一般轴类零件可采用优质碳素结构钢 35、45、50，根据不同的工作条件，采用不同的热处理工艺（如正火、调质、淬火等），以获得一定的强度、韧性和耐磨性。

对于中等精度而转速较高的轴类零件，可选用 40Cr 等合金钢。经调质和表面淬火处理后，具有较高的综合力学性能。

对于精度较高的轴，可选用轴承钢 GCr15 和弹簧钢 65Mn 等材料，通过调质和表面淬火处理后，具有更好的耐磨性和耐疲劳性能。

对于在高转速、重载荷等条件下工作的轴，可选用 20CrMnTi、20Mn2B、20Cr 等低碳合金钢，经过渗碳淬火或氮化处理后，可获得高的表面硬度、抗冲击韧性和心部强度，且热处理变形小。

二、轴类零件的毛坯

1. 常用毛坯的种类

毛坯的种类主要有铸件、锻件、焊接件、冲压件、型材、粉末冶金件等。各种毛坯的制造方法很多，不同的制造方法适用于不同的场合，见表 1-8。

表 1-8　常见毛坯类型、特点及应用

类型	简介	特点	应用
铸件	通过铸造工艺得到的金属毛坯，材料可以是铸铁、铸钢和有色金属	砂型铸造：方法简便、适用性强，但生产率低、加工质量不稳定	适用于单件、小批生产中形状复杂的零件毛坯及大型铸件
		特种铸造：包括金属型铸造、压力铸造、离心铸造和精密铸造等	适用于精度要求较高的中小型铸件

（续表）

类型	简介	特点	应用
锻件	通过锻造工艺得到的金属毛坯，适用于塑性好的材料	自由锻：加工余量大，生产率低，加工精度低	适用于单件、小批生产及大型锻件
		胎模锻：使用简单的胎模，加工精度较自由锻高	适用于自由锻不能保证加工精度、模锻又不经济的锻件
		模锻：加工余量小，生产率高，加工精度高	适用于大批生产中精度要求较高的中小型锻件
焊接件	通过焊接工艺将型材或钢板焊接而成的毛坯结合件	制作方便、简单，生产周期短，省材省料，但需要经过热处理才能进行机械加工	适用于单件、小批生产中大型毛坯的生产
冲压件	通过冲压设备对薄钢板进行冷冲压加工而得到的零件	尺寸非常接近成品要求，精度高	适用于批量较大而零件厚度较小的板材类零件
型材	通过热轧或冷拉而成，如圆钢、板材等	热轧型材：尺寸较大，精度较低	适用于制造一般零件的毛坯
		冷拉型材：尺寸较小，精度较高	适用于制造毛坯精度要求较高的中小型零件
粉末冶金件	以金属粉末为原料，在压力机上通过模具压制成型后经高温烧结而成	生产效率高，零件的精度高，表面粗糙度值小，但金属粉末成本较高	适用于大批、大量生产中压制形状较简单的小型零件及成品零件的表面补修等

2. 轴类零件常用毛坯

轴类零件的毛坯常采用型材圆钢或锻件，对于某些大型的、结构复杂的轴可采用铸件毛坯。

3. 毛坯的选择依据

正确地选择毛坯，对零件的加工质量、生产效率和加工成本都有很大的影响。显然毛坯的尺寸和形状越接近成品零件，机械加工的劳动量就越少，但是毛坯的制造成本就越高。所以应根据生产纲领，综合考虑毛坯制造和机械加工的费用，以求得最好的经济效益。

选择毛坯时主要考虑零件的生产类型、零件的材料及其力学性能、零件的结构形状和尺寸以及现有生产条件等因素，在条件允许的情况下，应充分利用新工艺、新材料。

（1）生产类型

不同的生产类型决定了不同的毛坯制造方法。当零件的生产批量较大时，应采用精度和生产率都比较高的毛坯制造方法，以减少材料耗费和机械加工的费用，如铸件采用金属型铸造，锻件应采用模锻。当零件的生产批量较小时，应采用精度和生产率都较低的毛坯制造方法，如手工木模造型或自由锻造。

（2）零件的材料及其力学性能

通常情况下，当零件材料确定下来后，毛坯的类型就基本确定了。铸造性能良好的材料，如铸铁、青铜应选择铸件毛坯。对于钢制零件，当形状简单，力学性能要求不高时，可选择型材毛坯；当形状复杂，力学性能要求高时，可选择锻件毛坯。

(3) 零件的结构形状和尺寸

形状复杂的零件，常采用铸件毛坯，但对于形状复杂的薄壁件，一般不能采用砂型铸造，可考虑选择先进的铸造方法。一般用途的阶梯轴，如果各段直径相差不大，力学性能要求不高，可选择棒料作为毛坯；如各段直径相差较大，为了节省材料和减少机械加工的劳动量，宜选择锻件毛坯。

尺寸较大的零件一般选择砂型铸造或自由锻造毛坯；中小型零件可选择模锻及各种特种铸造的毛坯。

毛坯的形状和尺寸基本上取决于零件的形状和尺寸。在零件需要加工的表面上，需要加上一定的毛坯加工余量和公差，其大小直接关系到机械加工的劳动量和原材料的消耗，从而影响产品的制造成本，因此应力求使毛坯的形状和尺寸与零件一致，尽可能减少切削加工。毛坯加工余量和公差的大小与毛坯的制造工艺有关，设计中可参考有关机械加工工艺手册确定。

(4) 现有生产条件

选择毛坯时，必须考虑具体的生产条件，如毛坯制造的实际水平、生产能力、质量状况、设备状况、成本费用以及外协的可能性等。

另外，要充分利用新工艺、新材料。为节约材料和能源，提高机械加工生产率，应充分考虑精密铸造、精锻、冷轧、冷挤压、粉末冶金等制造工艺与异型钢材及工程塑料等材料在机械生产中的应用，这样可大大减少机械加工量，甚至不需要进行加工，经济效益非常显著。

【任务实施】

一、课前准备工作

① 准备相关教学资料，包括教材、教学参考书、工作任务书等。

② 做好课前准备，按要求完成课前知识点的学习。

二、学习活动安排

如图 1-2 所示传动轴零件，材料为 45 钢，分组讨论，完成以下工作任务，并按要求填写工作页。

① 说明零件毛坯的种类及其选择原则。

② 说明铸造、锻压、焊接等毛坯制造工艺过程及适用场合。

③ 确定传动轴的毛坯及加工方法，说明选择毛坯的依据。

工作页	任务一 传动轴工艺分析及毛坯选择	学习活动 3 零件毛坯的选择

【知识梳理】

请你通过自主学习、小组讨论、信息查找等方法，结合基础知识的学习完成以下工作任务。

扫码阅读毛坯制造基本知识，并回答以下问题。

知识链接——毛坯制造基本知识

1. 简单描述一下常用毛坯的类型。

2. 简述铸造工艺的方法有哪些，分别应用在什么场合。

3. 简述锻造工艺的方法、特点及应用。

【思考与练习】

通过对以上相关基础知识的学习，完成以下测试。

一、判断对错

(　　)1. 对于台阶轴，当各外圆直径相差比较大时，应选择型材作为毛坯。

(　　)2. 采用 45 钢材料的较重要轴类零件，一般通过淬火来提高材料的力学性能。

(　　)3. 锻造工艺不能加工塑性差的材料。

(　　)4. 砂型铸造工艺适用于大批、大量生产中大型铸件的加工。

(　　)5. 直径相差较大的阶梯轴和比较重要的轴，应采用锻件作为毛坯。

二、选择题(可多选)

1. 现有一零件，设计选用 HT200 铸铁材料，应使用(　　)方法加工毛坯。

A. 锻造　　B. 铸造　　C. 型材　　D. 焊接

2. 外形简单，对力学性能要求较高的钢质零件一般采用(　　)作为毛坯。

A. 锻件　　B. 铸件　　C. 型材　　D. 焊件

3. 轴类零件常用的毛坯主要有(　　)和(　　)。

A. 锻件　　B. 铸件　　C. 型材　　D. 焊件

4. 选择毛坯时主要考虑下面哪些因素？(　　)

A. 生产类型　　B. 零件材料及其力学性能

C. 零件的结构形状和尺寸　　D. 现有生产条件

【做中学】

根据工作任务要求，请你和小组成员讨论，完成以下工作任务。

□　任务 1　零件毛坯的选择

如图 1-2 所示传动轴零件，材料为 45 钢。分组讨论，确定传动轴的毛坯及加工方法，并说明选择毛坯的依据。

____

____

____

____

____

□　任务 2　识读图 1-9 所示阶梯轴零件，试根据零件图给出的相关信息，完成该零件的工艺分析，确定其毛坯种类，并说明选择依据。

____

____

____

____

【检查评价】

① 自行检查工作任务完成情况。

② 学习小组间互查，查找存在的问题。

③ 针对问题，提出解决方法及改进措施。

④ 整理相关资料，归档。

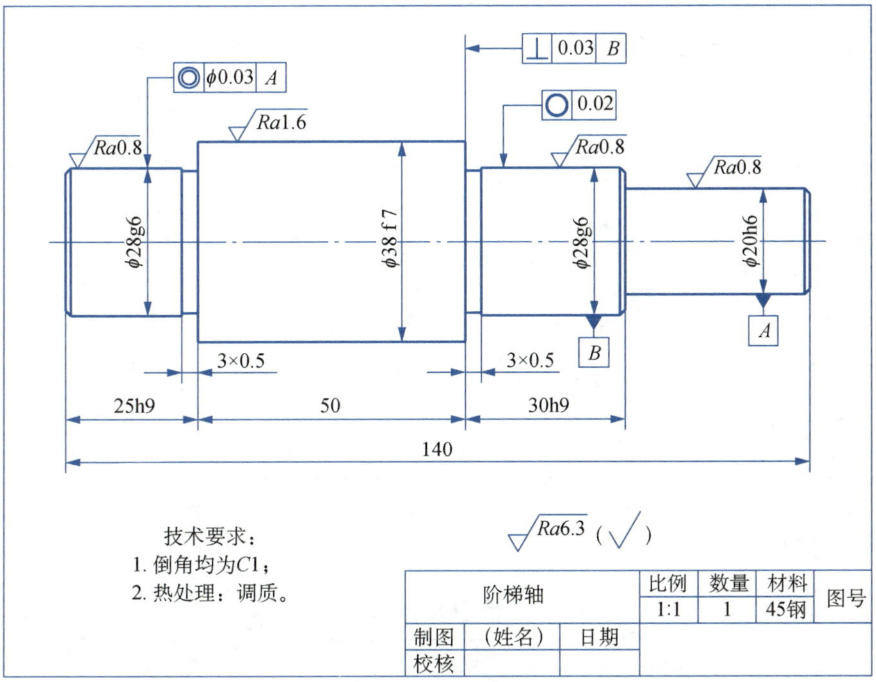

图 1-9　阶梯轴

工作任务评价单

<table>
<tr><th>序号</th><th colspan="3">考核评价项目</th><th>考核内容</th><th>学生自评</th><th>小组互评</th><th>教师总评</th><th>分数比重</th></tr>
<tr><td rowspan="4">1</td><td rowspan="7">过程性考核</td><td rowspan="4">专业能力</td><td>课前</td><td>学习知识点,完成测试</td><td></td><td></td><td></td><td rowspan="4">60%</td></tr>
<tr><td rowspan="2">课中</td><td>熟悉各种毛坯制造工艺,能根据要求选择合理的毛坯类型</td><td></td><td></td><td></td></tr>
<tr><td>能完成轴类零件毛坯的选择</td><td></td><td></td><td></td></tr>
<tr><td>课后</td><td>巩固课程知识,完成习题</td><td></td><td></td><td></td></tr>
<tr><td>2</td><td colspan="2">方法能力</td><td>能搜集信息、自主学习、分析解决问题、归纳总结及创新</td><td></td><td></td><td></td><td>15%</td></tr>
<tr><td>3</td><td colspan="2">社会能力</td><td>能与团队共同协作、交流沟通;能遵守安全规范,有安全质量意识和工匠精神等</td><td></td><td></td><td></td><td>15%</td></tr>
<tr><td>4</td><td colspan="2">其他</td><td>能按时出勤、遵守课堂纪律、积极参与活动、回答问题等</td><td></td><td></td><td></td><td>10%</td></tr>
<tr><td colspan="5">总评</td><td></td><td></td><td></td><td>100%</td></tr>
</table>

<table>
<tr><td rowspan="2">综合评价</td><td>组别</td><td></td><td>组长签字</td><td></td><td>日期</td><td></td></tr>
<tr><td>评语</td><td colspan="5"></td></tr>
</table>

存在的问题及改进措施

序号	存在的问题	解决方法及改进措施	备注
总结与提高：			

【教学反馈】

信息反馈表

序号	反馈问题	反馈意见		
1	你对该工作任务是否感兴趣？	A. 感兴趣	B. 一般	C. 不感兴趣
2	该工作任务的安排是否合理？	A. 合理	B. 一般	C. 不合理
3	该工作任务的难度是否合适？	A. 太难	B. 合适	C. 太简单
4	该工作任务的学时安排是否合适？	A. 太少	B. 合适	C. 太多
5	该工作任务的学习目标是否实现？	A. 实现	B. 部分实现	C. 没有实现
问题综述				
学习心得				

任务二
传动轴加工方案的选择

学习目标

知识目标	能力目标	素质目标
① 掌握外圆表面的加工方法、范围、实现的精度等级及表面粗糙度。 ② 了解常用的外圆表面加工设备。 ③ 掌握外圆表面加工方案及选择方法	① 能够完成传动轴零件加工方案的选择。 ② 会选择典型轴类零件外圆表面的加工方法，确定合理的加工方案	① 培养学生自主学习能力及团队合作精神。 ② 培养学生勤于钻研的精神，严谨、认真的工作态度

任务描述

本任务主要介绍轴类零件外圆表面常用的加工方法和加工方案的确定。如前文图 1-2 所示传动轴零件，试根据零件图给出的相关信息，选择加工传动轴零件的加工方法，确定其主要表面的加工方案。通过学习和讨论，完成以下学习活动，并认真填写工作页。

学习活动 1　外圆表面加工方法和设备的认知

学习活动 2　外圆表面加工方案的选择

任务分析

轴类零件是机械设备中最主要的常用零件，外圆表面是轴类零件的主要表面。在加工外圆表面时，首先应了解外圆表面的技术要求，掌握外圆表面的各种加工方法所能达到的精度等级，才能在加工过程中，根据不同零件的技术要求，选择相应的加工方法，确定合理的加工方案。

学习活动 1　外圆表面加工方法和设备的认知

训练目的：熟悉轴类零件外圆表面的主要加工方法和设备。

① 了解机加工综合车间安全注意事项。

② 熟悉外圆表面的加工方法、应用范围及实现的精度等级和表面粗糙度。

③ 能认知外圆表面加工设备的结构、特点、应用及其工艺装备等。

【知识储备】

一、金属切削加工

1. 金属切削加工

金属切削加工是通过刀具与工件之间的相对运动，从毛坯上切除多余的金属材料，从而获得合格零件的加工方法。

切削加工分为钳加工和机械加工。钳加工一般是在钳台上用手工工具对工件进行各种加工的方法；机械加工主要是通过工人操作机床设备对工件进行的各种切削加工。使用机床进行切削加工，除了要有具备一定的切削性能的切削工具外，还要有机床提供工件与切削工具间所必需的相对运动，这种相对运动应与工件各种表面的形成规律和几何特征相适应。

2. 切削运动

切削运动是在切削加工时，刀具和工件之间的相对运动。通常分主运动和进给运动，如图 1-10 所示。

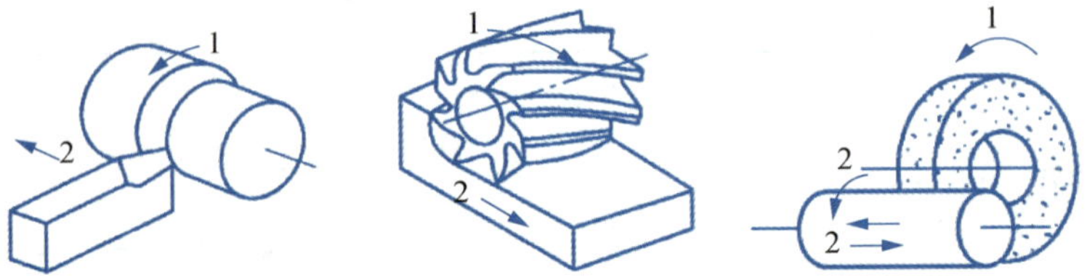

(a) 车削外圆　　(b) 铣削平面　　(c) 磨削外圆

1—主运动；2—进给运动

图 1-10　切削运动

主运动是直接切除工件上的切削层，使之转变为切屑，以形成工件新表面的主要运动。通常主运动的速度最高，所消耗的功率最大。在切削运动中，主运动只有一个，它可以由工件完成，也可以由刀具完成；可以是旋转运动，也可以是直线运动。

进给运动是使新的切削层不断投入切削的运动。进给运动一般速度较低，消耗的功率较少，可以是一个，也可以有多个；可以是连续的，也可以是间断的。

3. 切削加工中的表面

切削过程中，工件上会形成三个不断变化着的表面，如图 1-11 所示。

(1) 待加工表面

工件上有待切除的表面。

(2) 过渡表面

工件上切削刃正在切削的表面。

(3) 已加工表面

工件上经刀具切削后形成的新表面。

4. 切削用量

切削速度、进给量和背吃刀量统称为切削用量的三要素。切削用量是切削加工中十分重要的工艺参数，它的选取是否合理，直接影响产品的加工质量、生产效率和成本。

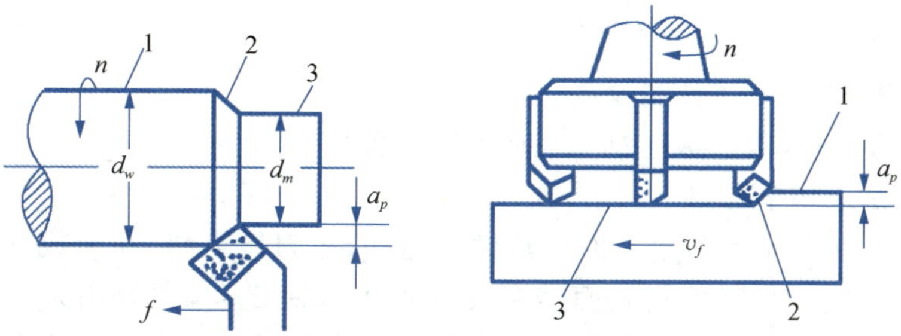

1—待加工表面；2—过渡表面；3—已加工表面

图 1-11　切削加工中的表面

(1) 切削速度 v_c

切削速度是切削刃上选定点相对于工件沿主运动方向的瞬时速度，即主运动的线速度，单位为 m/s 或 m/min。

当主运动为旋转运动（如车削、铣削或磨削）时，其切削速度按下式计算：

$$v_c = \frac{\pi d n}{1\ 000 \times 60}$$

式中，d ——工件加工表面或刀具直径(mm)；

n ——工件或刀具的转速(r/s 或 r/min)。

(2) 进给量

工件或刀具每往复一次或刀具每转过一齿时，工件与刀具在进给运动方向上的相对位移称为进给量。通常用 f 表示，单位为 mm/r 或 mm/str(往复行程)。例如，车削外圆时的进给量为工件每转一转刀具沿进给运动方向所移动的距离，单位为 mm/r；刨削时的进给量为刀具(或工件)每往复一次，刀具(或工件)沿进给运动方向所移动的距离，单位为 mm/str；而多刃刀具(如铣削)的进给量为每转过一个刀齿时，工件沿进给运动方向所移动的距离，单位为 mm/z。

进给量还可用进给运动的瞬时速度即进给速度来表述，以 v_f 表示，单位为 mm/s 或 mm/min，如图 1-11 所示。

$$v_f = f \cdot n = f_z \cdot z \cdot n$$

式中，v_f ——进给速度(mm/min)；

n ——工件或刀具的转速(r/s 或 r/min)；

z ——刀具的齿数。

(3) 背吃刀量 a_p

背吃刀量是指工件待加工表面与已加工表面之间的垂直距离，单位为 mm，习惯上也将背吃刀量称为切削深度，如图 1-11 所示。

车削外圆时，背吃刀量可按下式计算：

$$a_p = \frac{d_w - d_m}{2}$$

式中，d_w——工件待加工表面直径(mm)；

d_m——工件已加工表面直径(mm)。

二、外圆表面的加工方法和设备

外圆表面的加工方法主要包括车削加工和磨削加工。

(一) 车削加工和车床

车削加工是在车床上利用工件旋转做主运动，车刀做纵向、横向或斜向进给运动的切削方法。车削是加工外圆表面最主要的加工方法之一，主要用来加工各种回转面。如车外圆柱面、车端面、车槽和切断、车螺纹、车外圆锥面及车成形面，如图 1-12 所示。

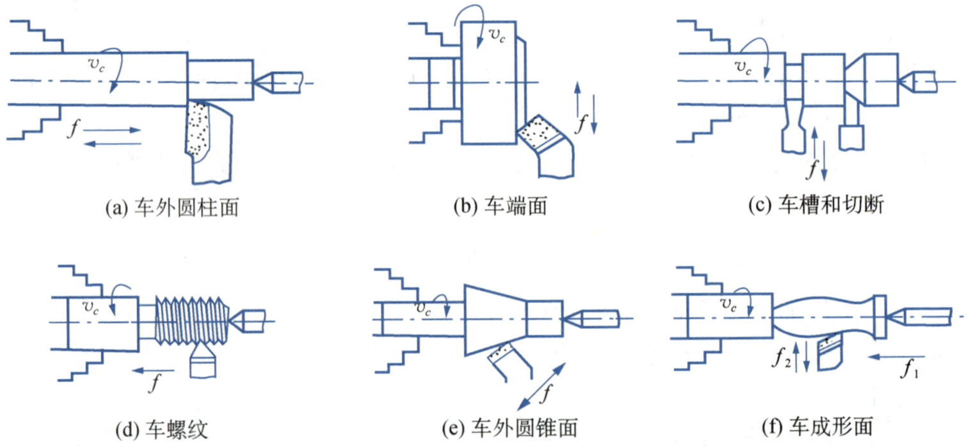

图 1-12　外圆表面的车削加工

1. 车床

车床按结构和功能可分为卧式车床、立式车床、转塔车床、单轴(多轴)自动和半自动车床以及曲轴、凸轮等各类专用车床。车床的加工精度可达 IT13～IT6 级，表面粗糙度值可达 Ra 12.5～1.6 μm，加工范围比较宽，是机械加工的基本设备。卧式车床主要用于中、小型零件的加工；立式车床主要用于大型零件的加工。

C6140 型卧式车床如图 1-13 所示，其主要部件的名称和功用如下。

(1) 床身

床身是车床的基础部件，用以支承和安装机床的各主要部件，并保证它们在工作时具有正确的相对位置和相对运动。床身上有两条导轨，用作床鞍和尾座纵向往复运动的导向。

(2) 主轴箱

主轴箱安装在床身的左上部，箱内装有主轴部件和主运动变速机构。可将电动机输出的回转运动传递给主轴，再通过装在主轴上的夹具盘带动工件回转，实现主运动。调整变速机构，可以得到不同的主轴转速。车床主轴是一根空心轴，便于穿过长的工件；主轴的前端可以安装卡盘或顶尖，以便装夹工件。

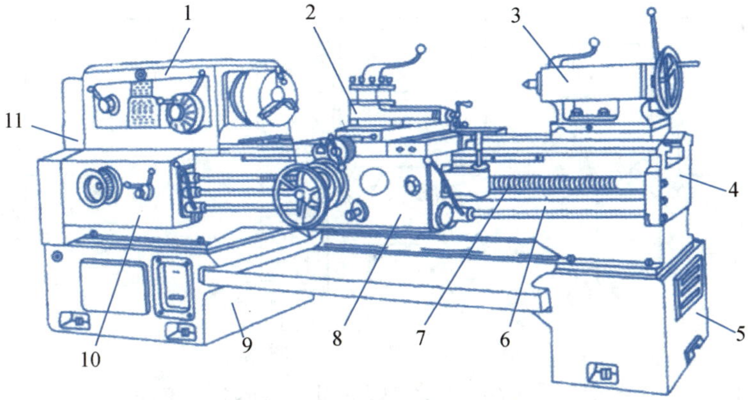

1—主轴箱；2—刀架；3—尾座；4—床身；5—右床腿；6—光杠
7—丝杠；8—溜板箱；9—左床腿；10—进给箱；11—挂轮变速机构

图 1-13　C6140 型卧式车床外形

(3) 进给箱

进给箱固定在床身的左前侧，箱内装有进给运动变速机构。主轴箱的运动经过挂轮变速机构将运动传给进给箱，进给箱外部有若干手柄，调整各手柄位置可以改变丝杠或光杠的转速，以获得不同的螺距或进给量。

(4) 刀架

刀架安装在刀架导轨上，用来夹持各种车刀，由小滑板、中滑板、床鞍和方刀架等组成，可通过手动或机动实现纵向、横向或斜向进给运动。

(5) 溜板箱

溜板箱安装在刀架的底部，可带动刀架一起做纵向运动，通过光杠和丝杠接受进给箱传来的运动，并将运动传递给刀架，实现进给运动和车螺纹运动。

(6) 尾座

尾座一般安装在床身的右上部，并可沿床身水平导轨纵向移动以调整其位置。尾座一般用来安装顶尖，支承不同长度的工件；还可以安装钻头等孔加工刀具，进行孔加工。

2. 卧式车床的运动形式

卧式车床有主运动和进给运动两种运动形式。

主运动是主轴的回转运动；进给运动是刀具平行于主轴轴向的纵向移动和垂直于主轴轴向的横向移动。

3. 车削刀具

车刀是车削使用的主要刀具，按其用途的不同可分为外圆车刀、镗孔车刀、切断刀、螺纹车刀、成形车刀等。对于外圆车刀，按其主偏角分为 45°，60°～75°，90°三种，如图 1-14 所示。

4. 车削加工阶段

通常外圆表面的车削加工可分为粗车、半精车、精车和精细车四个加工阶段。选择哪

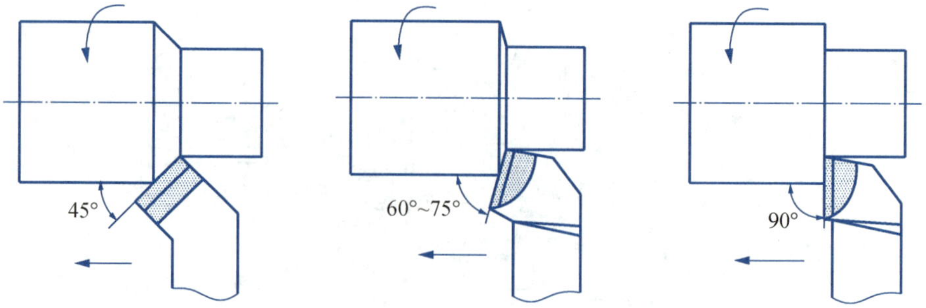

图 1-14　外圆车刀

一个加工阶段作为外圆表面的最终加工，需要根据车削各加工阶段所能达到的尺寸精度和表面粗糙度，结合零件表面的技术要求来确定，见表 1-9。

表 1-9　车削外圆的加工经济精度及表面粗糙度

加工方法	加工性质	加工经济精度(IT)	表面粗糙度 *Ra*(μm)
车削外圆	粗车	IT13～IT11	50～12.5
	半精车	IT10～IT9	6.3～3.2
	精车	IT7～IT6	1.6～0.8
	精细车	IT6～IT5	0.4 左右

(1) 粗车

粗车的加工精度一般可达 IT13～IT11 级，表面粗糙度值可达 *Ra*50～12.5 μm，主要用于迅速切去多余的金属，常采用较大的背吃刀量、较大的进给量和中低速车削。

(2) 半精车

半精车的加工精度一般可达 IT10～IT9 级，表面粗糙度值可达 *Ra*6.3～3.2 μm，主要用于磨削加工和精加工的预加工，或中等精度表面的终加工。

(3) 精车

精车的加工精度一般可达 IT7～IT6 级，表面粗糙度值可达 *Ra*1.6～0.8 μm，主要用于较高精度外圆的终加工或光整加工的预加工。

(4) 精细车

精细车的加工精度一般可达 IT6～IT5 级，表面粗糙度值可达 *Ra*0.4 μm 左右，主要用于高精度、小型且不宜磨削的有色金属零件的外圆加工，或大型精密外圆表面加工。精细车一般应采用高的切削速度、小的背吃刀量和进给量加工。

5. 车削加工的特点

(1) 加工成本低

车刀为单刃刀具，结构简单、刚度高，制造、刃磨和装夹方便，刀具价格低廉。

(2) 生产率较高

车削的主运动是连续旋转运动，刀杆刚性大，加工过程平稳，便于高速切削和强力切削，有利于提高生产率。

(3) 相互位置精度高

加工过程中,可在一次装夹中完成不同直径的外圆、内孔和端面的加工,可以保证较高的同轴度、外圆与端面的垂直度等。

(4) 加工范围广

车削可加工各种钢料、铸铁、有色金属和非金属材料,对淬火钢和加工硬度在50HRC以上的材料,可用新型硬质合金、立方氮化硼、陶瓷或金刚石车刀车削。

(二) 磨削加工和外圆磨床

磨削加工是用磨具(砂轮、油石、砂带等)以较高的线速度对工件表面进行加工的方法,常作为车削外圆的后续加工,是外圆表面精加工的主要方法之一,既可以加工淬硬后的表面,又可以加工未经淬火的表面。

1. 外圆磨床

外圆磨床主要用于外圆表面微量切削的精加工,加工精度可达IT5级,表面粗糙度值可达 $Ra0.8\sim0.2\ \mu m$。

M1432A型外圆磨床的外形如图1-15所示,其主要部件的名称和功用如下。

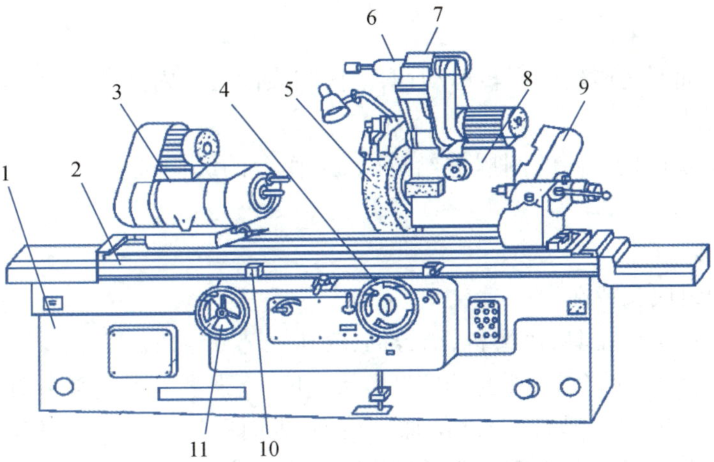

1—床身;2—工作台;3—头架;4—横向进给手轮;5—砂轮;6—内圆磨具
7—内圆磨头;8—砂轮架;9—尾座;10—挡块;11—纵向进给手轮

图1-15 M1432型外圆磨床外形

(1) 床身

床身是磨床的基础支承件,在它的上面装有砂轮架、工作台、头架、尾座及滑鞍等部件。床身上的纵向导轨和横向导轨,分别作为工作台和砂轮架的移动导向。

床身内部装有液压装置、横向进给机构和纵向进给机构等。

(2) 工作台

工作台由上、下两层组成,上层可绕下层的中心轴线在水平面内偏转一定角度,以便磨削锥度较小的长圆锥面。工作台上层安装头架和尾座,下层连同上层一起沿床身纵向往复移动,实现工件的纵向进给运动。

（3）头架

头架主轴可与卡盘连接或安装顶尖，用以装夹工件。头架内装有变速机构，可使工件获得不同的转速。头架在水平面内可按逆时针回转 90°。

（4）砂轮架

砂轮架用以支承并传动高速旋转砂轮主轴，可沿床身横向导轨移动，实现砂轮的径向（横向）进给。砂轮由单独的电动机经传动带使其高速回转。砂轮架可绕垂直轴线回转 −30°～+30°。

（5）尾座

尾架套筒内装有顶尖，可与主轴顶尖一起支承轴类工件，它在工作台的纵向位置可根据工件长度调整。

（6）内圆磨头

内圆磨头中装有内圆磨具，用来磨削内圆。内圆磨头由专门的电动机经传动带带动其主轴高速回转，实现内圆磨削的主运动。不用时，把它翻转到砂轮架上方，磨内圆时将其翻下使用。

2. 外圆磨床的运动

（1）主运动

磨削外圆表面时为砂轮的回转运动；磨削内圆表面时为内圆磨具的回转运动。

（2）进给运动

进给运动主要包括工件的圆周进给运动、工作台的纵向进给运动、砂轮的横向进给运动。

知识链接——砂轮的特性及选择

3. 磨削工具

（1）砂轮的组成及特性

砂轮是重要的磨削工具，由磨料、结合剂、气孔三部分组成。

砂轮用磨料、粒度、结合剂、硬度、组织、形状和尺寸、强度七个要素来衡量，各种不同特性的砂轮，均有一定的加工范围，对磨削加工精度、表面质量和生产效率有着重要的影响。因此，必须根据具体生产条件合理地选择和使用砂轮，才能充分发挥砂轮的磨削性能。

（2）磨具的标记

磨具的标记主要由磨具名称、形状代号、尺寸标记、磨料代号、粒度代号、磨具硬度、组织号、结合剂代号和最高工作速度组成，如图 1-16 所示。

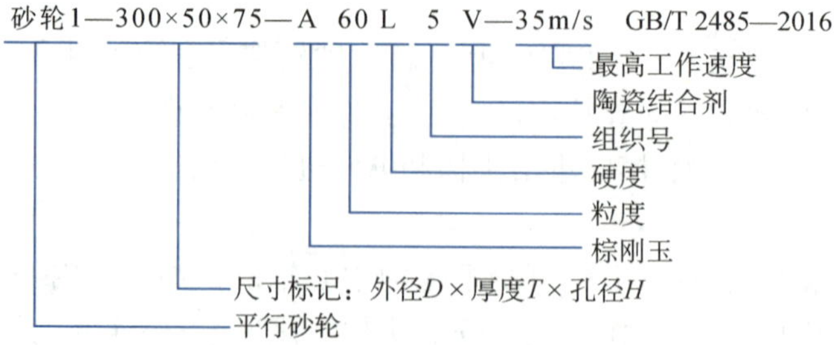

注：GB/T 2485 — 2016 即《固结磨具技术条件》。

图 1-16　砂轮的标记

4. 磨削加工方法

根据磨削时工件定位方式的不同，外圆磨削可分为中心磨削和无心磨削两大类。

(1) 外圆的中心磨削

中心磨削即普通的外圆磨削，被磨削的工件由中心孔定位，在外圆磨床或万能外圆磨床上加工。磨削后工件尺寸精度可达 IT8～IT6 级，表面粗糙度值为 Ra0. 8～0. 1 μm。主要有纵向磨削法、横向磨削法、深度磨削法和综合磨削法。

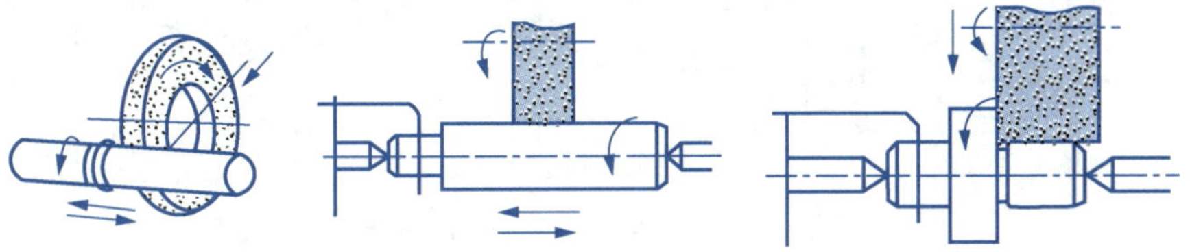

(a) 纵向磨削法　　(b) 横向磨削法

图 1-17　外圆表面的磨削方法

① 纵向磨削法。纵向磨削法如图 1-17(a)所示，砂轮的高速旋转为主运动，工件的低速回转为圆周进给运动，工作台做纵向往复进给运动，实现对工件整个外圆表面的加工。每一纵向行程或往复行程终了时，砂轮做周期性的横向移动，直至达到所需的磨削深度。当接近最终尺寸时，需进行无横向进给的光磨过程，直至火花消失为止。

纵向磨削法每次的径向进给量少，磨削力小，散热条件好，充分提高了工件的磨削精度和表面质量，能满足较高的加工质量要求，但磨削效率较低，主要适用于单件、小批生产或精磨加工时较大工件的外圆磨削。

② 横向磨削法。横向磨削法如图 1-17(b)所示，又称切入磨削法。磨削外圆时，砂轮宽度大于工件的磨削长度，工件不需做纵向进给运动。砂轮的高速旋转为主运动，工件的低速回转为圆周进给运动，同时砂轮以缓慢的速度连续地或断续地向工件做横向进给运动，直至达到所需尺寸要求。

横向磨削法充分发挥了砂轮的切削能力，磨削效率高。但在磨削过程中砂轮与工件接触面积大，使得磨削力增大，工件易发生变形和烧伤。另外，砂轮形状误差直接影响工件几何形状精度，磨削精度较低，表面粗糙度值较大。横向磨削法主要适用于磨削长度较短的外圆表面。

③ 深度磨削法。深度磨削法是一种比较先进的加工方法，在一次纵向进给运动中切除工件全部磨削余量，磨削机动时间缩短，故生产率高；但磨削抗力大，主要适用于批量生产中在功率大、刚性好的磨床上磨削较大的工件。

④ 综合磨削法。综合磨削法又称分段磨削法，它是纵向磨削法和横向磨削法的综合应用。磨削时，先采用横向磨削法分段粗磨外圆，并留精磨余量，然后再用纵向磨削法精磨至规定尺寸。这种磨削方法既有横磨法生产效率高的优点，又有纵磨法加工精度高的优点，主要适用于磨削余量大、刚性好的工件。

(2) 外圆的无心磨削

无心磨削是一种高生产率的精加工方法，磨削后工件的尺寸精度可达 IT7～IT6 级，

表面粗糙度值可达 $Ra0.8\sim0.2\ \mu m$。磨削时工件放在砂轮与导轮之间的托板上，以被磨削的外圆本身作为定位基准，不用中心孔支承，故称为无心磨削，如图 1-18 所示。

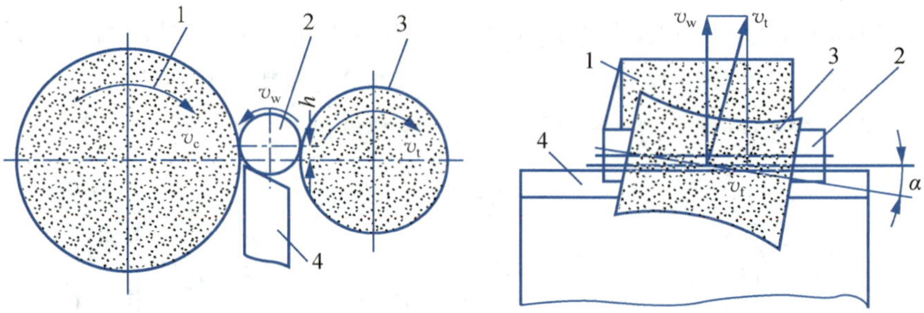

1—砂轮；2—工件；3—导轮；4—托板

图 1-18　外圆表面的无心磨削

导轮是用摩擦系数较大的橡胶结合剂制作的磨粒较粗的砂轮，其转速很低（20～80 mm/min），靠摩擦力带动工件旋转。无心磨削时砂轮和工件的轴线总是水平放置的，而导轮的轴线通常要在垂直平面内倾斜一个 α 角，其线速度分解为两个分速度：$v_{导水平}$ 和 $v_{导垂直}$，分别带动工件做圆周进给运动和轴向进给运动。

无心磨削的生产效率高，容易实现工艺过程的自动化，但所能加工的零件具有一定的局限性，不能磨削带长键槽和平面的圆柱表面，也不能用于磨削同轴度要求较高的阶梯轴外圆表面。其磨削方式可分为纵磨法和横磨法，分别用于磨削光轴和阶梯轴。

5. 磨削加工过程

一般外圆表面的磨削加工分为粗磨、精磨、精密磨削和超精密磨削。

(1) 粗磨

粗磨的加工精度可达 IT9～IT8 级，表面粗糙度值可达 $Ra10\sim1.25\ \mu m$。

(2) 精磨

精磨的加工精度可达 IT8～IT6 级，表面粗糙度值可达 $Ra1.25\sim0.63\ \mu m$。

(3) 精密磨削

精密磨削是一种精密加工方法，加工精度可达 IT6～IT5 级，表面粗糙度值可达$Ra0.16\sim0.01\ \mu m$。

(4) 超精密磨削

超精密磨削属于精密加工范畴，加工精度一般可达 IT5 级以上，表面粗糙度值小于 $Ra0.025\ \mu m$，详见精密加工方法的有关内容。

6. 磨削加工的特点

(1) 加工精度高

磨削加工属高速多刃微刃切削，磨粒硬度高，能在工件表面上切除极薄的材料，磨削过程是磨粒切削、刻划和滑擦综合作用的过程，有一定的研磨和抛光作用，可获得较高的加工精度和表面质量。

(2) 表面质量好

磨钝的砂粒在外力作用下会脱落、更新，具有自锐性，故磨粒的等高性好，能获得较好的表面质量。

(3) 磨削温度高

磨削加工速度高，砂轮与工件之间发生剧烈的摩擦，容易引起工件退火和产生烧伤现象。

(4) 加工范围广

磨削不仅可加工铸铁、碳钢、合金钢等一般结构材料，还可加工高硬度的淬硬钢、硬质合金、陶瓷、玻璃等难加工材料，应用越来越广泛。

三、外圆表面的精密加工方法

精密加工一般指被加工工件的尺寸精度为 0.3～3 μm，公差等级在 IT5 级以上，表面粗糙度值达到 Ra0.3～0.03 μm 的加工方法，主要指精密车削、精密磨削、超精加工和研磨。

1. 外圆表面的精密车削

加工外圆表面时，用刃口圆弧半径很小的车刀进行高速、微量切削而获得高精度的工艺方法称为精密车削。

精密车削主要用于铜、铝及其合金制件的最终加工，其他如纯金属、塑料、玻璃纤维、合成树脂及石墨等不宜采用磨削而要求又高的零件，也常使用精密车削。对于表面粗糙度要求较高的铜、铝及其合金制件的外圆表面或反射镜的曲面，使用金刚石车刀进行镜面车削，表面粗糙度值可小于 Ra0.05 μm。

精密车削还用作黑色金属或其他表面硬度高的精密零件光整加工前的预加工工序。

精密车削除必须在精密车床上进行外，还需要对所用的三爪自定心卡盘、弹簧夹头和心轴等回转组件进行动平衡，并精密测定其跳动量，以及仔细选取刀具材料和切削用量。精密车削所用刀具主要有金刚石车刀和硬质合金精密车刀两种。

2. 外圆表面的精密磨削

在精密磨床上用经过精细修整的细粒度砂轮进行加工的方法称为精密磨削。精密磨削用于高精度、表面粗糙度值小的外圆磨削，可以获得 IT5 级的尺寸精度和高的几何形状精度。

根据获得的表面粗糙度值的不同，将精密磨削分类：Ra0.16～0.04 μm 的称为精密磨削，Ra0.04～0.01 μm 的称为超精密磨削，小于或等于Ra0.01 μm 的称为镜面磨削。

精密磨削主要用于机床主轴、高精度轴承、液压滑阀、标准量具量仪，以及宇航工业中的精密零件、计算机磁盘等元件的制造。

3. 外圆表面的超精加工

超精加工是用细粒度磨具对工件施加很小的压力，油石做往复振动和慢速沿工件轴向运动，以实现微量磨削的一种光整加工方法，如图 1-19 所示。

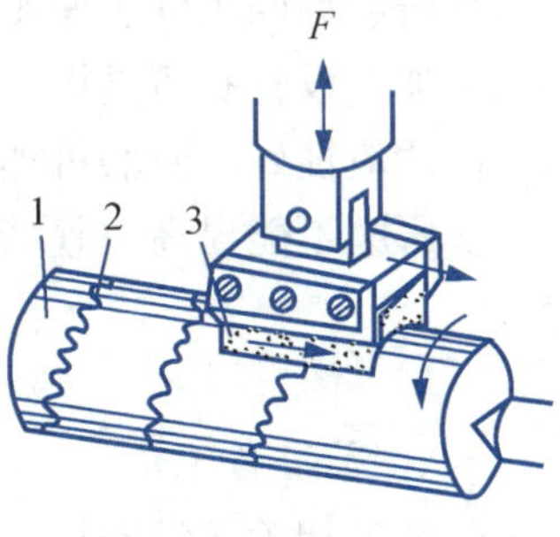

1—工件；2—磨削轨迹；3—油石

图 1-19　外圆表面的超精加工

超精加工可用专用机床或其他设备改装，其主要机构是振动磨头，用以安装油石，并以电气和机械装置产生振动；工件安装在能使其运动的工作台上，采用两顶尖装夹，选择一定的切削工艺参数，开动机床，使油石和工件产生各种所需的运动，即可进行超精加工。

加工时，装有细粒度油石的磨头以恒定压力 F 轻压于工件表面上，以快而短促的往复振动对低速旋转的工件进行表面光整加工，磨头与工件之间有三个主要运动：工件的低速转动（工件的圆周速度一般为 30 m/min）；磨头的纵向进给运动（粗加工时纵向进给量一般取 0.5～1 mm/r，精加工时为 0.1～0.2 mm/r）；油石的高速往复振动。

超精加工的主要特点：

① 生产效率高、加工表面粗糙度值小。经过超精加工工序，可以使预加工表面粗糙度值为 $Ra0.4\ \mu m$ 的工件很快减小到 $Ra0.012 \sim 0.006\ \mu m$。

② 加工精度高。尺寸精度和几何精度可以控制在 IT5 级的公差的 1/2 以内，并可消除工件表面的螺旋形、多边形、波纹等缺陷。

③ 切削速度低、油石压力小。超精加工工件低速旋转，因而切削速度低，油石压力一般小于 5MPa，可改善加工表面的力学性能，减少表面烧伤、退火变质等现象。

④ 使用设备简单、油石价格低廉。

⑤ 由于超精加工的刀具处于悬浮状态，因此，不能提高加工表面的相互位置精度。超精加工适用于需进一步提高尺寸精度和表面质量的外圆表面加工。

4. 外圆表面的研磨

研磨是用研磨工具和研磨剂，从工件上研去一层极薄表面材料的精密加工方法。研磨的实质是用游离的磨粒，通过研磨工具对工件进行包括物理和化学综合作用的微量切削，可完成外圆、内孔、平面的研磨。

研磨分手工研磨和机械研磨两种。手工研磨是手持研具进行研磨，研磨外圆时，可将工件装夹在车床卡盘上或顶尖上做低速旋转运动，研具套在工件上，用手推动研具做往复运动。机械研磨在研磨机上进行。

研磨属精整、光整加工，研磨前加工面要进行良好的精加工，研磨余量在直径上为 0.03～0.1 mm。

研磨的工艺特点：

① 工件研磨后，尺寸、形状精度高，表面粗糙度值小。如果加工条件控制得好，研磨外圆可获得很高的尺寸精度（IT6～IT4 级）、极小的表面粗糙度值以及较高的形状精度（圆度误差为 0.003～0.001 mm）。

② 研磨后的工件表面耐磨性和耐腐蚀性提高，可延长工件的使用寿命。

③ 加工设备和研具操作方便简单、成本低。

④ 适应性好。研磨可加工钢、铸铁、硬质合金、光学玻璃、陶瓷等多种材料。

⑤ 研磨不能提高位置精度，生产效率较低。

【任务实施】

一、课前准备工作

① 准备相关教学资料，包括教材、教学参考书、工作任务书等。

② 做好课前准备，按要求完成课前知识点的学习。

二、学习活动安排

① 工作场地安排：机加工综合实训车间。

② 通过参观学习和分组活动，按具体要求完成以下工作任务，并填写工作页。

- 识别设备标牌的内容，了解设备型号、规格和精度等级等。
- 说明 CA6140 型卧式车床和 M1432 型万能外圆磨床的结构和用途。
- 说明机床在进行金属切削加工时的运动情况及各种金属切削加工刀具的几何形状。
- 熟悉外圆车削、外圆磨削的加工方法、加工范围。

安全注意事项

①“安全生产，规范操作”。所有职工、学生必须加强法治观念，认真执行党和国家的有关安全生产、劳动保护的政策、法令、规定，严格执行安全技术操作规程和各项安全生产制度。

② 工作前必须按规定穿戴好防护用品，做好个人安全防护，自觉遵守安全规程。女工应把发辫盘入工作帽内，不准穿拖鞋、凉鞋，也不准戴围巾操作机床；

③ 实训期间必须认真遵守作息时间和实训车间有关规章制度，未经允许，不得随意开启设备；

④ 实训中要服从指导教师的安排，听从指挥，严格遵守操作规程、精心操作。不准擅自把自己的工作给他人；不准打闹和做与本职工作无关的事情；

⑤ 实训中注意安全，节约用水、用电和使用实训材料，一旦发现安全隐患要及时报告指导教师进行处理；

⑥ 文明生产，保持实训车间、库房、通道清洁、畅通；

⑦ 严格执行交接班制度，实训结束后必须切断电源，清理好实训场地；

⑧ 应在各自范围内认真执行有关安全规定，对因违反工作安全操作规范，造成安全事故的责任者，视情节轻重、损失的大小，给予批评教育和纪律处分。

工作页	任务二 传动轴加工方案的选择	学习活动 1 外圆表面加工方法和设备的认知

【知识梳理】

请你通过自主学习、小组讨论、信息查找等方法，结合基础知识的学习完成以下工作任务。

1. 什么是切削运动？切削运动的形式有哪些？

2. 简述切削用量的三要素。

3. 了解外圆表面常用的加工方法、范围、实现的精度等级及表面粗糙度，并举例说明。

4. 简述车削加工的常用设备、刀具，特点。

5. 简述磨削加工中的磨具——砂轮的组成及特性。

【思考与练习】

通过对以上相关基础知识的学习，完成以下测试。

一、填空题

1. 机械加工设备分为__________、__________和__________三大类。

2. 切削过程中，工件上形成的三个表面是__________、__________和__________。

3. 通常外圆表面的车削可分为__________、__________、__________和精细车四个加工阶段。

4. 一般外圆表面的磨削可分为粗磨、__________、__________和超精密磨削。

5. 外圆表面磨削方法有__________和__________两种，而中心磨削又可分为__________和__________两种。

6. 砂轮由__________、__________和__________三部分组成。制造砂轮的磨料按成分一般可分为__________、__________和__________。

二、判断对错

(　　)1. 外圆磨床可用于加工零件的内外圆表面。

(　　)2. 车削外圆是加工外圆最主要的且唯一的方法。

(　　)3. 磨削硬材料应选用硬砂轮，磨削软材料应选择软砂轮。

(　　)4. 60# 比 70# 的磨料粒度细。

(　　)5. 粗车加工时，常采用较大的背吃刀量和高速车削。

(　　)6. 粗加工时，应选用冷却作用为主的切削液。

三、选择题

1. 下列机床设备中，用于金属零件切削加工的设备是(　　)。

A. 铣床　　B. 电火花成形机床

C. 空气锤　　D. 电焊机

2. 下列机床设备中，用于加工工件外圆表面的设备是(　　)。

A. 车床　　B. 铣床　　C. 插床　　D. 拉床

3. 车削外圆是加工外圆的最主要的方法之一，主要用于加工各种(　　)。

A. 成形表面　　B. 回转表面

C. 螺纹表面　　D. 齿轮表面

4. 外圆表面加工中的纵磨法一般适用于(　　)。

A. 精加工　　B. 粗加工

C. 半精加工　　D. 以上皆可

5. 切削热可通过多种形式传导或散发，其中带走热量最多的是(　　)。

A. 空气介质　　B. 刀具　　C. 工件　　D. 切屑

6. 磨削加工时常用的切削液是(　　)。

A. 合成切削液　　B. 切削油

C. 低浓度乳化液　　D. 极压切削油

【做中学】

根据工作任务要求，请你和小组成员讨论，完成以下工作任务。

□　任务 1　识读以下机床类型，简述其主要结构、功用，并填写下表。

图片 1	图片 2	图片 3

□　任务 2　识读以下机床型号的含义，并简述机床的运动形式、工装夹具。

CA6140：

M1432A：

□　任务 3　简述外圆表面的精密加工方法及适用范围。

【检查评价】

① 自行检查工作任务完成情况。

② 学习小组间互查，查找存在的问题。

③ 针对问题，提出解决方法及改进措施。

④ 整理相关资料，归档。

工作任务评价单

<table>
<tr><th>序号</th><th colspan="3">考核评价项目</th><th>考核内容</th><th>学生自评</th><th>小组互评</th><th>教师总评</th><th>分数比重</th></tr>
<tr><td rowspan="4">1</td><td rowspan="7">过程性考核</td><td rowspan="4">专业能力</td><td>课前</td><td>学习知识点,完成测试</td><td></td><td></td><td></td><td rowspan="4">60%</td></tr>
<tr><td rowspan="2">课中</td><td>能识读外圆加工设备的结构、特点、应用及其工艺装备</td><td></td><td></td><td></td></tr>
<tr><td>能熟练运用各种外圆表面加工方法</td><td></td><td></td><td></td></tr>
<tr><td>课后</td><td>课程知识巩固,完成习题</td><td></td><td></td><td></td></tr>
<tr><td>2</td><td colspan="2">方法能力</td><td>能搜集信息、自主学习、分析解决问题、归纳总结及创新</td><td></td><td></td><td></td><td>15%</td></tr>
<tr><td>3</td><td colspan="2">社会能力</td><td>能与团队共同协作、交流沟通;能遵守安全规范,有安全质量意识和工匠精神等</td><td></td><td></td><td></td><td>15%</td></tr>
<tr><td>4</td><td colspan="2">其他</td><td>能按时出勤、遵守课堂纪律、积极参与活动、回答问题等</td><td></td><td></td><td></td><td>10%</td></tr>
<tr><td colspan="5">总评</td><td></td><td></td><td></td><td>100%</td></tr>
<tr><td colspan="2" rowspan="2">综合评价</td><td colspan="2">组别</td><td>组长签字</td><td colspan="2">日期</td><td colspan="2"></td></tr>
<tr><td colspan="2">评语</td><td colspan="5"></td></tr>
</table>

存在的问题及改进措施

序号	存在的问题	解决方法及改进措施	备注
总结与提高:			

【教学反馈】

信息反馈表

序号	反馈问题	反馈意见
1	你对该工作任务是否感兴趣?	A. 感兴趣　B. 一般　C. 不感兴趣
2	该工作任务的安排是否合理?	A. 合理　B. 一般　C. 不合理
3	该工作任务的难度是否合适?	A. 太难　B. 合适　C. 太简单
4	该工作任务的学时安排是否合适?	A. 太少　B. 合适　C. 太多
5	该工作任务的学习目标是否实现?	A. 实现　B. 部分实现　C. 没有实现
问题综述		
学习心得		

学习活动 2　外圆表面加工方案的选择

训练目的：能够运用外圆表面加工方案的基础知识，分析零件图，确定零件的加工方案。

① 会选择轴类零件外圆表面的加工方法。

② 能确定轴类零件外圆表面的加工方案。

③ 完成传动轴加工方案的选择。

【知识储备】

一、加工方案的类别

一般来说，对于精度要求高、表面粗糙度值小的工件外圆，仅用一种加工方法往往达不到其规定的技术要求。这些表面必须经过粗加工、半精加工、精加工等，以逐步提高其加工精度。不同加工方法的有序组合即为加工方案，如图 1-20 所示为外圆表面的加工路线。

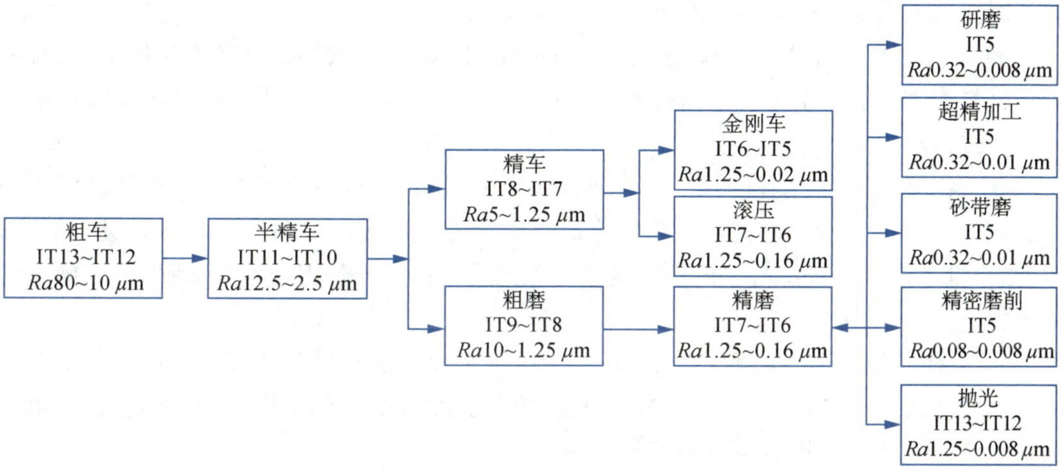

图 1-20　外圆表面的加工路线

1. 低精度的加工方案

对加工精度低，表面粗糙度值较大的零件外圆表面，经粗车即可达到要求。加工精度可达 IT10～IT9 级，表面粗糙度值可达 *Ra*6.3～3.2 μm，主要用于各类零件的粗加工。

2. 中等精度的加工方案

对于非淬火钢件、铸铁件及有色金属件的外圆表面，加工方案为粗车→半精车→精车。加工精度可达 IT9～IT8 级，表面粗糙度值可达 *Ra*3.2～1.6 μm。

3. 较高精度的加工方案

对于加工精度较高的淬火钢件、非淬火钢件及铸铁件外圆表面，加工方案为粗车→半精车→磨削。加工精度可达 IT8～IT7 级，表面粗糙度值可达 Ra1.6～0.8 μm。

4. 高精度的加工方案

对于更高精度的钢件和铸铁件，除了车削和磨削外，还需增加精磨和超精加工等工序，加工方案为粗车→半精车→粗磨→精磨→精密磨削。加工精度可达 IT6～IT5 级，表面粗糙度值可达 Ra0.16～0.01 μm。

二、加工方案的选择原则和依据

加工方案的选择原则是保证加工质量、生产率和经济性。

加工经济精度和表面粗糙度是指正常的加工条件下（符合质量的标准设备、工艺装备、标准技术等级的技术工人和合理的工时定额）所能达到的加工精度和表面粗糙度。

选择各加工表面的加工方法时，主要应保证加工表面的加工精度和表面粗糙度的要求。一般是先根据表面的加工精度和表面粗糙度的要求选定最终加工方法，然后确定加工方案。但由于获得同一精度和表面粗糙度的方案有多种，在具体选择时，还应考虑工件的形状和尺寸、工件材料的性质、生产类型、生产条件等因素。

① 工件的形状和尺寸。不同形状和尺寸的加工表面直接影响加工方法的选择。例如外圆柱表面的加工一般常采用车削、磨削的加工方法。

② 工件材料的性质。例如，经淬火后的待加工表面，一般用磨削的方法加工；而有色金属材料如铜、铝等，由于容易堵塞砂轮，不宜采用磨削加工，常采用高速精车、精镗、精铣的方法进行加工。

③ 生产类型。所选择的加工方法要与生产类型相适应，即应考虑生产率和经济性问题。例如：大批、大量生产应选用生产率高且质量稳定的专用设备和工艺装备进行加工；单件、小批生产则应选择易于调整的设备和工艺装备以及准备工作量少、便于工人操作的加工方法。

④ 生产条件。选择加工方法时，还应考虑本企业的现有设备情况和生产条件。要充分利用企业现有设备和工艺手段，节约资源；发挥技术人员的创造性，挖掘企业潜力；重视新技术、新工艺，不断提高企业的工艺水平。

表 1-10 所示为外圆表面加工方法和加工方案所能达到的加工经济精度、表面粗糙度及适用范围，选用时可以作为参考。但值得注意的是，随着工艺技术的不断改进，加工经济精度往往是会发生变化的。

表 1-10　外圆表面加工方案选择

序号	加工方案	加工经济精度（公差等级）	表面粗糙度 Ra(μm)	适用范围
1	粗车	IT13～IT11	50～12.5	适用于淬火钢以外的各种金属
2	粗车→半精车	IT10～IT8	6.3～3.2	
3	粗车→半精车→精车	IT8～IT7	1.6～0.8	适用于淬火钢以外的各种金属
4	粗车→半精车→精车→滚压（或抛光）	IT8～IT7	0.2～0.25	

（续表）

序号	加工方案	加工经济精度（公差等级）	表面粗糙度 *Ra*（μm）	适用范围
5	粗车→半精车→磨削	IT8～IT7	0.8～0.4	主要用于淬火钢，也可用于未淬火钢，但不宜加工有色金属
6	粗车→半精车→粗磨→精磨	IT7～IT6	0.4～0.1	
7	粗车→半精车→粗磨→精磨→超精加工	IT6～IT5	0.1～0.012	
8	粗车→半精车→精车→精细车（金刚车）	IT7～IT6	0.4～0.025	主要用于要求较高的有色金属
9	粗车→半精车→粗磨→精磨→超精磨（或镜面磨）	IT5 以上	＜0.025	主要用于极高精度的钢和铸铁
10	粗车→半精车→粗磨→精磨→研磨	IT5 以上	＜0.1	

【任务实施】

一、课前准备工作

① 准备相关教学资料，包括教材、教学参考书、工作任务书等。

② 做好课前准备，按要求完成课前知识点的学习。

二、学习活动安排

1. 工艺性分析

根据图 1-2 所示传动轴零件，分组讨论其加工方案，完成以下工作任务，按要求填写工作页。

① 说明外圆表面加工方案的划分原则。

② 说明外圆表面加工方法和加工方案所能达到的加工经济精度、表面粗糙度及适用范围。

③ 根据对传动轴零件的工艺性分析，完成主要外圆表面的加工方案的选择。

2. 螺纹表面加工方案的选择

确定图 1-2 所示传动轴零件 M16 螺纹表面的加工方案，并按要求填写工作页。

知识链接——螺纹表面加工基础知识

工作页	任务二 传动轴加工方案的选择	学习活动 2 外圆表面加工方案的选择

【知识梳理】

请你通过自主学习、小组讨论、信息查找等方法，结合基础知识的学习完成以下工作任务。

1. 外圆表面的加工方案大致分为哪几种？

____

____

____

____

2. 依据哪些因素确定外圆表面的最终加工方法？

____

____

____

____

【思考与练习】

通过以上相关基础知识的学习，完成以下知识点的测试。

一、判断对错

(　　)1. 加工有色金属材料时，应选择磨削做为最终加工方案。

(　　)2. 不同形状和尺寸的加工表面直接影响加工方法的选择。

(　　)3. 确定零件最终加工方案时，主要应根据零件加工表面精度进行选定。

二、填空题

1. 加工精度低，表面粗糙度值较大的零件外圆表面，经________即可达到要求。

2. 加工方案的选择原则为________、________和________。

3. 加工 IT5 级以上、$Ra<0.1\ \mu m$ 的零件外圆表面时，最终加工方案可确定为________。

【做中学】

根据工作任务要求，请你和小组成员讨论，完成以下工作任务。

□　任务 1　外圆表面加工方案的选择

如图 1-2 所示传动轴零件，根据要求完成以下工作任务。

1. 确定其外圆表面的加工方法，并选择机床设备、工艺装备。

____

____

____

2. 确定其外圆表面的加工方案，并说明选择依据。

□ 任务 2 分析图 1-21 所示心轴零件，完成心轴零件的工艺分析和毛坯选择，并确定该零件各外圆表面的加工方案。

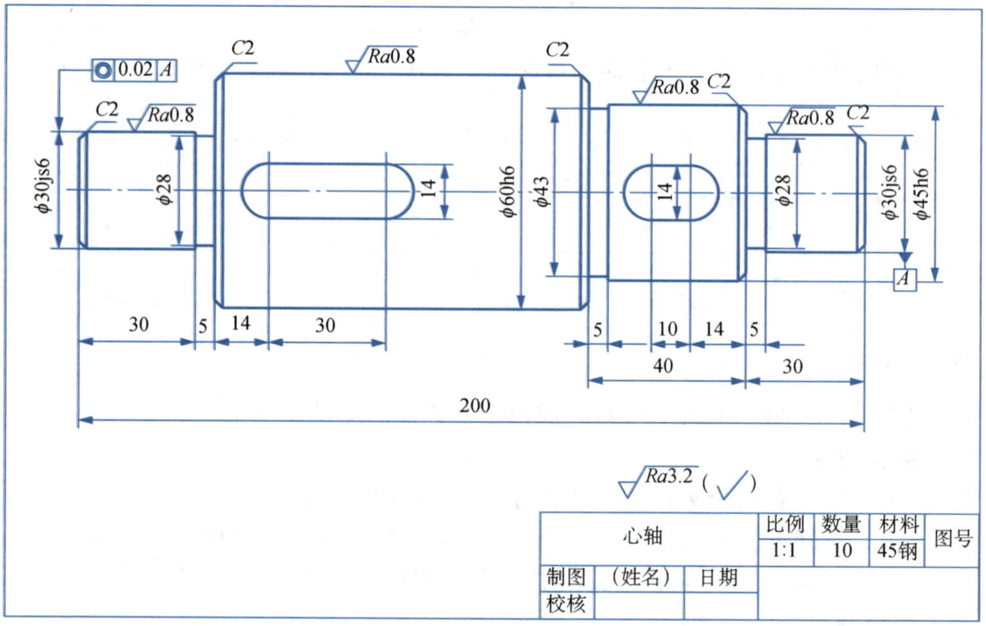

图 1-21 心轴

【检查评价】

① 自行检查工作任务完成情况。
② 学习小组间互查，查找存在的问题。
③ 针对问题，提出解决方法及改进措施。
④ 整理相关资料，归档。

工作任务评价单

<table>
<tr><th>序号</th><th colspan="3">考核评价项目</th><th>考核内容</th><th>学生自评</th><th>小组互评</th><th>教师总评</th><th>分数比重</th></tr>
<tr><td rowspan="4">1</td><td rowspan="7">过程性考核</td><td rowspan="4">专业能力</td><td>课前</td><td>知识点的学习、完成测试</td><td></td><td></td><td></td><td rowspan="4">60%</td></tr>
<tr><td rowspan="2">课中</td><td>能根据轴类零件技术要求，正确选择外圆表面的加工方法</td><td></td><td></td><td></td></tr>
<tr><td>能完成轴类零件外圆表面加工方案分析，并确定合理的加工方案</td><td></td><td></td><td></td></tr>
<tr><td>课后</td><td>课程知识巩固，完成习题</td><td></td><td></td><td></td></tr>
<tr><td>2</td><td colspan="2">方法能力</td><td>能搜集信息、自主学习、分析解决问题、归纳总结及创新</td><td></td><td></td><td></td><td>15%</td></tr>
<tr><td>3</td><td colspan="2">社会能力</td><td>能与团队共同协作、交流沟通；能遵守安全规范，有安全质量意识和工匠精神等</td><td></td><td></td><td></td><td>15%</td></tr>
<tr><td>4</td><td colspan="2">其他</td><td>能按时出勤、遵守课堂纪律、积极参与活动、回答问题等</td><td></td><td></td><td></td><td>10%</td></tr>
<tr><td colspan="5">总评</td><td></td><td></td><td></td><td>100%</td></tr>
<tr><td colspan="2" rowspan="2">综合评价</td><td colspan="2">组别</td><td>组长签字</td><td></td><td colspan="2">日期</td><td></td></tr>
<tr><td colspan="2">评语</td><td colspan="5"></td></tr>
</table>

存在的问题及改进措施

序号	存在的问题	解决方法及改进措施	备注

总结与提高：

【教学反馈】

信息反馈表

序号	反馈问题	反馈意见
1	你对该工作任务是否感兴趣？	A. 感兴趣　B. 一般　C. 不感兴趣
2	该工作任务的安排是否合理？	A. 合理　B. 一般　C. 不合理
3	该工作任务的难度是否合适？	A. 太难　B. 合适　C. 太简单
4	该工作任务的学时安排是否合适？	A. 太少　B. 合适　C. 太多
5	该工作任务的学习目标是否实现？	A. 实现　B. 部分实现　C. 没有实现

（续表）

问题综述	
学习心得	

任务三
传动轴定位基准的选择

学习目标

知识目标	能力目标	素质目标
① 熟悉基准的概念及分类。 ② 掌握定位基准的分类及选择原则。 ③ 掌握轴类零件定位基准的选择方法	① 能够正确选择传动轴零件的定位基准。 ② 能够正确选择典型轴类零件的定位基准	① 培养学生自主学习能力及团队合作精神。 ② 理论联系实际，培养学生严谨细致、精益求精的职业素养和工匠精神

任务描述

如图 1-2 所示传动轴，依据零件的工艺分析，该轴为一阶梯轴，加工数量为 10 件，材料为 45 钢，试为该零件的机械加工选择粗基准和精基准。通过学习讨论，完成以下工作任务，并填写工作页。

学习活动 1　确定零件的设计基准

学习活动 2　定位基准的选择

任务分析

定位基准选择正确与否，关系到拟定的工艺路线和夹具设计是否合理，并将影响到工件的加工精度、生产率和加工成本。因此，定位基准的选择是制订工艺规程的主要内容之一。

学习活动 1　确定零件的设计基准

训练目的：能够运用基准的基础知识，分析零件图，确定零件的设计基准。

① 能够正确区分基准种类。

② 确定轴类零件的设计基准。

【知识储备】

用来确定零件上某些点、线、面位置时所依据的那些点、线、面称为基准。它是几何要素之间的位置尺寸标注、计算和测量的起点。

基准根据用途的不同,可分为设计基准和工艺基准两大类,如图 1-22 所示。前者用在产品零件的设计图上,后者用于机械制造的工艺过程中。

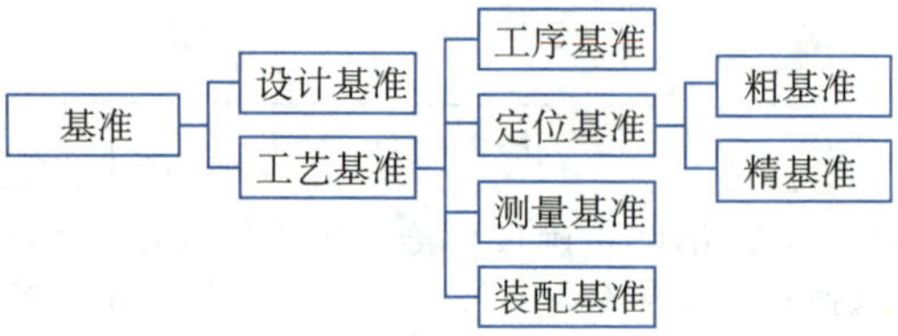

图 1-22　基准分类

一、设计基准

设计基准是指零件设计图上用来确定其他点、线、面位置关系所采用的基准。对于一个零件来说,在各个方向上往往只有一个主要的设计基准。作为设计基准的点、线、面在工件上不一定具体存在,如表面的几何中心、对称线、对称平面等。如图 1-23(a)所示,径向的主要设计基准是孔 D 的轴线,轴向的主要设计基准是左端面 1;如图 1-23(b)所示,长度方向的主要设计基准是左端面 G 面,高度方向的主要设计基准是底面 A 面。

习惯上以标注尺寸最多的点、线、面为零件的主要设计基准。

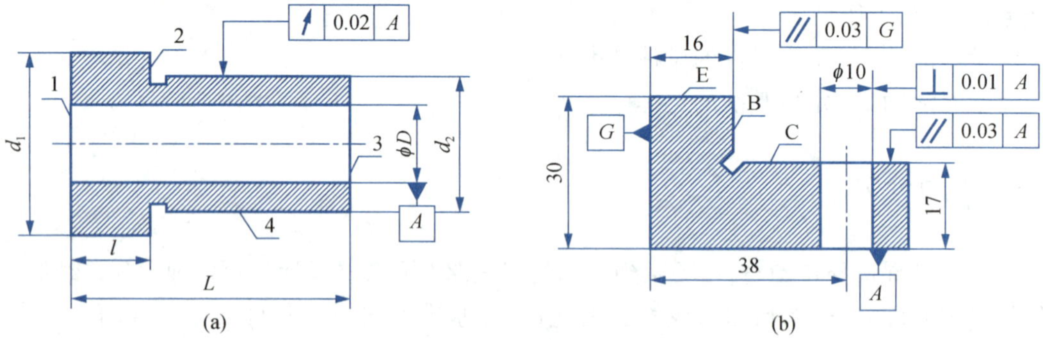

图 1-23　主要设计基准

二、工艺基准

工艺基准是指工件在工艺过程中所采用的基准。工艺基准根据用途的不同,又可分为工序基准、定位基准、测量基准和装配基准四种。

1. 工序基准

在工序图上,用来确定本工序所加工表面加工后的尺寸、形状、位置的基准,即工序基准。如图 1-24 所示,图 1-24(a)和图 1-24(b)所示工序分别选用端面 M 和 N 作为确定被加工孔轴线位置的工序基准。由于工序基准不同,工序尺寸也不同。

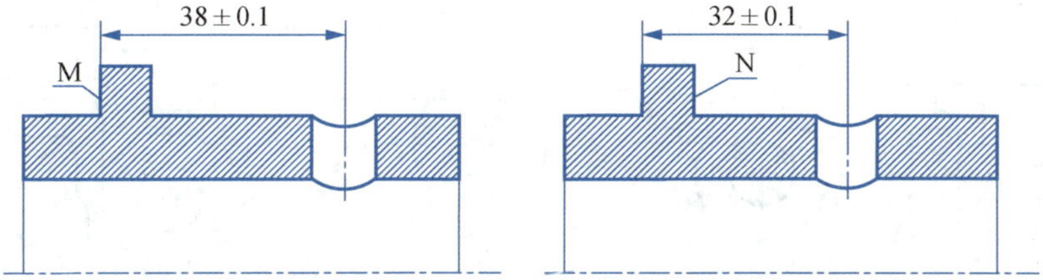

(a) 端面M作为工序基准　(b) 端面N作为工序基准

图 1-24　工序基准

2. 定位基准

在加工时，使工件在机床或夹具中占据正确位置所用的基准即定位基准，它是工件上与夹具定位元件直接接触的点、线、面。如图 1-25 所示，按图 1-25(a)所示定位时，表面 A—A 是定位基准；按图 1-25(b)定位时，中心线 B—B 是定位基准。定位基准既可以是零件上的实际表面，也可以是零件表面的几何中心、对称线、对称平面，但它们都由相应的实际表面来体现。

定位基准有固有基准和附加基准两种情况。固有基准是零件上原来就存在的表面，而附加基准是零件上原来不存在的表面。因为有时工件上找不到合适的表面作为定位基准，为便于工件的装夹和保证获得规定的加工精度，可以在制造毛坯时在工件上允许的部位增设和加工出定位基准，如工艺凸台、工艺孔、中心孔等。

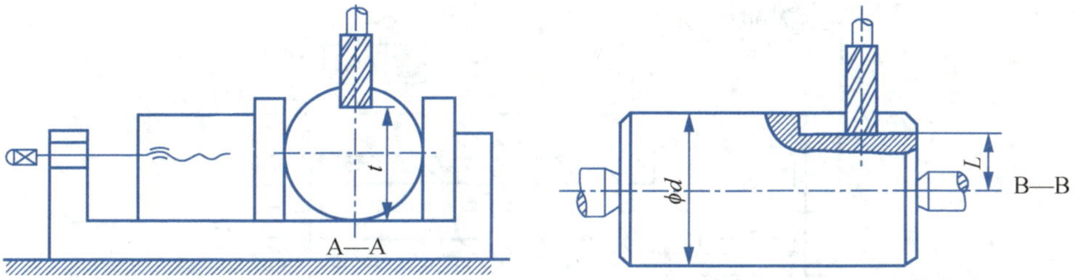

(a) 表面为定位基准　(b) 中心线为定位基准

图 1-25　定位基准

3. 测量基准

检验零件时，用来测量零件已加工表面的尺寸和位置时所采用的基准称为测量基准。如图 1-26 所示，测量被加工平面的位置时，分别以小圆柱面的上素线 A 和大圆柱面的下素线 B 作为测量基准。通常情况下，测量基准与工序基准是重合的。

4. 装配基准

装配时，用来确定零件或部件在产品中的相对位置所采用的基准即装配基准。

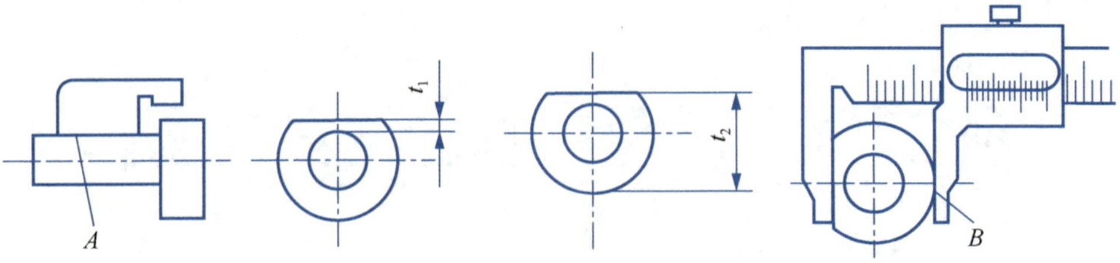

(a) 上素线A作为测量基准　　(b) 下素线B作为测量基准

图 1-26　测量基准

【任务实施】

一、课前准备工作

① 准备相关教学资料，包括教材、教学参考书、工作任务书等。

② 做好课前准备，按要求完成课前知识点的学习。

二、学习活动安排

确定轴类零件的设计基准。分组讨论，完成以下学习活动，并按要求填写工作页。

① 举例说明基准的概念和分类。

② 确定图 1-27 所示轴套零件的设计基准。

③ 分析图 1-2 所示传动轴零件，确定此零件的设计基准。

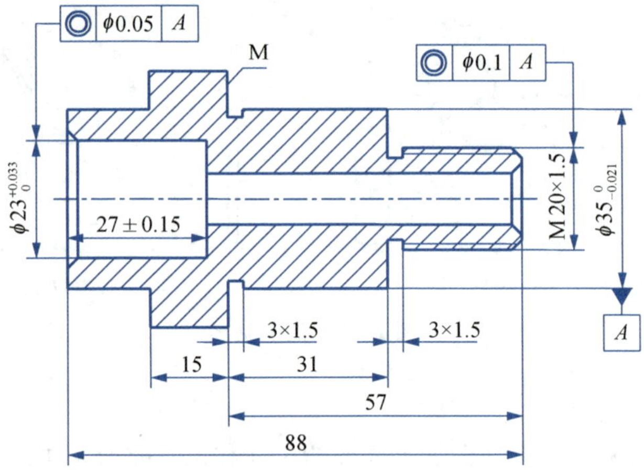

图 1-27　轴套零件简图

工作页	任务三 传动轴定位基准的选择	学习活动 1 确定零件的设计基准

【知识梳理】

请你通过自主学习、小组讨论、信息查找等方法，结合基础知识的学习完成以下工作任务。

1. 什么是基准？基准是如何分类的？

______

______

______

2. 什么是工艺基准？工艺基准有哪几种类型？

______

______

______

【思考与练习】

通过对相关基础知识的学习，完成以下测试。

一、判断对错

(　　)1. 基准是几何要素之间位置尺寸标注、计算和测量的起点。

(　　)2. 工艺基准是指在零件设计图上所使用的基准。

(　　)3. 习惯上把标注尺寸最多的点、线、面作为零件的主要设计基准。

二、选择题(可多选)

1. 基准根据用途的不同，可分为(　　)和(　　)。

A. 定位基准　　B. 设计基准　　C. 测量基准　　D. 工艺基准

2. 在工序图上，用来确定本工序所加工表面加工后的尺寸、形状和位置的基准是(　　)。

A. 定位基准　　B. 测量基准　　C. 工序基准　　D. 装配基准

3. 图样上所采用的基准称为(　　)。

A. 设计基准　　B. 工序基准　　C. 定位基准　　D. 测量基准

【做中学】

根据工作任务要求，请你和小组成员讨论，完成以下工作任务。

□　任务　确定零件的设计基准

1. 确定图 1-27 所示轴套零件的设计基准。

______

______

______

2. 确定图 1-2 所示传动轴零件的设计基准。

【检查评价】

① 自行检查工作任务完成情况。
② 学习小组间互查，查找存在的问题。
③ 针对问题，提出解决方法及改进措施。
④ 整理相关资料，归档。

工作任务评价单

<table>
<tr><th>序号</th><th colspan="3">考核评价项目</th><th>考核内容</th><th>学生自评</th><th>小组互评</th><th>教师总评</th><th>分数比重</th></tr>
<tr><td rowspan="4">1</td><td rowspan="7">过程性考核</td><td rowspan="4">专业能力</td><td>课前</td><td>学习知识点，完成测试</td><td></td><td></td><td></td><td rowspan="4">60%</td></tr>
<tr><td rowspan="2">课中</td><td>能正确区分基准的类型</td><td></td><td></td><td></td></tr>
<tr><td>能确定轴类零件的设计基准</td><td></td><td></td><td></td></tr>
<tr><td>课后</td><td>巩固课程知识，完成习题</td><td></td><td></td><td></td></tr>
<tr><td>2</td><td colspan="2">方法能力</td><td>能搜集信息、自主学习、分析解决问题、归纳总结及创新</td><td></td><td></td><td></td><td>15%</td></tr>
<tr><td>3</td><td colspan="2">社会能力</td><td>能与团队共同协作、交流沟通；能遵守安全规范，有安全质量意识和工匠精神等</td><td></td><td></td><td></td><td>15%</td></tr>
<tr><td>4</td><td colspan="2">其他</td><td>能按时出勤、遵守课堂纪律、积极参与活动、回答问题等</td><td></td><td></td><td></td><td>10%</td></tr>
<tr><td colspan="5">总评</td><td></td><td></td><td></td><td>100%</td></tr>
<tr><td colspan="2" rowspan="2">综合评价</td><td colspan="2">组别</td><td>组长签字</td><td></td><td>日期</td><td colspan="2"></td></tr>
<tr><td colspan="2">评语</td><td colspan="5"></td></tr>
</table>

存在的问题及改进措施

序号	存在的问题	解决方法及改进措施	备注
总结与提高：			

学习活动 2　定位基准的选择

训练目的：能正确地选择零件加工时的粗基准和精基准。

① 能够完成图 1-2 传动轴定位基准的选择，并说明选择原则。

② 能够完成典型轴类零件定位基准的选择。

【知识储备】

一、定位基准的选择

（一）定位基准选择的基本原则

定位基准选择应遵循以下三条原则。

① 应保证定位基准的稳定性和可靠性，以确保工件表面之间相互位置的精度。

② 力求与设计基准重合，尽可能地从相互间有直接位置精度要求的表面中选择定位基准，以避免因基准不重合而引起的误差。

③ 选择的定位基准，应使涉及的夹具结构简单、工件装卸和夹紧方便。

（二）定位基准的分类

按照工序性质和作用的不同，定位基准分为粗基准和精基准。在最初的切削工序中，只能使用毛坯上未经加工的表面来定位，这种定位基准称为粗基准。在以后的各工序中，均采用已加工表面作为定位基准表面，这种定位基准称为精基准。

1. 粗基准的选择

选择粗基准时，首先要考虑两个问题，一是合理地分配各加工面的加工余量；二是保证加工面与不加工面之间的相互位置关系。在具体选择时应遵循下列原则。

（1）相互位置原则

对于不需加工全部表面的零件，为了保证加工表面与不加工表面之间的相互位置关系，应选择始终不加工的表面作为粗基准。

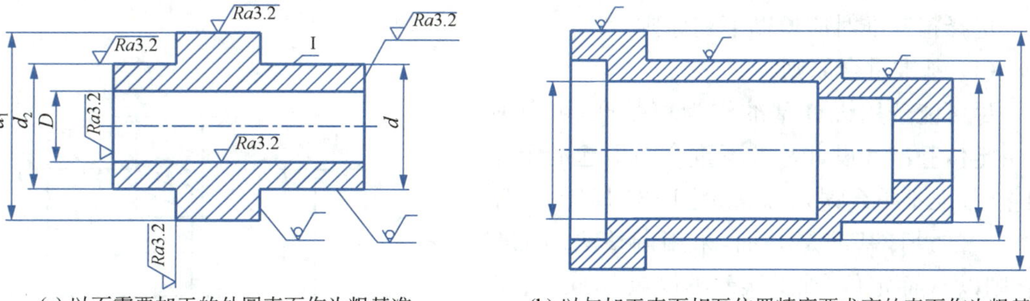

(a) 以不需要加工的外圆表面作为粗基准　　(b) 以与加工表面相互位置精度要求高的表面作为粗基准

图 1-28　选择不加工表面作粗基准

如图 1-28(a)所示，以不需要加工的外圆表面 I 作为粗基准，不仅可以使孔壁均匀，而且可在一次装夹中将大部分要加工的表面加工出来，并能保证外圆与内孔同轴度及端面与孔轴线垂直度。

如图 1-28(b)所示,如果零件上有几个不需要加工的表面,则应选取与加工表面相互位置精度要求高的表面作为粗基准。

(2) 重要表面原则

为了保证重要加工表面加工余量均匀,应选择重要加工表面作为粗基准。

如图 1-29 所示某机床床身导轨,一般要求导轨面耐磨性好,且其表面的金相组织应均匀一致,具有较高的物理和力学性能。因此,加工时应选择导轨表面作为粗基准,先加工其相对面即床腿底面,然后再以床腿底面为基准加工导轨平面。

(3) 余量最小原则

对于所有表面都需要加工的零件,应选择加工余量最小的表面作为粗基准,这样可以避免因加工余量不足而造成废品,如图 1-30 所示,应选择 ϕB 外圆表面作为粗基准。

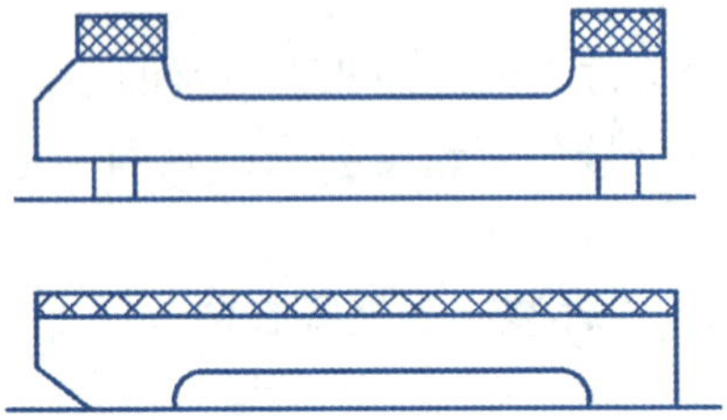

图 1-29　选择重要表面作为粗基准

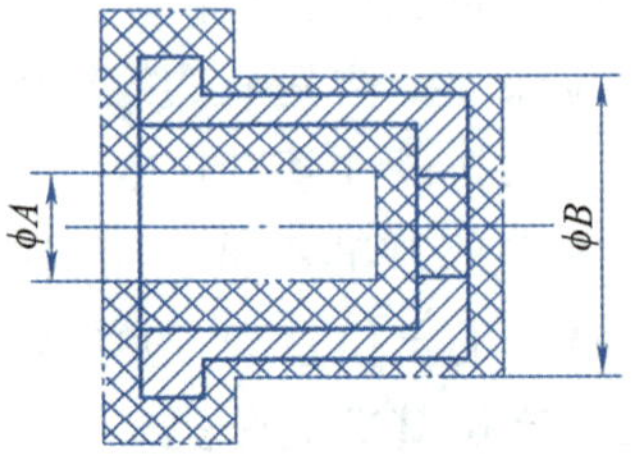

图 1-30　选择余量小的表面作为粗基准

(4) 便于装夹原则

选择毛坯制造中尺寸和位置可靠、稳定、平整、光洁、面积足够大的表面作为粗基准,这样可以减小定位误差和确保定位准确、夹紧可靠。

(5) 不重复使用原则

粗基准在同一尺寸方向上只允许使用一次,不得重复使用,以避免产生较大的定位误差。

2. 精基准的选择

选择精基准,主要应考虑如何减少定位误差、保证工件加工精度,同时还要使工件装夹方便,夹具结构简单。

选择精基准时应遵循下列原则。

(1) 基准重合原则

尽可能选用设计基准作为精基准,可以避免由定位基准和设计基准不重合而引起的定位误差(基准不重合误差)。如图 1-31 所示,工序尺寸 c 的设计基准是 B 面,采用调整法加工 C 面,则以 A 面定位,加工误差不仅包含本工序的加工误差,而且还包括基准不重合带来的设计基准与定位基准之间的尺寸误差。由于基准不重合误差的存在,只有提高本道工序尺寸 a 的加工精度,才能保证尺寸 c 的精度,这样就增加了加工的难度。所以需要选择合理的定位

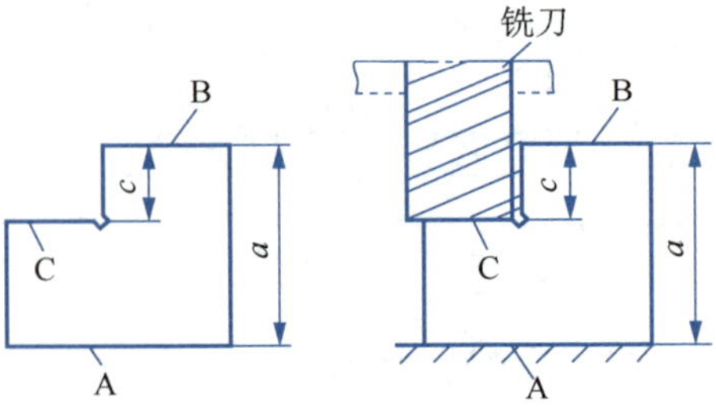

图 1-31　基准重合原则示意图

基准，安装工件，则可消除基准不重合误差。

（2）基准统一原则

尽可能采用同一个定位基准来加工工件上的各个待加工表面，以保证各表面间的相互位置精度，避免由于基准转换带来的误差，减少工装设计及制造的费用，提高生产率。例如，轴类零件加工常以中心孔作为定位基准；齿轮的齿坯和齿形加工多采用齿轮的内孔及基准端面作为定位基准，这些都体现了基准统一原则。

（3）自为基准原则

对于某些精加工或光整加工工序，因为这些工序要求加工表面余量小而均匀，为保证表面加工的质量并提高生产率，此时应选择加工表面本身作为精基准。如图 1-32 所示，磨削床身的导轨面时，就是以床身导轨表面本身作为定位基准。采用自为基准原则加工的典型方法有浮动镗刀镗孔、珩磨孔、拉孔、无心磨削外圆等。

但应注意的是，采用自为基准仅能提高表面质量，不能提高形位精度，该加工表面与其他表面之间的形位精度应由先行工序保证。

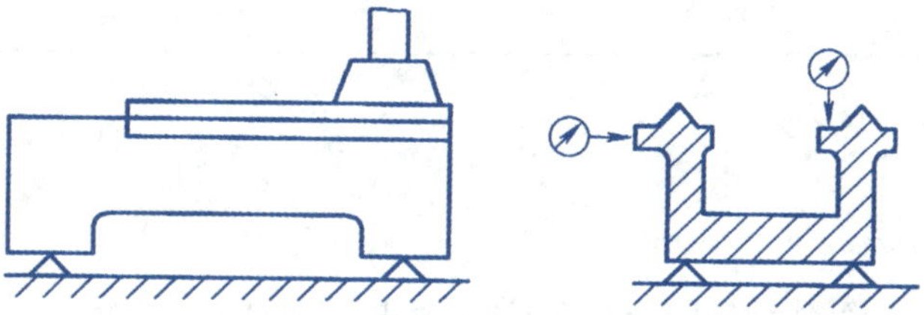

图 1-32　自为基准原则示意图

（4）互为基准原则

对于某些相互位置精度要求很高的表面，常采用互为基准、反复加工的办法来达到相互位置精度要求。例如：车床主轴前后支承轴颈与主轴锥孔间有严格的同轴度要求，常先以主轴锥孔为基准磨主轴前、后支承轴颈表面，然后再以前、后支承轴颈表面为基准磨主轴锥孔，最后达到图纸上规定的同轴度要求。

（5）便于装夹原则

所选择的定位基准应满足定位准确、安装可靠、夹紧机构简单、操作方便的要求。

二、轴类零件的装夹

切削加工时，应使工件在机床或夹具中具有正确的位置，并保证其在整个切削过程中始终保持正确的位置不发生改变，此即为工件的装夹。装夹方法、装夹质量和速度直接影响着加工质量和生产率。

根据轴类零件结构特点、尺寸大小和生产类型的不同，常采用表 1-11 的装夹方法。

表 1-11　常用的装夹方法

序号	装夹方法	特点	适用范围
1	三爪自定心卡盘	夹紧力小，夹持工件时一般不需要找正，具有自定心作用，装夹方便、速度较快	适用于装夹规则的中小型圆柱形、正三边或正六边形工件

（续表）

序号	装夹方法	特点	适用范围
2	四爪卡盘	夹紧力较大，装夹精度较高，不受卡爪磨损的影响，但夹持工件时需要找正。卡爪可装成正爪和反爪两种形式	适用于装夹形状不规则或大型的工件。反爪主要用于装夹直径较大的工件
3	两顶尖及鸡心夹头	用两端中心孔定位，容易保证定位精度，但由于顶尖细小，装夹不够牢靠，不宜用大的切削用量进行加工	适用于装夹轴类零件
4	一夹一顶	定位精度较高，装夹牢靠	适用于装夹轴类零件
5	中心架	配合三爪卡盘或四爪卡盘装夹工件，起到辅助支承的作用	适用于装夹细长轴的轴类零件
6	心轴与弹簧夹头	以孔为定位基准，用心轴装夹来加工外表面，也可以外圆为定位基准，采用弹簧卡头装夹来加工内表面，工件的位置精度较高	适用于装夹内外表面的位置精度要求较高的套类零件

【任务实施】

一、课前准备工作

① 准备相关教学资料，包括教材、教学参考书、工作任务书等。

② 做好课前准备，按要求完成课前知识点的学习。

二、学习活动安排

① 通过对相关知识的学习和讨论，分组确定图 1-33 所示零件首道工序的粗基准，按要求填写工作页。

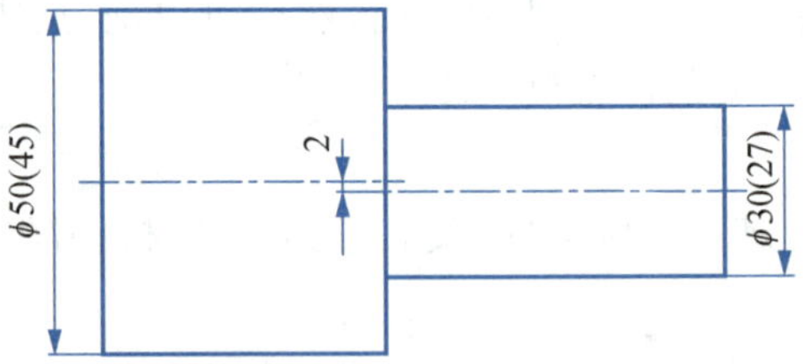

图 1-33　台阶轴零件简图

② 分组讨论，确定图 1-2 传动轴的定位基准，选择正确的装夹方式，按要求填写工作页。

工作页	任务三 传动轴定位基准的选择	学习活动 2 定位基准的选择

【知识梳理】

请你通过自主学习、小组讨论、信息查找等方法,结合基础知识的学习完成以下工作任务。

1. 简述定位基准选择的基本原则。定位基准是如何分类的?

2. 什么是粗基准?选择原则是什么?

3. 什么是精基准?选择原则是什么?

4. 识读以下轴类零件常用夹具,简要说明夹具的名称、装夹方法及应用。

夹具图片	名称	装夹方法及特点	应用

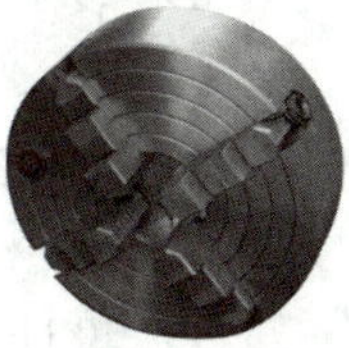			

（续表）

夹具图片	名称	装夹方法及特点	应用

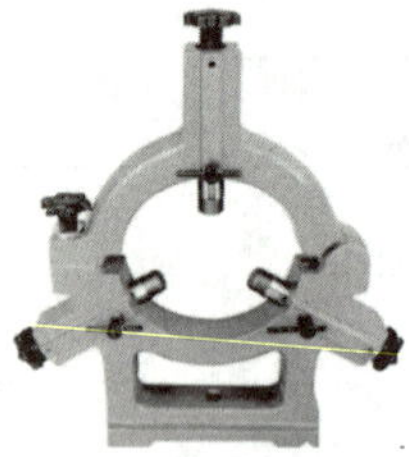			
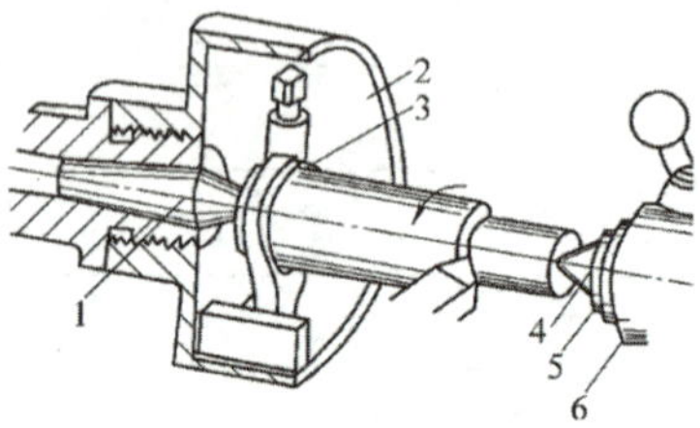			

【思考与练习】

通过对相关基础知识的学习，完成以下测试。

一、判断对错

（　　）1. 粗加工所使用的基准称为粗基准，精加工所使用的基准称为精基准。

（　　）2. 在同一个尺寸方向上，粗基准可以反复使用多次。

（　　）3. 对于全部表面均需加工的零件，应选择加工余量最小的表面作为粗基准。

（　　）4. 为了实现基准统一的目的，轴类零件在粗加工时也应选择两中心孔作为定位基准。

二、选择题（可多选）

1. 在加工轴类零件时，常采用两中心孔作为（　　）。

A. 定位基准　　B. 粗基准　　C. 测量基准　　D. 装配基准

2. 轴类零件在精加工时，一般选择（　　）作为定位基准。

A. 外圆和中心孔　　B. 两中心孔　　C. 外圆表面　　D. 内孔表面

3. 基准重合是指（　　）和（　　）重合。

A. 工艺基准　　B. 测量基准　　C. 工序基准　　D. 设计基准

三、简答题

为什么定位基准应尽可能与设计基准重合？如果不重合会产生什么问题？

【做中学】

根据工作任务要求，请你和小组成员讨论，完成以下工作任务。

☐　任务 1　定位基准的选择

1. 如图 1-33 所示台阶轴零件，确定其首道工序的粗基准。

2. 如图 1-2 所示传动轴零件，根据传动轴零件的工艺分析，完成零件定位基准的选择。

☐　任务 2　分组讨论，试分析以下各种情况的定位基准。

1. 无心磨削轴承外圆表面。

2. 超精加工主轴轴颈。

【检查评价】

① 自行检查工作任务完成情况。

② 学习小组间互查，查找存在的问题。

③ 针对问题，提出解决方法及改进措施。

④ 整理相关资料，归档。

工作任务评价单

<table>
<tr><th>序号</th><th colspan="3">考核评价项目</th><th>考核内容</th><th>学生自评</th><th>小组互评</th><th>教师总评</th><th>分数比重</th></tr>
<tr><td rowspan="4">1</td><td rowspan="7">过程性考核</td><td rowspan="4">专业能力</td><td>课前</td><td>学习知识点，完成测试</td><td></td><td></td><td></td><td rowspan="4">60%</td></tr>
<tr><td rowspan="2">课中</td><td>能完成轴类零件定位基准的选择</td><td></td><td></td><td></td></tr>
<tr><td>能确定轴类零件合理的装夹方案</td><td></td><td></td><td></td></tr>
<tr><td>课后</td><td>巩固课程知识，完成习题</td><td></td><td></td><td></td></tr>
<tr><td>2</td><td colspan="2">方法能力</td><td>能搜集信息、自主学习、分析解决问题、归纳总结及创新</td><td></td><td></td><td></td><td>15%</td></tr>
<tr><td>3</td><td colspan="2">社会能力</td><td>能与团队共同协作、交流沟通；能遵守安全规范，有安全质量意识和工匠精神等</td><td></td><td></td><td></td><td>15%</td></tr>
<tr><td>4</td><td colspan="2">其他</td><td>能按时出勤、遵守课堂纪律、积极参与活动、回答问题等</td><td></td><td></td><td></td><td>10%</td></tr>
<tr><td colspan="5">总评</td><td></td><td></td><td></td><td>100%</td></tr>
<tr><td colspan="2" rowspan="2">综合评价</td><td colspan="2">组别</td><td>组长签字</td><td></td><td>日期</td><td colspan="2"></td></tr>
<tr><td colspan="2">评语</td><td colspan="5"></td></tr>
</table>

存在的问题及改进措施

序号	存在的问题	解决方法及改进措施	备注
总结与提高：			

【教学反馈】

信息反馈表

序号	反馈问题	反馈意见
1	你对该工作任务是否感兴趣？	A. 感兴趣　B. 一般　C. 不感兴趣
2	该工作任务的安排是否合理？	A. 合理　B. 一般　C. 不合理
3	该工作任务的难度是否合适？	A. 太难　B. 合适　C. 太简单
4	该工作任务的学时安排是否合适？	A. 太少　B. 合适　C. 太多
5	该工作任务的学习目标是否实现？	A. 实现　B. 部分实现　C. 没有实现
问题综述		
学习心得		

任务四
传动轴加工工艺路线的拟定

学习目标

知识目标	能力目标	素质目标
① 熟悉各加工阶段的主要任务及作用。 ② 掌握加工顺序的安排原则。 ③ 掌握加工顺序的组合方法	① 能够完成传动轴零件加工工艺路线的拟定。 ② 能够完成典型轴类零件加工工艺路线的拟定	① 培养学生团队协作精神，养成认真负责的工作态度。 ② 培养学生精益求精的科学探索精神

任务描述

如图 1-2 所示传动轴，依据传动轴零件的前三项任务的完成结果，试拟定该零件的机械加工工艺路线。通过学习讨论，完成相应工作任务，并填写工作页。

任务分析

机械加工工艺路线是指零件在生产过程中，由毛坯到成品所经过工序的先后顺序。拟定工艺路线是制订机械加工工艺过程的关键环节，其主要任务是选择加工表面的加工方法和加工方案、划分加工阶段、安排加工工序、进行工序的组合(集中与分散)等。

学习活动　机械加工工艺路线的拟定

训练目的：熟练掌握加工方法和加工方案的确定、加工阶段的划分、加工工序的安排和加工工序的组合等相关知识，完成典型轴类零件的机械加工工艺路线拟定。

【知识储备】

拟定零件的机械加工工艺路线时，依据加工方案，往往把加工质量要求较高的主要表面的加工过程，按粗、精加工分开的原则划分为几个阶段，其他加工表面的加工过程也按同一原则做相应划分，并分别安排到主要表面确定的各个阶段中，这样就可得到零件完整的机械加工工艺过程。

一、加工阶段的划分

对于加工质量要求较高、结构形状较复杂、刚性较差的零件，往往不可能在一个工序内完成全部加工工作，其切削加工过程常需划分加工阶段。一般常划分为粗加工、半精加工、精加工和光整加工四个阶段。

1. 各加工阶段的主要任务

（1）粗加工阶段

本阶段的任务是切去各表面大部分加工余量，使毛坯形状和尺寸接近于成品，为后续加工创造条件，主要以提高生产率为主。粗加工所能达到的精度等级一般为 IT12 级以下，表面粗糙度值为 Ra50～12.5 μm。

（2）半精加工阶段

本阶段的任务是完成一些次要表面的加工，并为零件主要表面的精加工做好准备。半精加工后所能达到的精度等级可达 IT12～IT10 级，表面粗糙度值为 Ra6.3～3.2 μm。

（3）精加工阶段

本阶段的任务是完成主要表面的加工，使零件各主要表面达到图样规定的技术要求，以保证加工质量为主。精加工后所能达到的精度等级可达 IT9～IT6 级，表面粗糙度值为 Ra1.6～0.4 μm。

（4）光整加工阶段

本阶段的任务是提高加工表面的尺寸精度和表面质量，减小表面粗糙度值，一般不能用于提高零件的位置精度。光整加工主要适用于公差等级在 IT5 级以上，表面粗糙度值在Ra0.2 μm 以下的表面。

2. 划分加工阶段的作用

（1）利于保证加工质量

工件在粗加工时，因加工余量大，切削的金属层较厚，会产生较大的切削力和切削热，所需的夹紧力也较大，因而工件会产生较大的弹性变形和热变形；另外，粗加工后由于内应力重新分布，也会使工件产生较大的变形。划分加工阶段后，粗加工造成的误差可以通过半精加工和精加工予以纠正，以提高加工质量。

（2）便于合理使用机床设备

粗加工阶段可采用功率大、刚度好而精度较低的高效率机床，以提高生产率。精加工阶段则可使用高精度机床，以保证加工精度要求。划分加工阶段后，可充分发挥机床各自的性能特点，满足加工要求，延长机床的使用寿命。

（3）及时发现毛坯缺陷

粗加工阶段切除了各表面的大部分余量，毛坯的缺陷如气孔、砂眼、余量不足等可及时被发现，可及时修补或报废毛坯，从而避免继续加工而造成的浪费。

（4）便于安排热处理工序

划分加工阶段后，可以在机械加工过程中插入必要的热处理工序，使热处理工序发挥充分的效果。例如，在粗加工材料之后安排人工时效处理，有利于消除粗加工产生的内应力。

（5）避免损伤已加工表面

将精加工安排在最后，可以保护精加工表面在加工过程中少受损伤或不受损伤。

必须指出的是，加工阶段的划分不能绝对化，应根据零件的质量要求、结构特点和生产类型等灵活划分。如当工件批量小、加工质量要求不高且刚性较好时，可以不分或少分加工阶段；对于刚性好的重型零件，考虑到运输及装夹困难，一般在一次装夹下完成粗、精加工。但为避免不划分加工阶段对加工质量的影响，常常在粗加工后，松开夹紧机构，让工件充分变形恢复，然后再用较小的夹紧力重新夹紧工件，进行精加工。

二、加工工序的安排

加工工序的顺序安排与加工质量、生产率和加工成本密切相关，是拟定工艺路线的关键之一。通常包括机械加工工序、热处理工序和辅助工序。在拟定工艺路线时，三者要相互结合、统筹考虑，合理安排顺序。

拓展阅读——数控加工工序的划分方法

1. 机械加工工序安排

(1) 基准先行原则

先用粗基准定位加工精基准表面，为其他表面的加工提供可靠的定位基准，再以精基准定位加工其他表面，以保证加工质量。例如，轴类零件的加工一般以中心孔为精基准，所以先以外圆表面为粗基准加工中心孔，然后再以中心孔定位加工外圆柱面和其他表面。

(2) 先粗后精原则

各加工表面应以先粗加工、再半精加工、最后精加工和光整加工的顺序安排工序，以逐步提高加工精度。

(3) 先主后次原则

先安排加工精度和表面质量要求高的主要表面(如装配表面、工作表面)的加工，再将精度要求不高的次要表面(如键槽、连接用的光孔)穿插在主要表面的中间进行加工。对于整个加工过程而言，次要表面的加工一般安排在主要加工表面的最终精加工之前进行。

(4) 先面后孔原则

平面轮廓平整、面积较大，平面定位安装稳定，对于箱体、支架和连杆等零件，通常均以平面定位来加工孔。这样既能保证加工孔时有稳定可靠的定位基准，又有利于保证孔与平面间的位置精度要求。

2. 热处理工序安排

热处理工序是用来提高材料的力学性能，消除残余内应力，改善金属的切削加工性能的。它在工艺路线中的安排，主要取决于零件的材料和热处理的目的。根据热处理目的的不同，热处理工序一般可分为五种，见表 1-12。

表 1-12　热处理工序安排

热处理工序	目的	应用
退火和正火	消除内应力，提高强度和韧性，使工件具有合适的硬度，改善切削加工性能	含碳量高于 0.5%的碳钢和合金钢采用退火处理；含碳量低于 0.5%的采用正火处理。一般安排在毛坯制造之后，粗加工之前
调质处理	获得细致均匀的组织，综合力学性能较好	一般安排在粗加工之后，半精加工之前
时效处理	消除毛坯制造和机械加工中产生的残余应力，减少工件变形；分为人工时效和自然时效	一般安排在毛坯制造之后和粗加工后，常用于大而复杂的零件； 对于刚性较差、精度要求特别高的重要零件，如精密丝杠、主轴等，常在粗加工、半精加工之间安排多次时效处理

（续表）

热处理工序	目的	应用
淬火（渗碳淬火）	提高零件材料的硬度、耐磨性和强度等力学性能	一般安排在粗加工、半精加工之后，精加工之前进行
表面热处理（电镀、发蓝涂层等）	提高零件的抗蚀能力、耐磨性和装饰表面	常安排在工艺过程的最后进行

3. 辅助工序安排

辅助工序包括工件的检验、去毛刺、清洗、去磁、防锈和平衡等。其中检验是最主要的辅助工序，它对保证产品质量有重要的作用。

① 检验工序。除各工序自检外，下列场合还应单独安排检验工序：粗加工全部结束后；零件转换车间的前后，特别是进行热处理工序的前后；各加工阶段前后，重要工序或加工工时较长的工序前后；全部加工工序结束之后。

② 去毛刺及清洗。毛刺对机器的装配质量影响很大，切削加工之后，应安排去毛刺工序；装配零件之前，一般应安排清洗工序。工件内孔、箱体内腔易存留切屑，研磨、珩磨等光整加工工序之后，微小磨粒易附着在工件表面上，也需要安排清洗工序。

③ 特殊需要的工序。在用磁力夹紧工件的工序之后，应安排去磁工序；平衡试验、检查渗漏、重要检验等工序一般安排在工艺过程的最后进行。除此之外，有的零件还要安排X线检查、超声波探伤、密封、称重等辅助工序。

三、加工工序的组合

拟定工艺路线时，组合加工工序需要确定工序数目或工序内容的多少，主要遵循工序集中和工序分散两种原则。加工工序的组合与设备类型的选择有密切关系，其特点和应用见表1-13。

表1-13　工序组合的特点及应用

组合原则	特点	应用
工序集中	① 工序数目少，减少了机床数量、操作工人数量和生产场地面积，易于管理。 ② 采用高效率的专用设备和工艺装备，生产效率高。 ③ 减少了装夹次数，缩短了辅助时间，易于保证各加工表面间的相互位置精度。 ④ 机床结构复杂，投资大，调整、维修较为困难，生产准备工作量大，更换新产品困难。 ⑤ 对操作工人的技术水平要求高	① 单件、小批生产时，一般遵循工序集中原则。 ② 使用多刀、多轴等高效自动机床、加工中心，应遵循工序集中原则。 ③ 对于尺寸和质量较大、形状复杂的重型零件，为了减少安装和运输工作量，应遵循工序集中原则。 ④ 工序集中生产适用性强，转产容易，适用于多品种、小批量生产的成组加工
工序分散	① 工序数目多，装夹次数多，不易保证零件的相对位置精度。 ② 有利于采用合理的切削用量。 ③ 设备和工艺装备数量多、操作工人多、生产占地面积大。 ④ 设备和工艺装备结构简单、调整方便，容易适应产品的变换。 ⑤ 对操作工人的技术水平要求较低	① 大批、大量生产时，传统的流水线、自动线生产多采用工序分散方式。 ② 工序分散生产适用性差，转产困难，不适用于专用组合机床多的生产线

随着科学技术的进步，先进制造技术的发展，由于工序集中原则的优点较多，现代生产的发展多趋向于工序集中原则。

四、注意事项

拟定典型轴类零件的机械加工工艺路线时，应注意以下问题。

1. 机械加工阶段的划分

① 粗加工阶段：钻中心孔、粗车各级外圆时，以外圆表面为定位基准。

② 半精加工阶段：半精车各处外圆、车削螺纹、铣键槽等时，以外圆表面和中心孔为定位基准。

③ 精加工阶段：修研中心孔，粗、精磨各处外圆时，以两个中心孔为定位基准。

2. 机械加工顺序的安排

① 在加工顺序上，应先加工大直径外圆，然后再加工小直径外圆，以免一开始就降低工件的刚度。

② 轴上的键槽等表面的加工一般应在外圆精车之后、磨削之前进行。

③ 轴上的螺纹一般有较高的精度要求，通常应安排在半精加工之后、热处理之前进行加工。

④ 为保证磨削质量，热处理之后，一般应安排中心孔的修研工序。

【任务实施】

一、课前准备工作

① 准备相关教学资料，包括教材、教学参考书、工作任务书等。

② 做好课前准备，按要求完成课前知识点的学习。

二、学习活动安排

① 通过对相关知识的学习和讨论，分组确定如图 1-2 所示传动轴的机械加工工艺路线，并按要求填写工作页。

② 分组讨论，确定如图 1-9 所示阶梯轴零件的机械加工工艺路线，并按要求填写工作页。

工作页	任务四 传动轴加工工艺路线的拟定	学习活动 机械加工工艺路线的拟定

【知识梳理】

请你通过自主学习、小组讨论、信息查找等方法，结合基础知识的学习完成以下工作任务。

1. 简述加工阶段的划分，各阶段的工作任务及作用。

____

____

____

____

2. 加工工序包括哪些内容？安排机械加工工序时应遵循哪些原则？

____

____

____

____

3. 什么是工序集中？什么是工序分散？简述其特点及选用原则。

____

____

____

____

【思考与练习】

通过对相关基础知识的学习，完成以下测试。

一、判断对错

(　　)1. 在加工顺序上，先加工大直径外圆，然后再加工小直径外圆。

(　　)2. 安排加工工序时应首先安排次要表面的加工，最后安排主要表面的加工。

(　　)3. 为了提高钢材的综合力学性能，一般应考虑选择调质热处理。

(　　)4. 粗加工的目的是提高生产率，故要求在较短的时间内车去工件上较多的加工余量。

(　　)5. 实行分段加工，有利于热处理的安排。

(　　)6. 工序集中可降低对工人技术水平的要求。

(　　)7. 轴上的螺纹一般有较高的精度要求，通常应安排在淬火之后进行加工。

(　　)8. 为了充分发挥机床的作用，粗、精加工都可以安排在同一高精机床上加工。

二、选择题(可多选)

1. 轴类零件在精加工时，一般选择(　　)装夹方式。

A. 一夹一顶　　B. 两顶尖　　C. 三爪卡盘　　D. 心轴

2. 最终热处理工序一般安排在(　　)之后。

A. 粗加工　　B. 半精加工　　C. 精加工　　D. 超精加工

3. 下列不属于机械加工工序安排原则的是(　　)。

A. 基准先行　　B. 先孔后面　　C. 先主后次　　D. 先粗后精

4. 调质主要用于(　　),一般应安排在(　　)进行。

A. 粗加工之后　　B. 粗加工之前　　C. 高碳钢　　D. 中碳钢

5. 下列属于切除零件表面大部分加工余量的加工阶段是(　　)。

A. 粗加工阶段　　B. 精加工阶段　　C. 半精加工阶段　　D. 光整加工阶段

三、简答题

1. 什么情况下需要单独安排检验工序?

____

____

____

____

2. 在机械加工工艺过程中,应如何安排热处理工序?请举例说明。

____

____

____

____

【做中学】

根据工作任务要求,请你和小组成员讨论,完成以下工作任务。

□　任务1　机械加工工艺路线的拟定

1. 分组讨论,确定如图1-2所示传动轴零件的机械加工工艺路线。

____

____

____

____

2. 分组讨论,确定如图1-9所示阶梯轴零件的机械加工工艺路线。

____

____

____

____

□ 任务 2 分组讨论，试完成以下工作任务。

根据图 1-21 所示心轴零件，分析零件的技术要求，拟定该零件的机械加工工艺路线。

____

____

____

____

____

【检查评价】

① 自行检查工作任务完成情况。

② 学习小组间互查，查找存在的问题。

③ 针对问题，提出解决方法及改进措施。

④ 整理相关资料，归档。

工作任务评价单

<table>
<tr><th>序号</th><th colspan="3">考核评价项目</th><th>考核内容</th><th>学生自评</th><th>小组互评</th><th>教师总评</th><th>分数比重</th></tr>
<tr><td rowspan="5">1</td><td rowspan="8">过程性考核</td><td rowspan="5">专业能力</td><td>课前</td><td>学习知识点，完成测试</td><td></td><td></td><td></td><td rowspan="5">60%</td></tr>
<tr><td rowspan="3">课中</td><td>能正确划分零件的加工阶段</td><td></td><td></td><td></td></tr>
<tr><td>能合理安排加工工序并确定工序组合的方式</td><td></td><td></td><td></td></tr>
<tr><td>能够正确拟定零件的加工工艺路线</td><td></td><td></td><td></td></tr>
<tr><td>课后</td><td>巩固课程知识，完成习题</td><td></td><td></td><td></td></tr>
<tr><td>2</td><td colspan="2">方法能力</td><td>能搜集信息、自主学习、分析解决问题、归纳总结及创新</td><td></td><td></td><td></td><td>15%</td></tr>
<tr><td>3</td><td colspan="2">社会能力</td><td>能与团队共同协作、交流沟通；能遵守安全规范，有安全质量意识和工匠精神等</td><td></td><td></td><td></td><td>15%</td></tr>
<tr><td>4</td><td colspan="2">其他</td><td>能按时出勤、遵守课堂纪律、积极参与活动、回答问题等</td><td></td><td></td><td></td><td>10%</td></tr>
<tr><td colspan="5">总评</td><td></td><td></td><td></td><td>100%</td></tr>
<tr><td colspan="2" rowspan="2">综合评价</td><td colspan="2">组别</td><td></td><td>组长签字</td><td></td><td>日期</td><td></td></tr>
<tr><td colspan="2">评语</td><td colspan="5"></td></tr>
</table>

存在的问题及改进措施

序号	存在的问题	解决方法及改进措施	备注
总结与提高：			

【教学反馈】

信息反馈表

序号	反馈问题	反馈意见
1	你对该工作任务是否感兴趣？	A. 感兴趣　B. 一般　C. 不感兴趣
2	该工作任务的安排是否合理？	A. 合理　B. 一般　C. 不合理
3	该工作任务的难度是否合适？	A. 太难　B. 合适　C. 太简单
4	该工作任务的学时安排是否合适？	A. 太少　B. 合适　C. 太多
5	该工作任务的学习目标是否实现？	A. 实现　B. 部分实现　C. 没有实现
问题综述		
学习心得		

任务五
传动轴加工工序的设计

学习目标

知识目标	能力目标	素质目标
① 了解机床设备、工艺装备以及切削用量的选择方法。 ② 掌握机械加工中加工余量、工序尺寸和公差的确定方法。 ③ 了解时间定额的组成。 ④ 了解机械加工工艺过程卡片的编制要求	① 能够确定各工序加工余量、工序尺寸及公差。 ② 能够制订传动轴的加工工艺规程，编制机械加工工艺过程卡片。 ③ 能够制订典型轴类零件加工工艺规程，编制机械加工工艺文件	① 培养学生对相关手册的自主学习及应用能力。 ② 联系实际，培养学生精益求精的工作态度。 ③ 培养学生环保、健康和安全意识

任务描述

如图 1-2 所示传动轴，试选择加工该零件的机床设备与工艺装备、计算外圆表面最终加工工序的加工余量、确定工序尺寸和公差，完成该零件机械加工工艺过程卡片的编制，并按要求填写工作页。

学习活动 1　加工余量的确定

学习活动 2　工序尺寸和公差的确定

学习活动 3　机械加工工艺文件的编制

任务分析

工艺路线拟定之后，就要对其中的每一道工序进行详细设计，决定其工序内容。工序设计包括机床设备与工艺装备的选择、加工余量的确定、工序尺寸和公差的确定、切削用量的确定、时间定额的确定等。

学习活动 1　加工余量的确定

训练目的：能够正确选择机床设备与工艺装备、确定外圆最终精加工的加工余量，掌握相关理论知识。

① 确定加工该零件的机床设备与工艺装备。

② 通过查表修正法确定零件各工序加工余量。

【知识储备】

一、机床与工艺装备的选择

机床与工艺装备是零件加工的物质基础，是加工质量和生产率的重要保障。机床与工艺装备包括机械加工过程中所需的机床、夹具、量具、刀具等。

知识链接——金属切削机床

1. 机床的选择

确定了工序集中或工序分散的原则后，基本上也就确定了机床设备的类型。由于同一类型的机床有多种规格，其加工性能、范围和质量各不相同，因此，选择机床时，要充分了解机床的工艺范围、技术规格、加工精度、自动化程度等方面的性能。具体选择时，应综合考虑以下四点：

① 机床精度要与被加工工件的精度要求相适应。机床的精度过低，不能达到设计时的质量要求；机床精度过高，又不经济。

② 机床的技术规格要与工件的外形尺寸相适应，即小尺寸的零件选择小型机床，大型零件选择大型机床。

③ 机床设备的自动化程度和生产效率应与工件生产类型相适应。

④ 选择的机床应与现有加工条件相适应。应充分利用现有机床设备，如需改装现有设备，设计专用设备，则应提供与加工参数和生产率相关的技术资料，确保零件加工质量的技术要求等。

2. 工艺装备的选择

机械加工中的工艺装备是指零件制造过程中所用的各种工具的总称，包括夹具、刀具、量具和辅具。选择工艺装备时，应根据生产类型、加工条件、零件结构特点和技术要求等进行综合选择。

拓展阅读——数控机床常用装夹方法

（1）夹具的选择

所使用的夹具应与生产类型相适应。单件、小批生产应首先采用各种通用夹具和机床附件，如通用卡盘、机床用平口虎钳、分度头、回转工作台等；大批、大量生产中，为提高生产率应尽量采用高效率的专用机床夹具，如气动、液动或电动夹具；对多品种中、小批生产应积极采用可调夹具或成组夹具。夹具的精度应与零件的加工精度相适应。

拓展阅读——数控车削刀具的类型

（2）刀具和辅具的选择

刀具的选择主要取决于加工工序采用的加工方法、加工精度、表面粗糙度、工件材料、生产率及经济性等因素。一般优先采用标准刀具，必要时则可采用各种高效率的复合刀具和专用刀具，以提高加工精度、生产率和经济效益。刀具的类型、规格和精度等级应符合加工要求。

机床辅具是用以连接刀具与机床的工具，如刀柄、接杆、夹头等。一般应根据刀具和机床结构选择辅具，尽量选择标准辅具。

（3）量具的选择

量具的选择主要根据生产类型和检验精度确定。单件、小批生产应广泛采用通用量具，如游标卡尺、百分尺和千分表等；大批、大量生产应采用各种量规和高效率的专用检具、量仪。如各种极限量规、专用检验器具和测量仪器等。量具的精度必须与加工精度相适应。

二、加工余量的确定

1. 加工余量的基本概念

加工余量是指在加工过程中从加工表面切去的材料层厚度。加工余量主要分为工序余量和加工总余量。

(1) 工序余量

工序余量是相邻两工序的工序尺寸之差，即在一道工序中从某一加工表面切除的材料层厚度。其中，工序尺寸指本工序加工后所应达到的尺寸。

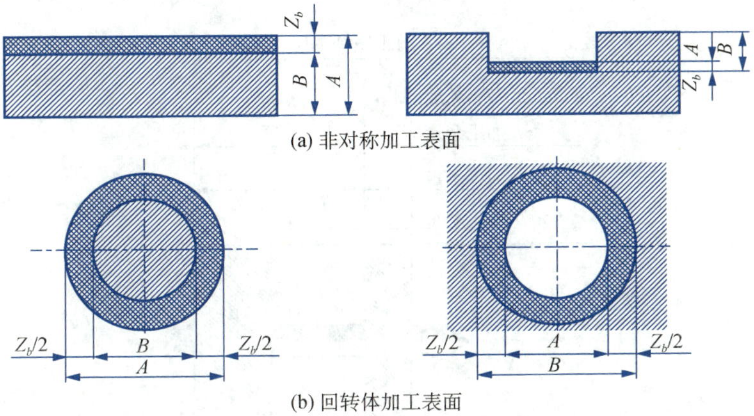

图 1-34　加工余量

对于非对称的加工表面，如图 1-34(a)所示的加工余量称为单边余量。

计算工序余量 Z_b 时，其计算式如下。

对于外表面：　$Z_b = A - B$

对于内表面：　$Z_b = B - A$

式中，Z_b—— 本工序的单边加工余量；

A—— 上道工序的工序尺寸；

B ——本工序的工序尺寸。

对于回转体的加工表面，如图 1-34(b)所示的加工余量称为双边余量。计算工序余量时，应计算半径方向的余量，其计算式如下。

对于外圆表面(轴)：　$Z_b/2 = (A - B)/2$

对于内圆表面(孔)：　$Z_b/2 = (B - A)/2$

式中，$Z_b/2$—— 半径方向上的加工余量；

A—— 上道工序的工序尺寸(直径)；

B ——本工序的工序尺寸(直径)。

(2) 加工总余量

加工总余量是指各个加工工序余量的总和，也就是从毛坯变成成品的整个加工过程中，某一加工表面上所切除的材料总厚度，即

$$Z_{总}=Z_1+Z_2+\cdots+Z_n$$

式中，$Z_{总}$ —— 加工总余量；

$Z_1, Z_2, \cdots, Z_n$ ——各道工序余量。

2. 工序的加工余量与工序尺寸的关系

由于毛坯制造和各个工序尺寸都不可避免存在误差，因而无论总加工余量还是工序余量都是一个变动量，即有最大加工余量和最小加工余量之分，只标基本尺寸的加工余量称为基本余量或公称余量，如图 1-35 表示了工序加工余量与工序尺寸的关系。

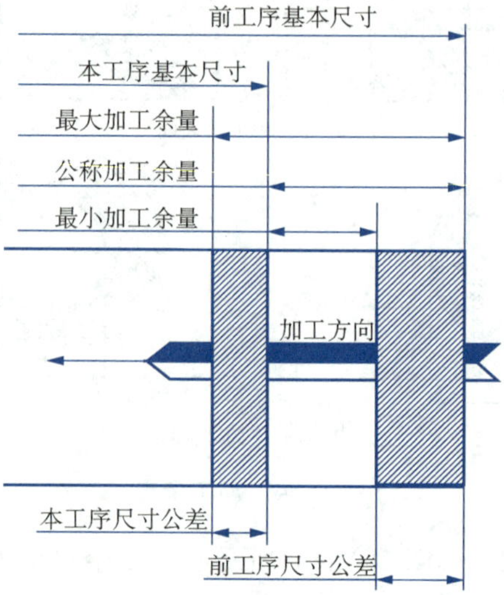

图 1-35　工序加工余量与工序尺寸的关系

从图中可以看出：

公称加工余量是相邻两工序基本尺寸之差；

最小加工余量是前工序最小工序尺寸和本工序最大工序尺寸之差；

最大加工余量是前工序最大工序尺寸和本工序最小工序尺寸之差。

工序余量公差等于前工序与本工序两工序尺寸公差之和。

工序尺寸的公差带一般采用“入体原则”标注。对于外尺寸（轴），其尺寸偏差按 h 配置，即规定上偏差为零；对于内尺寸（孔），其尺寸偏差按 H 配置，即规定下偏差等于零。

3. 影响加工余量的因素

加工余量的大小对零件的加工质量、生产率和加工成本有较大的影响。加工余量过大，会造成机床设备和刀具的磨损、材料的消耗，降低生产率，使成本增加；加工余量过小，就不能全部消除上道工序的加工误差和表面缺陷，产生废品。因此，应当合理确定加工余量。

为了合理确定加工余量，必须了解影响加工余量的因素。影响加工余量的因素有以下四个方面。

（1）前道工序的表面粗糙度 Ra 和表面缺陷层厚度 T_a

如图 1-36 所示，为了保证加工质量，本道工序必须将前道工序留下的表面粗糙度 Ra 和缺陷层厚度 T_a 切除。在某些光整加工中，该项因素甚至是决定加工余量的唯一因素。

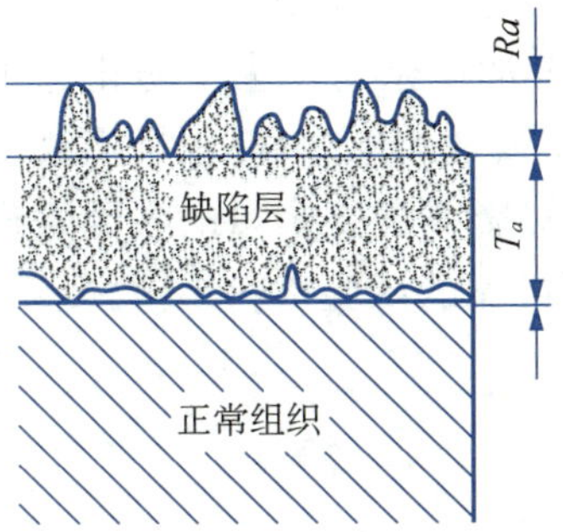

图 1-36　表面粗糙度与表面缺陷层厚度

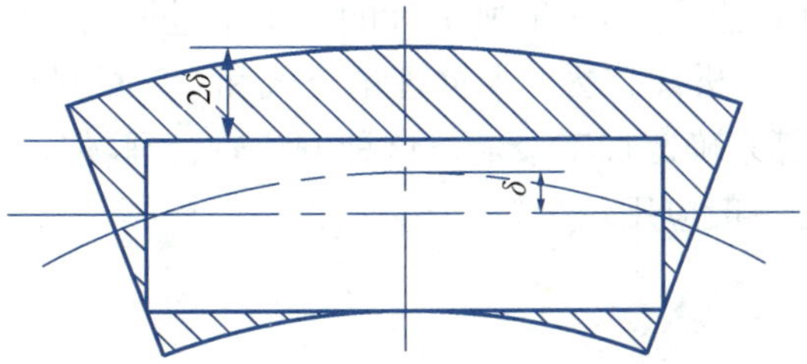

图 1-37　轴线弯曲对加工余量的影响

（2）前道工序的尺寸公差 δ_a

由于工序尺寸的公差按“入体原则”标注，尺寸公差 δ_a 在工序尺寸的入体方向，因此，本道工序的加工余量应包括前道工序的尺寸公差 δ_a。

（3）前道工序的形位误差 ρ_a

当工件上形状和位置误差不包括在尺寸公差的范围内时，这些误差又必须在本道工序加以纠正，则在本道工序的加工余量中必须包括前道工序的形位误差 ρ_a。如图 1-37 所示，当轴线有直线度误差 δ 时，须在本道工序中纠正，因而直径方向的加工余量应增加 2δ。

（4）本工序的安装误差 ε_b。

安装误差包括本道工序加工时的定位误差和夹紧误差，若使用夹具进行装夹，还会有夹具在机床上的安装误差。如采用三爪自定心卡盘，由于卡爪磨损，定心不准，使工件轴线偏离主轴轴线 e，造成孔的加工余量不足，为确保加工质量，孔的直径余量应增加 $2e$。

在上述误差中，前道工序的形位误差 ρ_a 和本道工序的装夹误差 ε_b 属于空间误差，具有方向性，它们的合成应是向量和，记作 $|\rho_a+\varepsilon_b|$。

因此，加工余量的组成可按下式计算。

双边余量：　$Z_b \geqslant \delta_a + 2(Ra + T_a) + 2|\rho_a + \varepsilon_b|$

单边余量：　$Z_b \geqslant \delta_a + (Ra + T_a) + |\rho_a + \varepsilon_b|$

特殊情况下，当使用浮动铰刀或拉刀加工孔时，由于不能修正孔的位置误差，且无装夹误差，加工余量计算公式应为：

$$Z_b \geqslant \delta_a + 2(Ra + T_a)$$

当进行孔的光整加工时，若以降低表面粗糙度为主要目的，如抛光等，加工余量只由表面粗糙度值决定：

$$Z_b \geqslant 2Ra$$

4. 确定加工余量的方法

确定加工余量的基本原则：在保证加工质量的前提下，加工余量越小越好。实际工作中，确定加工余量的方法有以下三种：

① 查表修正法。根据有关工艺手册或生产实践积累的相关的加工余量资料与数据，

再结合实际生产条件加以修正来确定加工余量。该方法在生产中应用广泛。

② 经验估计法。根据工艺人员本身积累的经验确定加工余量。为了防止加工余量过小而产生废品，一般所估计的加工余量偏大。该方法主要适用于单件、小批生产。

③ 分析计算法。根据理论公式和一定的试验资料，对影响加工余量的各因素进行分析、计算来确定加工余量。这种方法较合理，但需要全面可靠的试验资料，计算复杂，所以该方法一般应用较少。

【任务实施】

一、课前准备工作

① 准备相关教学资料，包括教材、教学参考书、工作任务书等。

② 做好课前准备，按要求完成课前知识点的学习。

二、学习活动安排

① 粗车直径ϕ28 mm、长度 50 mm 的光轴零件时，采用查表修正法，确定其加工余量。分组讨论，完成学习活动，并按要求填写工作页。

② 如图 1-38 所示光轴零件，材料为 45 钢，加工数量为 30 件。分组讨论，完成工作任务，并按要求填写工作页。

- 分析该零件的主要技术要求，选择加工该零件的机床设备与工艺装备。
- 计算外圆表面最终加工工序的加工余量。

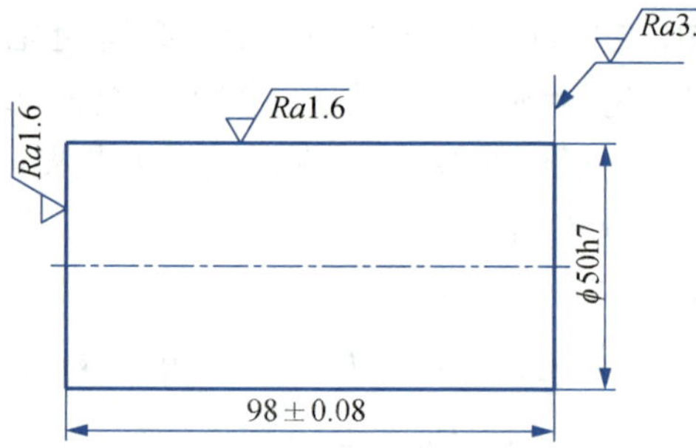

图 1-38　光轴

工作页	任务五 传动轴加工工序的设计	学习活动 1 加工余量的确定

【知识梳理】

请你通过自主学习、小组讨论、信息查找等方法，结合基础知识的学习完成以下工作任务。

1. 了解机床与工艺装备的选择方法，简述选择机床时应考虑哪些因素。

2. 切削用量包括哪几个要素，精加工时切割用量的选择原则是什么？

3. 什么是加工余量？分为哪几种？确定加工余量时应考虑哪些因素？确定加工余量的方法有哪些，分别应用在什么场合？

【思考与练习】

通过对相关基础知识的学习，完成以下测试。

一、判断对错

(　　)1. 旋转表面的工序余量通常指本道工序半径方向的余量。

(　　)2. 上道工序应给抛光加工留有较小的加工余量。

(　　)3. 量具的选择必须与零件的加工精度相适应。

(　　)4. 零件的加工过程中，应尽可能选取较大的背吃刀量，以减少进给次数，提高生产效率。

(　　)5. 加工余量过小无法消除上道工序的加工误差和表面缺陷，易产生废品。

二、选择题

1. 回转体类零件的加工余量主要是指(　　)。

A. 半径余量　　B. 直径余量

C. 单边余量　　D. 双边余量

2. 切削用量的三要素不包括(　　)。

A. 切削速度　　B. 切削深度

C. 加工余量　　D. 进给量

3. 切削用量的选择顺序是(　　)。

A. 切削速度—切削深度—进给量

B. 切削深度—切削速度—进给量

C. 切削速度—进给量—切削深度

D. 切削深度—进给量—切削速度

【做中学】

根据工作任务要求，请你和小组成员讨论，完成以下工作任务。

□ 任务 1　粗车直径ϕ28 mm，长度 50 mm 的光轴零件时，采用查表修正法，确定其加工余量，分组讨论，完成任务。

____

____

____

□ 任务 2　加工余量的确定

如图 1-38 所示光轴，材料为 45 钢，加工数量为 30 件。分组讨论，完成以下任务。

1. 分析该零件的主要技术要求。

____

____

____

2. 选择加工该零件的机床设备与工艺装备。

____

____

____

____

3. 计算外圆表面最终加工工序的加工余量。

____

____

____

【检查评价】

① 自行检查工作任务完成情况。
② 学习小组间互查，查找存在的问题。
③ 针对问题，提出解决方法及改进措施。
④ 整理相关资料，归档。

工作任务评价单

<table>
<tr><th>序号</th><th colspan="3">考核评价项目</th><th colspan="2">考核内容</th><th>学生自评</th><th>小组互评</th><th>教师总评</th><th>分数比重</th></tr>
<tr><td rowspan="4">1</td><td rowspan="7">过程性考核</td><td rowspan="4">专业能力</td><td>课前</td><td colspan="2">学习知识点，完成测试</td><td></td><td></td><td></td><td rowspan="4">60%</td></tr>
<tr><td rowspan="2">课中</td><td colspan="2">能根据加工要求，选择合理的机床设备及工艺装备</td><td></td><td></td><td></td></tr>
<tr><td colspan="2">能够确定合理的加工余量</td><td></td><td></td><td></td></tr>
<tr><td>课后</td><td colspan="2">巩固课程知识，完成习题</td><td></td><td></td><td></td></tr>
<tr><td>2</td><td colspan="2">方法能力</td><td colspan="2">能搜集信息、自主学习、分析解决问题、归纳总结及创新</td><td></td><td></td><td></td><td>15%</td></tr>
<tr><td>3</td><td colspan="2">社会能力</td><td colspan="2">能与团队共同协作、交流沟通；能遵守安全规范，有安全质量意识和工匠精神等</td><td></td><td></td><td></td><td>15%</td></tr>
<tr><td>4</td><td colspan="2">其他</td><td colspan="2">能按时出勤、遵守课堂纪律、积极参与活动、回答问题等</td><td></td><td></td><td></td><td>10%</td></tr>
<tr><td colspan="6">总评</td><td></td><td></td><td></td><td>100%</td></tr>
<tr><td colspan="2" rowspan="2">综合评价</td><td colspan="2">组别</td><td></td><td>组长签字</td><td></td><td>日期</td><td colspan="2"></td></tr>
<tr><td colspan="2">评语</td><td colspan="6"></td></tr>
</table>

存在的问题及改进措施

序号	存在的问题	解决方法及改进措施	备注
总结与提高：			

学习活动 2　工序尺寸和公差的确定

训练目的：能够确定基准重合时的各工序尺寸及公差，掌握加工余量与工序尺寸的关系及相关理论知识。

① 说明确定工序尺寸和公差的原则。

② 确定典型轴类零件各工序尺寸和公差。

③ 说明切削用量的确定原则和时间定额的组成。

【知识储备】

一、工序尺寸和公差的确定

当工序基准或定位基准与设计基准重合时，工序尺寸及其公差由各工序的加工余量和所能达到的经济精度确定。其计算步骤如下：

① 确定毛坯总余量和各工序余量。

② 确定各工序的工序尺寸。零件表面经最后一道工序加工后，应该达到其设计要求，所以零件加工表面最后一道工序的工序尺寸及公差应为零件上该表面的设计尺寸和公差。中间工序的工序尺寸需要由计算确定，其计算方法是由最后一道工序逐步向前推算。

③ 确定各工序的尺寸公差及表面粗糙度。最后一道工序的工序尺寸公差等于零件图样上的设计尺寸公差，其表面粗糙度为设计表面粗糙度；中间工序尺寸公差及表面粗糙度按加工经济精度和经济表面粗糙度确定。

④ 标注各工序尺寸公差。中间工序尺寸的上、下偏差按“入体原则”确定，即对于外尺寸(轴)，上偏差为零，下偏差取负值；对于内尺寸(孔)，下偏差为零，上偏差取正值。

二、切削用量的选择

切削加工时，切削速度、进给量、背吃刀量称为切削用量三要素。合理选择切削用量对保证加工质量、提高生产率、延长刀具的使用寿命、增加经济效益有十分重要的意义。切削用量的参数可根据所用刀具的耐用度、所加工表面的加工精度和表面粗糙度的要求、机床的工艺特性，参考切削用量手册并结合实践经验确定。

切削用量的选择原则是：优先选用大的背吃刀量，其次选用较大的进给量，最后根据刀具耐用度选用合理的切削速度。

1. 背吃刀量的选择

零件的加工过程中，在机床刚度、功率和刀具强度允许的条件下，尽可能选取较大的背吃刀量，以减少进给次数，提高生产效率。

① 粗加工阶段，除留下精加工的余量外，尽可能一次将加工余量切除；不能一次切除的，应按先多后少的加工余量进行加工。对于一些大型车床，背吃刀量可取到 10 mm 以上；而铣床在加工时属于断续切削，且参与切削的刀齿较多、切削力大，因而背吃刀量要小一些，一般为 5～6 mm。

② 精加工阶段，为了零件的加工精度和表面质量，背吃刀量应小一些，一般精车时的背吃刀量为 0.1～0.5 mm，精铣时为 0.3～1 mm。

2. 进给量的选择

进给量的选择主要取决于工件材料的力学性能、刀具材料、工件的表面粗糙度等因素。当工件的加工质量要求能够保证时，为提高生产效率，应尽可能选择较高的进给量；当加工精度要求较高时，进给量应选小一些，如一般粗车时取 0.3～0.8 mm/r。选择的进给量应与切削速度、背吃刀量相适应。

3. 切削速度的选择

在切削加工过程中，刀具磨损的快慢主要取决于切削速度，为了保证刀具耐用度和满足使用寿命的要求，在实际切削时所使用的切削速度不得超过其允许的最高切削速度。在机床功率允许的条件下，应尽量选择较大的值。

车削加工时，选择切削速度可参考表 1-14。

表 1-14　切削速度参考表

零件材料	刀具材料	背吃刀量/a_p(mm)			
		0.12～0.38	0.38～2.40	2.40～4.70	4.70～9.50
		进给量/f(mm/r)			
		0.05～0.13	0.13～0.38	0.38～0.76	0.76～1.30
		切削速度/v_c(m/min)			
低碳钢	高速钢	—	70～90	45～60	20～40
	硬质合金	215～365	165～215	120～165	90～120
中碳钢	高速钢	—	45～60	30～40	15～20
	硬质合金	130～165	100～130	75～100	55～75
灰铸铁	高速钢	—	35～45	25～35	20～25
	硬质合金	135～185	105～135	75～105	60～75
黄铜、青铜	高速钢	—	85～105	70～85	45～70
	硬质合金	215～245	185～215	150～185	120～150
铝合金	高速钢	105～150	70～105	45～70	30～45

三、时间定额的确定

1. 时间定额的概念

所谓时间定额是指在一定生产条件下，规定生产一件产品或完成一道工序所需消耗的时间，用 T 表示。它是安排生产计划、核算生产成本、确定设备数量、调整人员编制以及规划生产面积的重要依据。

2. 时间定额的组成

(1) 基本时间 T_j

基本时间是指直接改变生产对象的尺寸、形状、相对位置以及表面状态或材料性质等工艺过程所消耗的时间。对于切削加工而言，基本时间是指切除金属材料所消耗的机动时间(包括刀具的切入和切出时间在内)。

（2）辅助时间 T_f

辅助时间是为实现工艺过程所必须进行的各种辅助动作所消耗的时间。辅助时间包括装卸工件、开停机床、引进或退出刀具、改变切削用量、试切和测量工件等所消耗的时间。

基本时间和辅助时间的总和称为作业时间，即直接用于制造产品或零部件所消耗的时间。

辅助时间的确定方法主要取决于生产类型，具体方法如下：

① 大批、大量生产时，为使辅助时间规定得合理，需将辅助动作分解，再分别确定各分解动作的时间，最后予以综合；

② 中批生产时，可根据以往统计资料来确定；

③ 单件、小批生产时，常用基本时间的百分比进行估算，并在实际生产中进行修改，使之趋于合理。

（3）布置工作地时间 T_b

布置工作地时间是为了使加工正常进行，工人照管工作地（如更换刀具、润滑机床、清理切屑、收拾工具等）所消耗的时间。它不是直接消耗在每个零件上的，而是消耗在一个工作班内的时间，再折算到每个零件上。一般按作业时间的 2%～7%估算。

（4）休息与生理需要时间 T_x

休息与生理需要时间是工人在工作班内恢复体力和满足生理上的需要所消耗的时间。T_x 是按一个工作班为计算单位，再折算到每个零件上。对机床操作工人来说，一般按作业时间的 2%估算。

（5）准备与终结时间 T_e

准备与终结时间是指工人为了生产一批产品或零部件，进行准备和结束工作所消耗的时间，包括工人熟悉工艺文件、领取毛坯材料和工艺装备、安装刀具和夹具、调整机床等准备工作以及拆下和归还工艺装备、送交成品等结束工作所消耗的时间。它不是直接消耗在每个工件上的，而是消耗在一批工件上的时间，因此，它对一批工件只消耗一次，分解到每个工件的时间为 T_e/n，其中 n 为批量。

综上所述，成批生产中单个工件的时间定额计算方法为：

$$T = T_j + T_f + T_b + T_x + T_e/n$$

【任务实施】

一、课前准备工作

① 准备相关教学资料，包括教材、教学参考书、工作任务书等。

② 做好课前准备，按要求完成课前知识点的学习。

二、学习活动安排

① 有一轴类零件经过粗车→精车→磨削达到设计尺寸 $\phi 30_{-0.013}^{0}$ mm。已知各工序的加工余量及尺寸公差，试计算各工序尺寸及其公差，并按要求填写工作页。

② 如图 1-2 所示传动轴零件，外圆表面经过粗车→半精车→粗磨→精磨达到设计尺寸 $\phi 20_{-0.041}^{-0.020}$ mm。分组讨论，试用查表修正法完各工序的加工余量、工序尺寸和公差的计算，并按要求填写工作页。

工作页	任务五 传动轴加工工序的设计	学习活动 2 工序尺寸和公差的确定

【知识梳理】

请你通过自主学习、小组讨论、信息查找等方法，结合基础知识的学习完成以下工作任务。

1. 工序尺寸和公差是如何确定的？

____

____

____

____

2. 什么是时间定额？时间定额由什么组成？

____

____

____

____

【思考与练习】

通过对相关基础知识的学习，完成以下测试。

一、判断对错

(　　)1. 工序尺寸及公差一般都采用“单向入体”原则，毛坯尺寸公差也是如此。

(　　)2. 中间工序尺寸公差常按各自采用的加工方法所对应的加工经济精度来确定。

(　　)3. 轴的外径尺寸公差，如果按“入体原则”标注，则其上偏差为零。

(　　)4. 基本时间是为实现工艺过程所必须进行的各种辅助动作所消耗的时间。

(　　)5. 在大量生产中，单件工时定额可忽略准备与终结时间。

(　　)6. 采用复合工步可以节省基本时间，从而提高生产效率。

二、选择题

1. 在确定工序尺寸公差带位置时按照(　　)标注。

A. 基轴制原则　　B. 基孔制原则　　C. 入体原则　　D. 混合配置原则

2. 确定工序尺寸时，通常按加工的(　　)加工精度选取。

A. 最高　　B. 经济　　C. 最低　　D. 合适

3. 机械加工的基本时间是指(　　)。

A. 劳动时间　　B. 机动时间　　C. 作业时间　　D. 辅助时间

4. 装卸工件、开停机床、测量工件等属于时间定额中的(　　)。

A. 机动时间　　B. 辅助时间　　C. 作业时间　　D. 劳动时间

【做中学】

根据工作任务要求，请你和小组成员讨论，完成以下工作任务。

□　任务　工序尺寸和公差的确定

1. 有一轴类零件经过粗车→精车→磨削达到设计尺寸$\phi 30_{-0.013}^{0}$ mm。下表给出各工序的加工余量及尺寸公差。试计算各工序尺寸及其公差，填写下表。

轴类零件的加工余量及尺寸公差　　单位:mm

工序名称	加工余量	工序尺寸公差	工序尺寸	工序尺寸公差标注
毛坯	—	3		
粗车	6	0.210(IT12)		
精车	1.5	0.052(IT9)		
粗磨	0.4	0.033(IT8)		
精磨	0.1	0.013(IT6)		

写出工序尺寸的计算过程：

____

____

____

____

2. 如图 1-2 所示传动轴零件，外圆表面经过粗车→半精车→粗磨→精磨达到设计尺寸$\phi 20_{-0.041}^{-0.020}$ mm。分组讨论，试用查表修正法完成各工序的加工余量、工序尺寸和公差的计算，并按要求填写下表。

轴类零件的加工余量及尺寸公差　　单位:mm

工序名称	加工余量	工序尺寸公差	工序尺寸	工序尺寸公差标注
毛坯				
粗车				
半精车				
粗磨				
精磨				

写出加工余量查询方法及工序尺寸的计算过程。

____

____

____

____

【检查评价】

① 自行检查工作任务完成情况。
② 学习小组间互查，查找存在的问题。
③ 针对问题，提出解决方法及改进措施。
④ 整理相关资料，归档。

工作任务评价单

<table>
<tr><th>序号</th><th colspan="3">考核评价项目</th><th>考核内容</th><th>学生自评</th><th>小组互评</th><th>教师总评</th><th>分数比重</th></tr>
<tr><td rowspan="4">1</td><td rowspan="7">过程性考核</td><td rowspan="4">专业能力</td><td>课前</td><td>学习知识点，完成测试</td><td></td><td></td><td></td><td rowspan="4">60%</td></tr>
<tr><td rowspan="2">课中</td><td>能根据加工要求，确定合理的加工余量</td><td></td><td></td><td></td></tr>
<tr><td>能够完成基准重合情况下工序尺寸和公差的计算</td><td></td><td></td><td></td></tr>
<tr><td>课后</td><td>巩固课程知识，完成习题</td><td></td><td></td><td></td></tr>
<tr><td>2</td><td colspan="2">方法能力</td><td>能搜集信息、自主学习、分析解决问题、归纳总结及创新</td><td></td><td></td><td></td><td>15%</td></tr>
<tr><td>3</td><td colspan="2">社会能力</td><td>能与团队共同协作、交流沟通；能遵守安全规范，有安全质量意识和工匠精神等</td><td></td><td></td><td></td><td>15%</td></tr>
<tr><td>4</td><td colspan="2">其他</td><td>能按时出勤、遵守课堂纪律、积极参与活动、回答问题等</td><td></td><td></td><td></td><td>10%</td></tr>
<tr><td colspan="5">总评</td><td></td><td></td><td></td><td>100%</td></tr>
<tr><td colspan="3" rowspan="2">综合评价</td><td>组别</td><td></td><td>组长签字</td><td></td><td>日期</td><td></td></tr>
<tr><td>评语</td><td colspan="5"></td></tr>
</table>

存在的问题及改进措施

序号	存在的问题	解决方法及改进措施	备注
总结与提高：			

学习活动 3　机械加工工艺文件的编制

训练目的：能够综合应用机械加工工艺知识，分析轴类零件的加工工艺，编制机械加工工艺文件。

① 制订传动轴的工艺规程，编制机械加工工艺过程卡片，并通过模拟仿真或实操加工，检验其加工工艺的合理性。

② 制订典型轴类零件的工艺规程，编制机械加工工艺过程卡片和工序卡片。

【知识储备】

一、工艺文件的编制要求

零件的加工工艺确定后，把合理的工艺过程和操作方法（即工艺规程的内容），按照规定的形式填入一定格式的卡片，即成为准备生产、制订生产计划和组织生产的依据。最常用的有机械加工工艺过程卡片和机械加工工序卡片两种形式。

拓展阅读——数控加工工艺文件简介

工艺文件可按照机械行业标准《工艺规程格式》（JB/T 9165.2—1998）中的要求进行填写，如图 1-39 所示。

<table>
<tr><td colspan="4" rowspan="2">机械加工工艺过程卡片</td><td colspan="2">产品型号</td><td colspan="2"></td><td colspan="2">零件图号</td><td colspan="2"></td><td colspan="2"></td></tr>
<tr><td colspan="2">产品名称</td><td colspan="2"></td><td colspan="2">零件名称</td><td colspan="2"></td><td>共　页</td><td>第　页</td></tr>
<tr><td>材料牌号</td><td>1</td><td>毛坯种类</td><td>2</td><td>毛坯外形尺寸</td><td>3</td><td>每毛坯可制件数</td><td>4</td><td>每台件数</td><td>5</td><td>备注</td><td>6</td><td colspan="2"></td></tr>
<tr><td rowspan="2">工序号</td><td rowspan="2">工序名称</td><td rowspan="2">工序内容</td><td rowspan="2">车间</td><td rowspan="2">工段</td><td rowspan="2">设备</td><td rowspan="2" colspan="4">工艺装备</td><td colspan="4">工时</td></tr>
<tr><td colspan="2">准终</td><td colspan="2">单件</td></tr>
<tr><td>7</td><td>8</td><td>9</td><td>10</td><td>11</td><td>12</td><td colspan="4">13</td><td colspan="2">14</td><td colspan="2">15</td></tr>
<tr><td></td><td></td><td></td><td></td><td></td><td></td><td colspan="4"></td><td colspan="2"></td><td colspan="2"></td></tr>
<tr><td></td><td></td><td></td><td></td><td></td><td></td><td colspan="4"></td><td colspan="2"></td><td colspan="2"></td></tr>
<tr><td></td><td></td><td></td><td></td><td></td><td></td><td>设计（日期）</td><td>审核（日期）</td><td colspan="2">标准化（日期）</td><td colspan="2">会签（日期）</td><td colspan="2"></td></tr>
<tr><td>标记</td><td>处数</td><td>更改文件号</td><td>签字</td><td>日期</td><td>标记</td><td>处数</td><td>更改文件号</td><td>签字</td><td>日期</td><td colspan="4"></td></tr>
</table>

图 1-39　工艺文件填写内容

填写图 1-39 中所示内容时，文字要规范、正确；内容要尽量简要、明确；符号、计量单位等要符合标准要求，见表 1-15。

表 1-15 工艺文件填写说明

序号	填写要求说明
1	材料牌号按设计图样要求填写
2	毛坯种类填写铸件、锻件、板钢等
3	加工前的毛坯外形尺寸
4	每毛坯可加工同一零件的数量
5	每台件数按设计图样要求填写
6	备注可按需要填写
7,8	工序号，工序名称
9	各工序与工步、加工内容和主要技术要求(特殊要求需要注明)
10,11	分别填写加工车间和工段的代号或简称
12	填写设备的型号或名称，必要时还要填写设备编号
13	填写编号或规格、精度、名称(标准的)
14,15	准备与终结时间和单件的工时定额

二、机械加工工序卡片编制注意事项

填写机械加工工序卡片时，需要绘制工序简图，在绘制时应注意以下四个问题：

① 不必严格按比例绘制，具体大小根据工序卡的位置确定。

② 只绘出本工序半成品轮廓，本工序的加工表面用粗实线表示。

③ 主视图方向尽量与零件在机床的安装方向一致。

④ 工序简图应标注工序尺寸精度、形位精度要求以及表面粗糙度、工件定位及夹紧等内容。

【任务实施】

一、课前准备工作

① 准备相关教学资料，包括教材、教学参考书、工作任务书等。

② 做好课前准备，按要求完成课前知识点的学习。

二、学习活动安排

① 如图 1-2 所示传动轴，该轴为一阶梯轴，加工数量为 10 件，材料选择 45 钢，试分析零件的加工工艺，编制该零件的机械加工工艺过程卡片，并通过模拟仿真、实操加工，检验传动轴机械加工工艺的合理性。

② 完成如图 1-39 所示的挂轮轴零件工艺分析。

工作页	任务五 传动轴加工工序的设计	学习活动 3 机械加工工艺文件的编制

【知识梳理】

请你通过自主学习、小组讨论、信息查找等方法，结合基础知识的学习完成以下工作任务。

常用机械加工工艺文件的类型有哪些？编写时应注意哪些要求？

____

____

____

____

【思考与练习】

通过对以上相关基础知识的学习，完成以下测试。

一、判断对错

(　　)1. 机械加工工艺过程卡片只在大批、大量生产时应用。

(　　)2. 机械加工工序卡片中的工序简图只绘出本工序半成品轮廓，加工表面用细实线表示。

二、填空题

1. 常用的工艺文件有________和________两种形式。
2. 工艺文件填写时，文字要规范、________；内容要尽量简要、________。
3. 工序简图中主视图方向尽量与零件在机床的安装方向________。

【做中学】

根据工作任务要求，请你和小组成员讨论，完成以下工作任务。

□ 任务 1 机械加工工艺文件的编制

简述机械加工工艺文件的编制要求，设计并编制如图 1-2 所示传动轴零件的机械加工工艺过程卡片。（另附页）

□ 任务 2 如图 1-39 所示 C6136A 车床的挂轮轴零件，每批生产 200 件。分组讨论，完成以下工作任务。

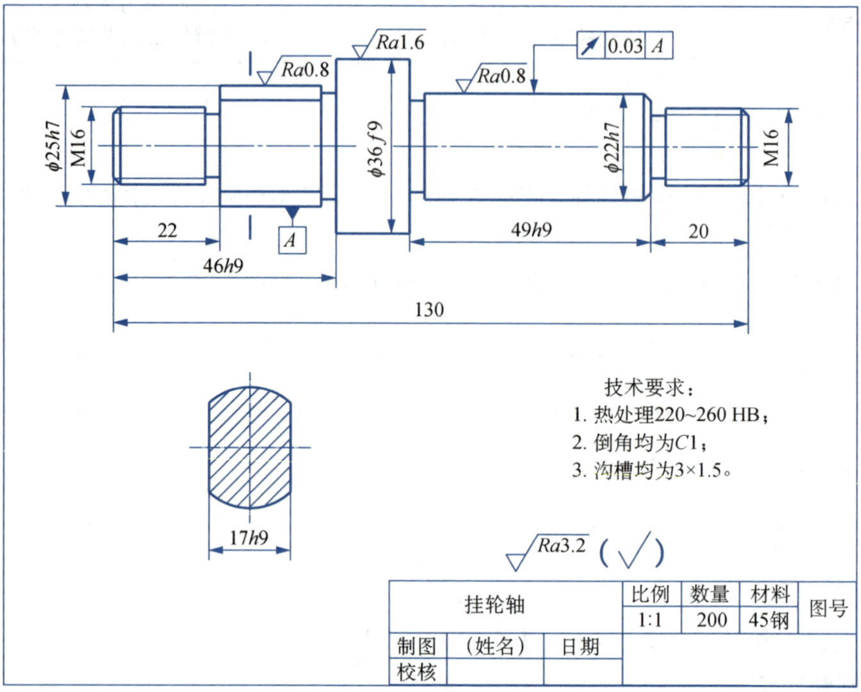

图 1-39　挂轮轴

① 完成该零件的工艺分析，确定零件毛坯。

② 拟定该零件的加工工艺路线。

③ 选择机床设备和工艺装备，确定定位基准。

④ 确定各加工工序的加工余量、各工序尺寸及公差。

⑤ 制订该零件的加工工艺规程，编制机械加工工艺过程卡片。

⑥ 根据实际工作条件，结合仿真或实操加工，验证工艺的合理性。

【检查评价】

① 自行检查工作任务完成情况。

② 学习小组间互查，查找存在的问题。

③ 针对问题，提出解决方法及改进措施。

④ 整理相关资料，归档。

工作任务评价单

<table>
<tr><th>序号</th><th colspan="3">考核评价项目</th><th colspan="3">考核内容</th><th>学生自评</th><th>小组互评</th><th>教师总评</th><th>分数比重</th></tr>
<tr><td rowspan="4">1</td><td rowspan="7">过程性考核</td><td rowspan="4">专业能力</td><td>课前</td><td colspan="3">学习知识点，完成测试</td><td></td><td></td><td></td><td rowspan="4">60%</td></tr>
<tr><td rowspan="2">课中</td><td colspan="3">能确定零件的工时定额</td><td></td><td></td><td></td></tr>
<tr><td colspan="3">能完成轴类零件机械加工工艺过程卡片的编制</td><td></td><td></td><td></td></tr>
<tr><td>课后</td><td colspan="3">巩固课程知识，完成习题</td><td></td><td></td><td></td></tr>
<tr><td>2</td><td colspan="2">方法能力</td><td colspan="3">能搜集信息、自主学习、分析解决问题、归纳总结及创新</td><td></td><td></td><td></td><td>15%</td></tr>
<tr><td>3</td><td colspan="2">社会能力</td><td colspan="3">能与团队共同协作、交流沟通；能遵守安全规范，有安全质量意识和工匠精神等</td><td></td><td></td><td></td><td>15%</td></tr>
<tr><td>4</td><td colspan="2">其他</td><td colspan="3">能按时出勤、遵守课堂纪律、积极参与活动、回答问题等</td><td></td><td></td><td></td><td>10%</td></tr>
<tr><td colspan="7">总评</td><td></td><td></td><td></td><td>100%</td></tr>
<tr><td colspan="2" rowspan="2">综合评价</td><td colspan="2">组别</td><td></td><td>组长签字</td><td></td><td colspan="2">日期</td><td colspan="2"></td></tr>
<tr><td colspan="2">评语</td><td colspan="7"></td></tr>
</table>

存在的问题及改进措施

<table>
<tr><th>序号</th><th>存在的问题</th><th>解决方法及改进措施</th><th>备注</th></tr>
<tr><td></td><td></td><td></td><td></td></tr>
<tr><td></td><td></td><td></td><td></td></tr>
<tr><td></td><td></td><td></td><td></td></tr>
<tr><td colspan="4">总结与提高：</td></tr>
</table>

【教学反馈】

信息反馈表

序号	反馈问题	反馈意见
1	你对该工作任务是否感兴趣?	A. 感兴趣　B. 一般　C. 不感兴趣
2	该工作任务的安排是否合理?	A. 合理　B. 一般　C. 不合理
3	该工作任务的难度是否合适?	A. 太难　B. 合适　C. 太简单
4	该工作任务的学时安排是否合适?	A. 太少　B. 合适　C. 太多
5	该工作任务的学习目标是否实现?	A. 实现　B. 部分实现　C. 没有实现
问题综述		
学习心得		

任务六
轴类零件的加工质量分析

学习目标

知识目标	能力目标	素质目标
① 了解机械加工精度的基础知识。 ② 掌握获得加工精度的方法。 ③ 掌握影响加工精度的主要因素	① 能够通过对轴类零件的检测，确定误差的形式。 ② 能分析轴类零件产生误差的原因，并提出解决措施	① 培养学生严谨、认真的工作态度。 ② 培养学生良好的质量意识和职业素养。 ③ 培养学生的创新思维

任务描述

如图 1-40 所示光轴零件，此零件在车床上加工后，其外圆柱表面尺寸中间大、两端小，呈现腰鼓形，这是轴类零件在机械加工中出现的典型质量问题。试分析造成该零件几何误差的主要原因，并提出改进措施。通过学习讨论，完成相应工作任务，并按要求填写工作页。

图 1-40　光轴零件加工后的形状

任务分析

机械加工过程中工件受到各种因素影响，不可避免出现加工误差，而加工误差最终反映到零件的已加工表面上，影响加工质量。分析质量问题产生的原因，首先应该确定问题的性质，再尽可能地全面分析，找出影响加工误差的主要原因，针对性地采取措施减小加工误差，提高加工精度。

学习活动　轴类零件的加工质量分析

训练目的：能通过检测判断误差的形式，分析轴类零件产生误差的原因，并提出解决措施。

【知识储备】

为了保证产品的质量，设计时应对零件提出加工质量的要求。机械零件的加工质量一般用加工精度和加工表面质量两个指标来评价，它们的好坏直接影响产品的使用性能、寿命、外观质量、生产率和经济性。

一、机械加工精度概述

1. 机械加工精度的基本概念

机械加工精度是指零件加工后的实际几何参数（尺寸、形状和位置）与理想几何参数的符合程度。实际几何参数与理想几何参数符合的程度越高，则加工精度越高，反之，则加工精度越低。

加工误差是指零件加工后的实际几何参数（尺寸、形状和位置）与理想几何参数的偏离程度。加工精度和加工误差是从不同角度来评定零件加工后的几何参数准确程度，加工精度的高与低是用加工误差的大小来判定的。加工误差越大，加工精度越低；加工误差越小，加工精度越高。

2. 机械加工精度的内容

机械加工精度包括尺寸精度、形状精度和位置精度三方面的内容。

① 尺寸精度是指加工后零件的直径、长度和表面间距离等尺寸的实际值与理想值的符合程度。

② 形状精度是指加工后零件的实际几何形状与理想形状的符合程度。国家标准中规定，用直线度、平面度、圆度、圆柱度、线轮廓度和面轮廓度作为评定形状精度的项目。

③ 位置精度是指加工后零件的几何图形的实际位置与理想位置的符合程度。国家标准中规定，用平行度、垂直度、倾斜度、同轴度、对称度、位置度、圆跳动和全跳动作为评定位置精度的项目。

通常在设计机器零件及规定零件加工精度时，应注意将形状公差控制在位置公差内，位置公差又应小于尺寸公差，即精密零件或零件重要表面，其形状精度要求应高于位置精度要求，位置精度要求应高于尺寸精度要求。

二、获得加工精度的方法

1. 获得尺寸精度的方法

(1) 试切法

通过试切、测量、比较、调整刀具位置、再试切，如此重复数次，达到要求的尺寸后，便可切削整个待加工表面。该方法生产效率低，要求操作者有较高的技术水平，一般用于单件、小批生产中。

(2) 调整法

利用机床上的定程装置、对刀装置或预先调整好的刀架，使刀具相对于机床或夹具达到一定的位置精度，然后加工一批工件。零件的加工精度很大程度上取决于调整精度。该方法获得的尺寸精度稳定，生产效率高，广泛应用于各种自动、半自动、数控机床加工和成批、大量生产中。

(3) 定尺寸刀具法

用具有一定尺寸精度的刀具来保证工件被加工部位的尺寸精度。例如,用钻头、铰刀、拉刀加工孔,用槽铣刀加工槽等。该方法加工精度稳定,生产效率也高,适用于各种生产类型。

(4) 自动控制法

利用测量装置、调整装置和控制系统等组成的自动化加工系统,使加工过程中的尺寸测量、刀具补偿调整、切削加工以及停车退回等一系列工作自动完成,从而获得所需要的尺寸精度。例如,在数控机床上,通过测量装置、数控装置和伺服驱动机构,控制刀具相对工件的位置,从而保证工件的加工精度。

(5) 数字控制法

将计算机数字控制技术应用到机械加工中。这种方法是在机床里装配整套数字控制装置,用以控制刀架或工作台精确移动,需要预先编制好程序,通过数字控制装置来获得尺寸精度。各种数控机床的加工即是采用数字控制法的范例。

2. 获得形状精度的方法

(1) 轨迹法

利用切削运动中刀具切削刃相对工件的运动轨迹形成被加工表面的形状。这种方法所能达到的形状精度主要取决于成形运动的精度。例如,用工件的回转运动和车刀的直线运动车削外圆柱面。

(2) 成形法

利用成形刀具刀刃的几何形状切削出工件的形状。这种方法所能达到的精度,主要取决于成形刀具刀刃的形状精度与刀具的安装精度。例如,成形铣刀铣削曲面、螺纹车刀车削螺纹面等。

(3) 展成法

利用刀具与工件的展成切削运动,由刀刃在被加工表面上的包络面来形成零件表面的几何形状,这种方法叫作展成法。展成法所能达到的精度,主要取决于使机床做展成运动的传动链的精度与刀具的制造精度。如用滚刀切削加工齿轮等。

3. 获得相互位置精度的方法

(1) 直接找正安装法

利用百分表、划针或目测找正工件在机床上的正确位置,然后夹紧,从而保证加工表面与定位基准面之间的精度的方法称为直接找正安装法。例如,在车床上加工与外圆同轴的内孔,可用三爪卡盘直接安装工件。此方法多用于单件、小批生产。

(2) 划线找正安装法

该法是以毛坯或半成品上所划的轮廓线为基准,用划针找正它在机床上正确位置的一种安装方法。这种方法定位精度低、生产率低,又需技术水平高的划线工,所以划线找正安装只用在批量不大、形状复杂而笨重的工件或低精度毛坯的加工中。

(3) 夹具安装法

通过夹具保证加工表面与定位基准面之间的位置精度,即用夹具上的定位元件与工件的定位基准面接触,使工件获得正确位置的一种方法。这种方法定位迅速、方便,定位精度高、稳定。但专用夹具的制造周期长、费用高，故广泛用于成批、大量生产中。

三、影响加工精度的因素

机械加工中，零件的加工精度主要取决于工件与刀具在切削过程中相互位置的准确程度。由于工件和刀具分别安装在夹具和机床上，并受到夹具和机床的约束，因此，机床、夹具、刀具和工件构成的完整系统的各种误差，即为工艺系统误差。

工艺系统的各种误差，在不同的条件下，以不同的方式反映为加工误差。工艺系统中凡是能直接引起加工误差的因素都称为原始误差。工艺系统的原始误差一部分与工艺系统本身的结构状态有关，是在加工前已经存在，即在无负载情况下检验出的误差，称为工艺系统静态误差，如机床、夹具的制造误差，刀具的尺寸误差，工件毛坯尺寸误差等都属于静态误差；另一部分与切削过程有关，在有切削负荷的情况下，由于切削力、切削热、摩擦等因素作用，使工艺系统产生受力变形、受热变形、刀具磨损、内应力变化等，产生的误差称为工艺系统动态误差。由于原始误差的存在，致使零件加工过程存在加工误差，直接影响着零件的加工精度。

原始误差分类归纳如下：

- 原始误差
  - 加工过程前的误差（工艺系统静态误差）
    - 加工原理误差
    - 调整误差
    - 工件定位、夹紧误差
    - 刀具制造误差
    - 夹具误差
    - 机床误差
      - 机床主轴回转误差
      - 机床导轨误差
      - 机床传动误差
  - 加工过程中的误差（工艺系统动态误差）
    - 工艺系统受力变形
    - 工艺系统受热变形
    - 刀具磨损
  - 加工过程后的误差
    - 内应力引起的变形
    - 测量误差

四、保证加工精度的工艺措施

机械加工过程中，为减少原始误差的影响，提高加工精度，保证产品的质量，技术人员通过不断的生产实践，总结出以下六种保证和提高加工精度的工艺措施。

1. 直接减少误差法

在机械加工过程中，不同的加工条件对零件加工精度的影响不一样。通过对影响机械加工精度的各项原始误差的综合分析，找出造成加工误差的主要因素，有针对性地采取措施，直接减小原始误差的影响，这种保证加工精度的方法称为直接减小误差法。

① 对于精密零件的加工，机床的几何精度、刚度和加工过程的热变形影响更为突出，应设法在这些方面采取措施。

② 小刚度零件的加工误差主要来自受力变形，这种变形一方面是外力作用，另一方面是工艺系统本身刚度小，应从两个方面采取措施——减小工件变形敏感方向的受力和

增加系统刚度。

③ 对于成形表面零件的加工，则主要是减少成形刀具的形状误差和刀具的安装误差。

直接减小误差法通常是通过提高机床的几何精度，提高夹具、刀具及量具的精度，以及控制工艺系统受力、受热变形等，直接减小原始误差对加工精度的影响。

2. 补偿和抵消误差法

（1）误差补偿法

误差补偿法是指人为地制造一个大小相等、方向相反的新的误差，去补偿加工、装配或使用过程中出现的误差的加工方法。对于工作精度要求较高的零件，常用误差补偿法保证加工精度。

如图 1-41 所示磨床床身导轨加工，如果按图样要求的精度加工，完成后再装上横向进给机构和操纵机构，就会降低零件的工作精度，因为零部件的自重会导致导轨变形（如图中虚线部分）。

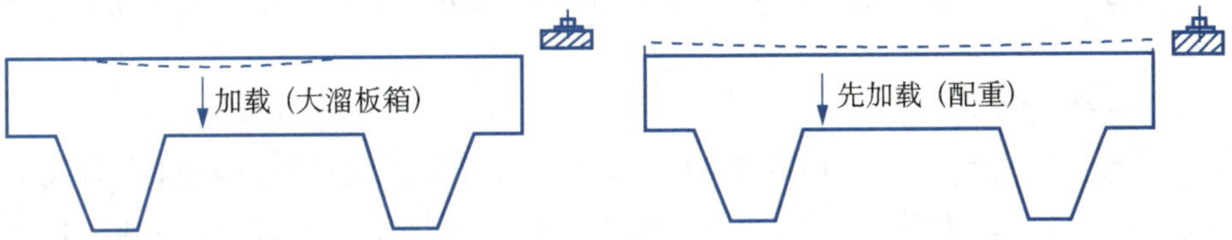

(a) 床身加工后变形　　(b) 床身加工前变形

图 1-41　误差补偿法

如果在精加工床身导轨前，先在床身上安装零部件的位置加上同样重量的配重，迫使导轨在加工前预先变形，在模拟床身的工作环境和条件下加工，这样产品在装配后便可获得较高的工作精度，这种方法就是误差补偿法。

（2）误差抵消法

误差抵消法是指利用原有的一种原始误差去部分或全部地抵消另一种原始误差的加工方法。一般在零件变形的敏感方向存在两个方向相反的原始误差时才能选用这种方法。如当采用常规法车削外圆表面和内圆表面时，薄壁套筒零件受径向切削力的影响会产生变形，两种变形均发生在零件变形的敏感方向，而且方向相反。在车床上加工套筒零件时，可以采用双刀架“对刀”同时对内、外圆进行切削，径向切削分力在两个不同方向上引起的误差便会相互抵消，这样可以有效提高零件的加工精度。

3. 转移原始误差法

如图 1-42 所示，在箱体的孔系加工中，孔系的相互位置精度要求较高，如果一味选择高精度机床直接加工，对机床的投入就会很大，加工起来很困难，也不容易实现。但若采用镗模夹具和浮动连接来保证工件的位置精度，工件的加工精度几乎与机床的精度关系不大，完全取决于镗杆和镗模的制造精度。由于镗模的结构

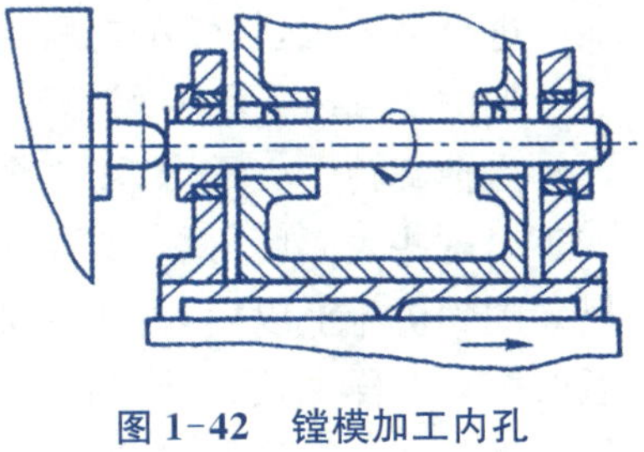

图 1-42　镗模加工内孔

比整台机床简单，制造也相对容易，这样就可以在一般精度的机床上加工出高精度的零件来。这种方法称为转移原始误差法。

转移原始误差法是指创造一定条件，把工艺系统的原始误差转移到误差的非敏感方向或其他不影响加工精度的方向上去的加工方法。这种方法在不减小原始误差的情况下同样可以获得较高的加工精度。转移原始误差法一般用于对零件要素的加工精度要求较高的大批、大量生产中。

4. 误差分组法

误差分组法就是把毛坯或上道工序的尺寸按误差大小进行分组，然后按组分别调整刀具与工件的相对位置或选用合适的定位元件，大大缩小整批工件的尺寸分散范围。这样每组毛坯的误差就缩小为原来的 $1/n$，这种办法比起提高毛坯精度或提高上道工序加工精度往往要简便易行。

在成批生产的条件下，对配合精度要求很高的孔和轴，由于毛坯或上道工序加工的半成品误差变化较大，精度不高，引起定位误差或误差复映太大，造成本工序的加工质量不能满足要求。若提高上道工序的加工精度不经济，则可采用分组调整、均分原始误差法。

5. 误差平均法

误差平均法就是利用有密切联系的表面之间的相互比较、相互修正，或者互为基准进行加工，让这些局部较大的误差比较均匀地影响到整个加工表面，使传递到工件表面的加工误差较为均匀，因而工件的加工精度也就相应地大大提高。

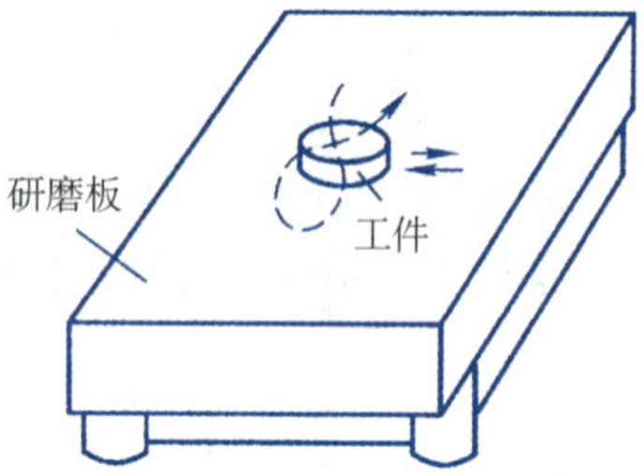

图 1-43　误差平均法

如图 1-43 所示，采用研磨平板研磨工件时，研具的精度并不是很高，分布在研具上的磨粒大小也可能不一样，但由于研磨时工件和研具之间有着复杂的相对运动轨迹，使工件上各点均有机会与研具的各点相互接触并受到均匀的微量切削；同时工件和研具相互修整，精度也逐步共同提高，进一步使误差均化，因此，可获得精度高于研具原始精度的加工表面。

6. 就地加工法

在加工和装配中，有些精度问题涉及很多零部件间的相互关系，相当复杂。有时，如果单纯提高零部件的制造精度来满足设计要求，不仅困难，甚至不可能实现，此时如果采用就地加工法就可解决这种难题。就地加工法就是在实际加工中，对重要表面在装配之前不进行精加工，待装配之后，再在自身机床上对这些表面做精加工。

如图 1-44 所示，在转塔车床制造中，转塔上有六个安装刀架的大孔，其轴心线必须保证和主轴旋转中心重合，而六个面又必须和主轴中心线垂直。如果将转塔作为单独部件加工出这些表面后再装配，要达到上述两项要求是很困难的，所以在实际加工中，先把转塔装配到机床上以后，再在主轴上安装刀具和能做径向进给的小刀架，加工六个大孔和车削端面。这样主轴回转中心与加工表面的回转中心线的同轴度可以大大提高，端面与主轴的垂直度也得到保证，这就是就地加工法。

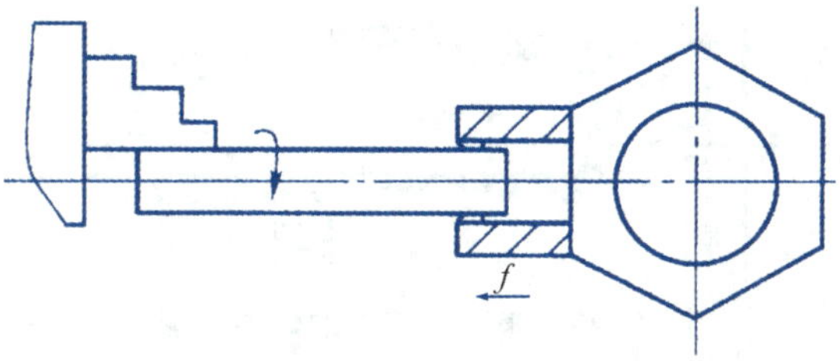

图 1-44　就地加工法

五、查找误差产生原因的方法和步骤

由于影响加工精度的因素较多，因此应结合零件结构特征和误差形式，查找影响加工误差的主要原因，针对性地采取措施减小加工误差，提高加工精度。具体步骤如下。

1. 确定加工误差形式

分析问题时，首先要确定加工质量问题的性质。如图 1-40 所示零件外圆柱面尺寸两端小、中间大，呈腰鼓形，属于规则性圆柱度误差。此类质量问题主要发生在细长轴的加工过程中。

2. 全面分析，查找原因

工艺系统的原始误差，是影响零件加工精度的根源。在分析查找产生质量问题的原因时，应考虑工艺系统及与加工有关的各个方面。

(1) 机床设备

机床方面可能包括的影响因素有主轴的回转误差、机床导轨误差、机床的刚度等，但这几方面对此零件的影响相对较小，故可忽略不计。

(2) 刀具方面

刀具引起误差的因素主要有刀具磨损、刀具热伸长、刀具安装误差等。在车床上加工轴类零件时，刀具磨损、刀具的热伸长、刀具安装误差主要引起外圆柱面的锥度问题，而不会产生腰鼓形圆柱度误差。

(3) 夹具方面

在车床上如采用两顶尖装夹方法加工细长轴，由于切削热会引起工件的热伸长，当尾座采用刚性顶尖时就会约束工件的变形，使工件产生干涉弯曲变形。

(4) 工件方面

一方面是工件毛坯本身存在腰鼓形圆柱度误差，由于毛坯误差复映现象造成加工后的零件产生这种形状误差。另一方面是工件的刚度小，切削加工时，在背向力的作用下，容易把工件顶弯，发生弯曲；而轴向切削力压迫工件，造成压杆不稳定，也会使工件产生弯曲。

综上所述，在外力的综合作用下，工件的加工误差主要是加工中工件弯曲造成的。工件因弹性变形出现弯曲“让刀”现象，在全长上切削时，背吃刀量由大到小，再由小到大，最终出现腰鼓形圆柱度误差，如图 1-45 所示。

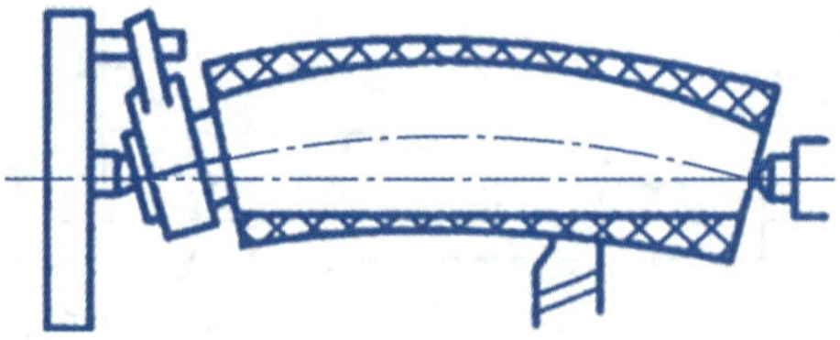

图 1-45　车削时工件的弯曲变形

3. 提出改进措施

(1) 增加工件的刚度

采用中心架或跟刀架进行辅助支承，增加工件刚度，可有效减小工件的弹性变形。

(2) 改变刀具切削角度

背向力是造成工件变形的主要原因，可增大主偏角，以减小背向力，减小工件弯曲变形。

(3) 改变工件的装夹方法

采用弹性顶尖，避免工件出现轴向约束，保证工件受热伸长有一定的空间。

(4) 采用反向进给方法

使进给方向由卡盘指向尾座，这样可以变轴向压力为轴向拉力，避免轴向拉力的影响。

【组织实施】

一、课前准备工作

① 准备相关教学资料，包括教材、教学参考书、工作任务书等。

② 做好课前准备，按要求完成课前知识点的学习。

二、学习活动安排

① 根据图 1-40 所示光轴零件加工后的情况，分组讨论，试分析造成该零件形状误差的主要原因，提出改进措施，并按要求填写工作页。

② 如图 1-46 所示，判断该零件的误差形式，分析说明造成该零件形状误差的主要原因，提出改进措施，并按要求填写工作页。

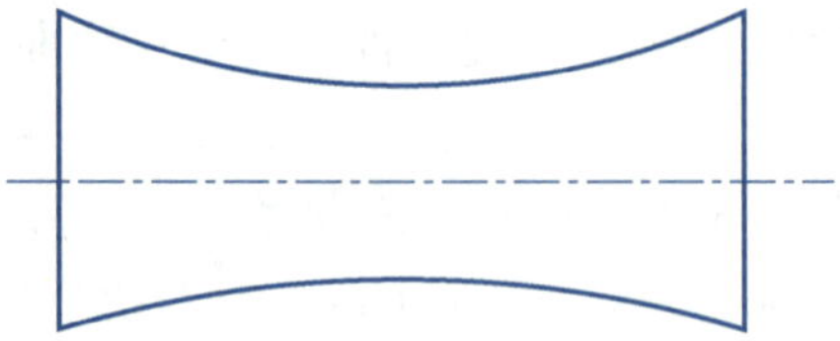

图 1-46　零件加工后的形状 1

工作页	任务六 轴类零件的加工质量分析	学习活动 轴类零件的加工质量分析

【知识梳理】

请你通过自主学习、小组讨论、信息查找等方法，结合对前文二维码知识链接内容——影响加工精度的主要因素的学习，完成以下工作任务。

1. 衡量机械零件加工质量的指标是什么？什么是机械加工精度？其包括哪些内容？

2. 影响加工精度的因素有哪些？

3. 保证加工精度的工艺措施有哪些？

【思考与练习】

通过对相关基础知识的学习，完成以下测试。

一、判断对错

(　　)1. 工艺系统受力变形引起的误差属于工艺系统动态误差。

(　　)2. 零件加工后的实际几何参数与理想几何参数的符合程度称为几何误差。

(　　)3. 加工原理误差，机床、刀具、夹具的制造误差都属于系统误差。

(　　)4. 加工轴类零件时，车床主轴的纯径向跳动将会产生圆度误差。

(　　)5. 由于工艺系统存在各种原始误差，因此，加工误差是不可避免的。

(　　)6. 采用机床本身加工的方法属于就地加工法。

(　　)7. 误差补偿法是一种在零件加工后人为地制造一个误差去补偿加工前出现的误差的加工方法。

(　　)8. 实际几何参数并非指零件表面实际存在的几何参数，而是指零件加工后实际测量得到的几何参数。

(　　)9. 加工细长轴时，马鞍形圆柱度误差主要是由背向力作用引起的。

二、选择题

1. 转移原始误差法是指创造一定条件，把工艺系统的原始误差转移到误差的(　　)方向。

A. 敏感　　B. 非敏感　　C. 垂直　　D. 水平

2. 下列属于加工前存在的原始误差的是(　　)。

A. 测量误差　　B. 刀具磨损引起的误差

C. 加工原理误差　　D. 热变形误差

3. 加工细长轴时，造成弯曲的主要原因是(　　)的作用。

A. 背向力　　B. 轴向力　　C. 摩擦力　　D. 夹紧力

4. 采用铰刀加工内孔，直接获得尺寸精度的方法属于(　　)加工。

A. 自动控制法　　B. 定尺寸刀具法　　C. 试切法　　D. 调整法

5. 机床制造误差引起的加工误差属于(　　)误差。

A. 工艺系统动态　　B. 工艺系统静态

C. 加工原理　　D. 测量

【做中学】

根据工作任务要求，请你和小组成员讨论，完成以下工作任务。

□　任务1　如图1-40所示光轴零件在车床上加工后的大致形状，试分析造成该零件形状误差的主要原因，并提出相应的改进措施。

____

____

____

____

____

□　任务2　如图1-46所示零件经检测后，发现两端尺寸大，中间尺寸小，出现马鞍形圆柱度误差，试分析产生此误差的原因并提出相应的改进措施。

____

____

____

____

____

□　任务 3　如图 1-47 所示零件，试分析该零件误差的形式，查找该误差产生的原因，并提出相应的改进措施。

图 1-47　零件加工后的形状 2

□　任务 4　如图 1-48 所示零件，试分析该零件误差的形式，查找该误差产生的原因，并提出相应的改进措施。

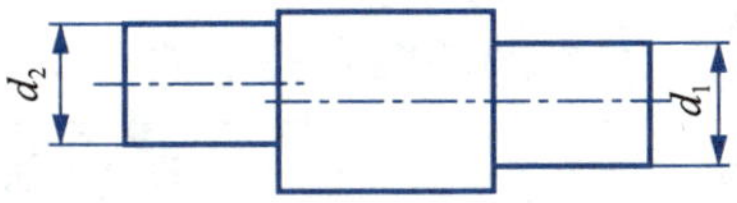

图 1-48　零件加工后的形状 3

【检查评价】

① 自行检查工作任务完成情况。
② 学习小组间互查，查找存在的问题。
③ 针对问题，提出解决方法及改进措施。
④ 整理相关资料，归档。

工作任务评价单

<table>
<tr><th>序号</th><th colspan="3">考核评价项目</th><th colspan="2">考核内容</th><th>学生自评</th><th>小组互评</th><th>教师总评</th><th>分数比重</th></tr>
<tr><td rowspan="4">1</td><td rowspan="7">过程性考核</td><td rowspan="4">专业能力</td><td>课前</td><td colspan="2">学习知识点,完成测试</td><td></td><td></td><td></td><td rowspan="4">60%</td></tr>
<tr><td rowspan="2">课中</td><td colspan="2">能够正确判断误差的形式</td><td></td><td></td><td></td></tr>
<tr><td colspan="2">能正确分析误差产生的原因,并提出解决措施</td><td></td><td></td><td></td></tr>
<tr><td>课后</td><td colspan="2">巩固课程知识,完成习题</td><td></td><td></td><td></td></tr>
<tr><td>2</td><td colspan="2">方法能力</td><td colspan="2">能搜集信息、自主学习、分析解决问题、归纳总结及创新</td><td></td><td></td><td></td><td>15%</td></tr>
<tr><td>3</td><td colspan="2">社会能力</td><td colspan="2">能与团队共同协作、交流沟通;能遵守安全规范,有安全质量意识和工匠精神等</td><td></td><td></td><td></td><td>15%</td></tr>
<tr><td>4</td><td colspan="2">其他</td><td colspan="2">能按时出勤、遵守课堂纪律、积极参与活动、回答问题等</td><td></td><td></td><td></td><td>10%</td></tr>
<tr><td colspan="6">总评</td><td></td><td></td><td></td><td>100%</td></tr>
<tr><td colspan="2" rowspan="2">综合评价</td><td colspan="2">组别</td><td></td><td>组长签字</td><td></td><td>日期</td><td colspan="2"></td></tr>
<tr><td colspan="2">评语</td><td colspan="6"></td></tr>
</table>

存在的问题及改进措施

序号	存在的问题	解决方法及改进措施	备注
总结与提高:			

【教学反馈】

信息反馈表

序号	反馈问题	反馈意见
1	你对该工作任务是否感兴趣?	A. 感兴趣 B. 一般 C. 不感兴趣
2	该工作任务的安排是否合理?	A. 合理 B. 一般 C. 不合理
3	该工作任务的难度是否合适?	A. 太难 B. 合适 C. 太简单
4	该工作任务的学时安排是否合适?	A. 太少 B. 合适 C. 太多
5	该工作任务的学习目标是否实现?	A. 实现 B. 部分实现 C. 没有实现
问题综述		
学习心得		

项目二

轴承套的加工工艺制订与实施

项目导入

你了解哪些是套类零件吗？套类零件主要应用在什么场合，有什么功用？它们又是如何加工出来的？

如图 2-1 所示为轴承套的零件图，该零件加工数量为 100 件，通过对此套类零件的工

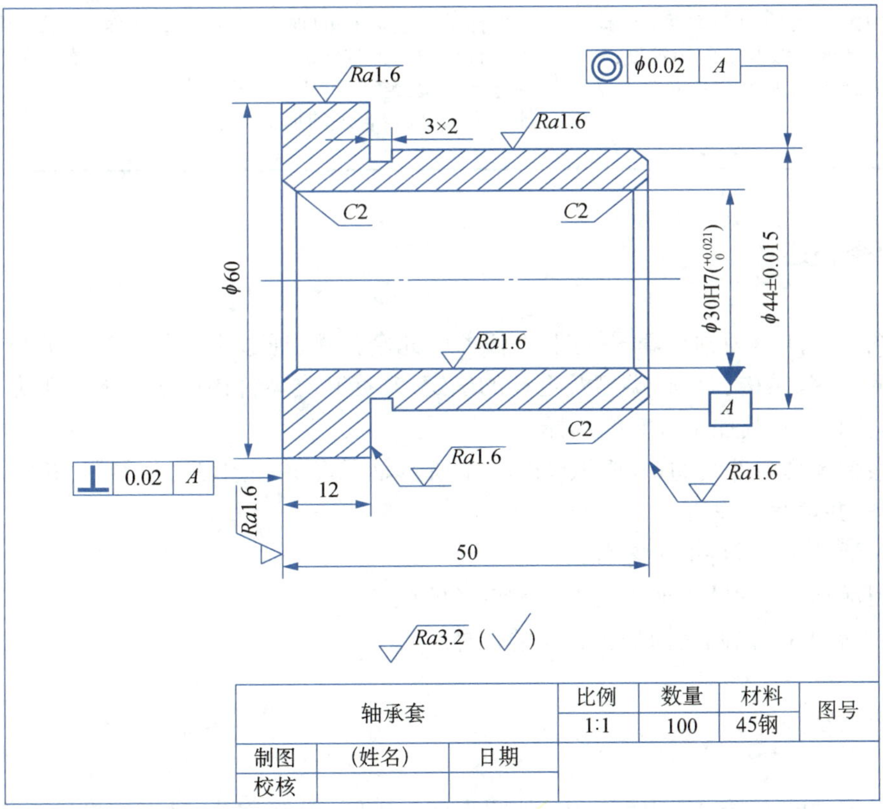

图 2-1　轴承套

艺分析，进一步学习机械加工工艺规程的制订原则、依据、步骤和方法。试完成轴承套的机械加工工艺规程制订，编制该零件的机械加工工艺文件，并通过仿真或机械加工验证工艺的合理性。

为了使学生更好地掌握本项目的学习目标，具备相关技能，此项目的具体实施分为三个任务顺序完成。

任务一　轴承套加工方案的选择

任务二　轴承套工艺规程的制订

任务三　套类零件的加工质量分析

任务一
轴承套加工方案的选择

学习目标

知识目标	能力目标	素质目标
① 了解套类零件的功用、结构、材料、类型及主要技术要求。 ② 掌握内圆表面的加工方法、范围，实现的精度等级及表面粗糙度。 ③ 掌握内圆表面加工方案及选择方法	① 能够完成轴承套零件的工艺分析及毛坯选择。 ② 会选择轴承套零件的加工方法，确定合理的加工方案。 ③ 会选择典型套类零件内圆表面的加工方法，确定合理的加工方案	① 培养学生自主学习能力及团队合作精神。 ② 培养学生勤于钻研的精神，严谨、认真的工作态度

任务描述

如图 2-1 所示为轴承套零件图，本任务以此套为例，通过零件的工艺性分析，了解套类零件的功用、结构、材料、类型及毛坯的确定，掌握套类零件内圆表面的加工方法、机床设备、工艺装备及其加工方案的选择。

观察轴承套零件实物，分析识读图 2-1 所示轴承套零件图，通过学习讨论，完成相应工作任务，并填写工作页。

学习活动 1　零件的工艺分析

学习活动 2　内圆表面加工方法和设备的认知

学习活动 3　内圆表面加工方案的选择

任务分析

套类零件的主要加工表面为内、外圆表面。内圆，常简称孔，是组成机械零件的基本表面，如图 2-1 所示套类零件。在加工内圆表面时，首先应了解内圆表面的技术要求、掌握内圆表面的各种加工方法所能达到的精度等级，才能在加工过程中根据零件的技术要求，选择相应的加工方法，确定合理的加工方案。

学习活动 1　零件的工艺分析

训练目的：观察轴承套零件，分析该零件的主要技术要求、结构工艺性及其毛坯的选择。

① 分析图 2-1 轴承套零件的主要技术要求。

② 分析套类零件的结构工艺性。

③ 确定该零件的毛坯。

【知识储备】

一、套类零件的功用、种类及结构特点

1. 套类零件的功用及种类

套类零件主要有支承和导向作用。它的应用范围很广，可支承旋转轴上各种形式的轴承，可作为夹具上引导刀具的导向套、内燃机上的汽缸套以及液压缸等。常用套类零件如图 2-2 所示。

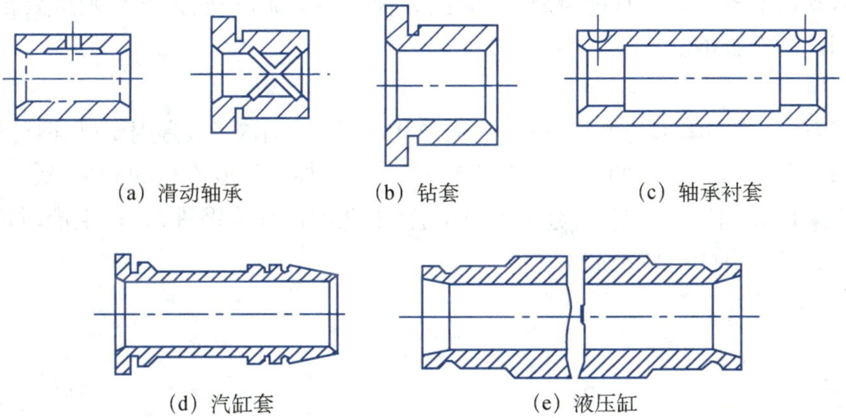

(a) 滑动轴承　(b) 钻套　(c) 轴承衬套

(d) 汽缸套　(e) 液压缸

图 2-2　套类零件示例

2. 结构特点

由于功用不同，套类零件在结构和尺寸上有很大的差别，但结构上仍有共同特点：零件的主要加工表面为内、外旋转表面，形状精度和位置精度要求较高，表面粗糙度值较小，孔壁较薄，且零件在加工中容易变形，零件长度一般大于孔的直径。

二、内、外圆表面的主要技术要求

套类零件的主要加工表面为内、外圆表面。内圆表面是套类零件上的主要表面之一，内圆的技术要求与外圆表面基本相同。内圆表面的主要技术要求如下。

1. 尺寸精度和形状精度

内圆表面直径的尺寸精度一般为 IT7 级,精密轴套一般取 IT6 级,而与汽缸和液压缸相配的活塞上的密封圈,一般要求不高,通常取 IT9 级。形状精度主要是圆度,长的套类零件还需考虑圆柱度要求。孔的形状误差一般应控制在孔径公差的范围内,精密套类零件内圆表面的圆度、圆柱度误差则应控制在孔径公差的 1/2～1/3 甚至更小。

外圆是套类零件的支承面,常采用过盈配合或过渡配合同箱体或机架上的孔相连接。外径尺寸精度一般为 IT7～IT6 级,形状误差应控制在直径公差范围内。

2. 位置精度

内、外圆之间的同轴度是套类零件最主要的相互位置精度要求。外圆轴线相对内圆轴线的同轴度公差一般为ϕ0.05～ϕ0.01 mm。

当套类零件的端面、凸缘端面在工作中需承受轴向载荷或在加工时用作定位基准时,端面、凸缘端面对内圆轴线应有较高的垂直度要求,其垂直度公差一般为 0.1～0.05 mm。

3. 表面粗糙度

为了充分发挥零件的功用和提高其耐磨性,内圆表面的表面粗糙度值为 Ra2.5～0.16 μm,精密套类零件为 Ra0.04 μm;外圆表面的表面粗糙度值一般为 Ra3.2～0.4 μm。

三、套类零件的材料和毛坯

1. 材料

套类零件材料的选择主要取决于工作条件。一般常用钢、铸铁、青铜、黄铜等材料制成。有些滑动轴承采用双金属结构,以离心铸造法在钢或铸铁套筒内壁上浇铸巴氏合金等轴承合金材料,既可节省贵重的有色金属,又能提高轴承的寿命;一些强度和硬度要求较高的套筒,可选用优质合金钢。

2. 毛坯

套类零件的毛坯类型与所用材料、结构形状和尺寸大小有关,常用型材、锻件或铸件。

孔径较小(d<20 mm)的套类零件的毛坯,一般选择热轧或冷拉的棒料、实心铸件;孔径较大时,常采用 35 钢或 45 钢、合金钢无缝钢管、带孔的铸件或锻件;大量生产时可采用冷挤压、粉末冶金等先进的毛坯制造工艺。

【组织实施】

一、课前准备工作

① 准备相关教学资料,包括教材、教学参考书、工作任务书等。

② 做好课前准备,按要求完成课前知识点的学习。

二、学习活动安排

① 分组讨论图 2-1 轴承套零件图的主要技术要求,完成以下工作任务,并按要求填写工作页。

- 说明轴类零件的类型、功用、结构特点。
- 获取零件的名称、形状、材料及主要技术要求。
- 确定零件的生产类型。
- 确定主要加工表面和某些有特殊工艺要求的表面。

② 分析表 2-1 各方案的结构工艺性，掌握衡量结构工艺性的原则，分析零件的结构工艺性是否合理，对 A、B 两种方案进行比较说明，并按要求填写工作页。

表 2-1　零件结构工艺性分析

序号	零件结构	
	结构设计方案 A：工艺性不好	结构设计方案 B：工艺性好
1	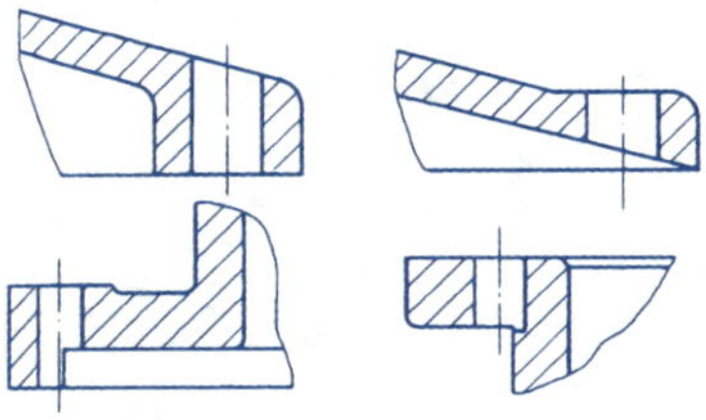	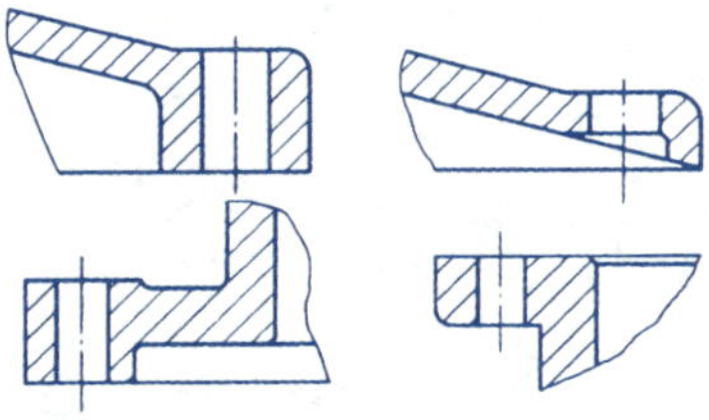
	孔的进出口为斜面、阶梯面，钻头易偏斜、折断	孔的进出口为平面，易保证孔的加工精度
2	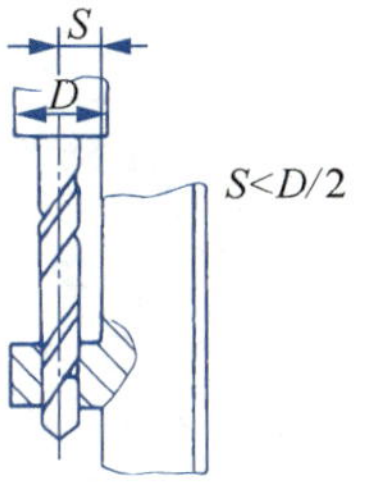	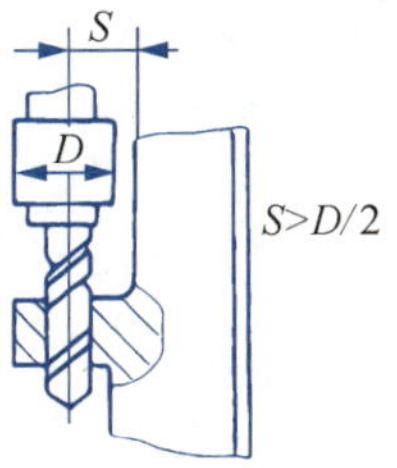
	孔离箱壁太近，钻头易偏斜，需加长钻头加工	加长箱耳，使 $S>D/2$， 可采用标准刀具，方便加工

③ 确定如图 2-1 所示轴承套零件的毛坯。

工作页	任务一 轴承套加工方案的选择	学习活动 1 零件的工艺分析

【知识梳理】

请你通过自主学习、小组讨论、运用信息查找等方法，结合基础知识的学习完成以下工作任务。

1. 你了解套类零件吗？请描述一下套类零件主要应用在什么场合，并举例说明。

____

____

____

____

2. 请描述一下套类零件的结构特点、材料及常用毛坯类型。

____

____

____

____

【思考与练习】

通过对以上相关基础知识的学习，完成以下测试。

一、判断对错

(　　)1. 孔径较大、长度较长的零件常采用型材。

(　　)2. 套类零件主要起支承和导向作用。

(　　)3. 套类零件主要加工面为内、外圆表面。

(　　)4. 批量大、孔径小、力学性能要求高的零件常采用锻件。

二、选择题

1. 选择套类零件毛坯时应考虑(　　)。

A. 套的材料　　B. 套的形状结构

C. 套的尺寸　　D. 材料的形状结构和尺寸

2. 套类零件的结构特点包括(　　)。

A. 孔壁较薄　　B. 精度要求较高

C. 回转体　　D. 以上都是

【做中学】

根据工作任务要求，请你和小组成员讨论，完成以下工作任务。

□ 任务 1 零件的技术要求分析

观察轴承套零件，识读图纸，分析如图 2-1 所示轴承套的主要技术要求。

□ 任务 2 零件的结构工艺性分析

根据要求，请你和小组成员讨论，试对下表零件结构设计方案 A、B 进行比较说明，衡量零件结构工艺的合理性，并说明选择方案的依据，填写下表。

零件的结构工艺性分析

序号	零件结构	
	结构设计方案 A	结构设计方案 B
1	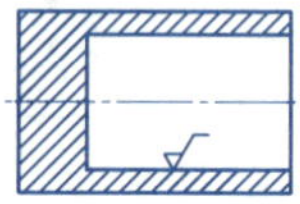	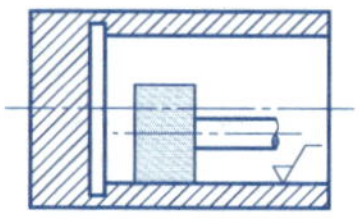
2	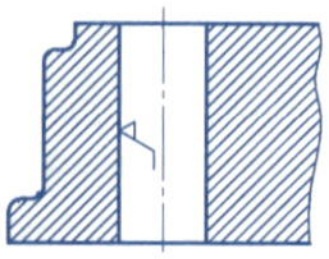	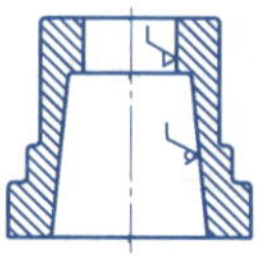

□ 任务 3 套类零件的毛坯选择

观察如图 2-1 所示轴承套零件，分析并确定其毛坯类型及尺寸。

【检查评价】

① 自行检查工作任务完成情况。

② 学习小组间互查，查找存在的问题。

③ 针对问题，提出解决方法及改进措施。

④ 整理相关资料，归档。

工作任务评价单

<table>
<tr><th>序号</th><th colspan="3">考核评价项目</th><th>考核内容</th><th>学生自评</th><th>小组互评</th><th>教师总评</th><th>分数比重</th></tr>
<tr><td rowspan="5">1</td><td rowspan="8">过程性考核</td><td rowspan="5">专业能力</td><td>课前</td><td>学习知识点，完成测试</td><td></td><td></td><td></td><td rowspan="5">60%</td></tr>
<tr><td rowspan="3">课中</td><td>能完成套类零件的技术要求分析</td><td></td><td></td><td></td></tr>
<tr><td>能完成套类零件的结构工艺性分析</td><td></td><td></td><td></td></tr>
<tr><td>能完成套类零件毛坯的选择</td><td></td><td></td><td></td></tr>
<tr><td>课后</td><td>巩固课程知识，完成习题</td><td></td><td></td><td></td></tr>
<tr><td>2</td><td colspan="2">方法能力</td><td>能搜集信息、自主学习、分析解决问题、归纳总结及创新</td><td></td><td></td><td></td><td>15%</td></tr>
<tr><td>3</td><td colspan="2">社会能力</td><td>能与团队共同协作、交流沟通；能遵守安全规范，有安全质量意识和工匠精神等</td><td></td><td></td><td></td><td>15%</td></tr>
<tr><td>4</td><td colspan="2">其他</td><td>能按时出勤、遵守课堂纪律、积极参与活动、回答问题等</td><td></td><td></td><td></td><td>10%</td></tr>
<tr><td colspan="5">总评</td><td></td><td></td><td></td><td>100%</td></tr>
<tr><td colspan="2" rowspan="2">综合评价</td><td>组别</td><td></td><td>组长签字</td><td></td><td>日期</td><td colspan="2"></td></tr>
<tr><td>评语</td><td colspan="6"></td></tr>
</table>

存在的问题及改进措施

序号	存在的问题	解决方法及改进措施	备注

总结与提高：

学习活动 2　内圆表面加工方法和设备的认知

训练目的：熟悉套类零件内圆表面的主要加工方法，加工设备的结构、特点、应用及工艺装备等。

① 了解机加工综合车间安全注意事项。

② 熟悉内圆表面的加工方法、应用范围及实现的精度等级和表面粗糙度。

③ 能认知内圆表面加工设备的结构、特点、应用及工艺装备等。

【知识储备】

一、内圆表面的加工方法和设备

内圆表面具有不同的结构尺寸、精度和表面质量要求，加工时按照内圆所在零件结构类型的不同选择不同的机床进行加工。回转体零件上的内圆表面，在车床和磨床上加工；非回转体零件如箱体、机体类零件，其内圆表面可在钻床、镗床、铣床和加工中心上进行加工。通常采用加工方法有钻孔、扩孔、铰孔、镗孔、车孔和磨孔等。

（一）钻孔、扩孔和铰孔

1. 钻削加工设备

钻削加工是指在钻床上用钻头在实心工件上加工孔的工艺方法。钻床是加工孔的主要加工设备，常用的钻床有台式钻床、立式钻床和摇臂钻床等。

（1）台式钻床

台式钻床，简称台钻。它是一种放在台桌上使用的小型钻床，主要由电动机、主轴、工作台、立柱、钻夹头、锁紧手柄、升降手柄、进给手柄等部件组成，如图 2-3 所示。

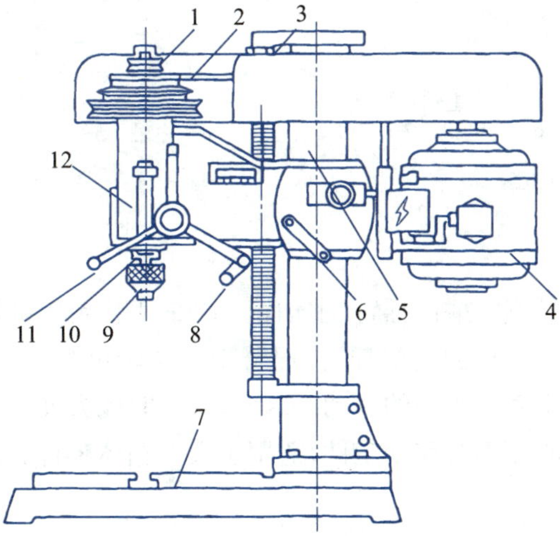

1—塔轮；2—V形带；3—丝杠架；4—电动机；5—立柱；6—锁紧手柄；7—工作台
8—升降手柄；9—钻夹头；10—主轴；11—进给手柄；12—主轴架

图 2-3　台式钻床

台钻按最大钻孔直径分，有 2 mm、6 mm、12 mm 等多种规格，适用于钻削中、小型工件上的小孔。台钻结构简单，主轴通过变换 V 形带在塔形带轮上的位置来实现变速；只能手动进给，自动化程度较低，但其操作灵活方便，主要适用于单件、小批生产。

(2) 立式钻床

立式钻床，简称立钻，它主要由主轴箱、进给箱、主轴、工作台、立柱、电动机、底座等部件组成，如图 2-4 所示。

立钻有 18 mm、25 mm、35 mm、40 mm、63 mm、80 mm 等多种规格。适用于中小型工件的钻削，主要用于钻孔、扩孔、铰孔、攻螺纹、锪孔和刮平面等。主轴 3 由电动机 6 经主轴箱 5 带动回转，同时通过进给箱 4 获得轴向进给运动。主轴箱和进给箱内部均有变速机构，分别实现主轴转速的变换和进给量的调整，进给运动可以机动也可以手动。进给箱和工作台 2 可沿立柱的导轨上下移动，调整其位置，以适应不同高度工件的加工。

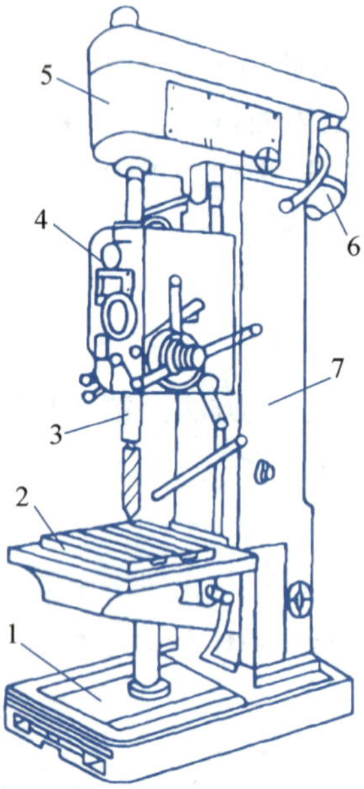

1—底座；2—工作台；3—主轴；
4—进给箱；5—主轴箱；6—电动机；7—立柱

图 2-4　立式钻床

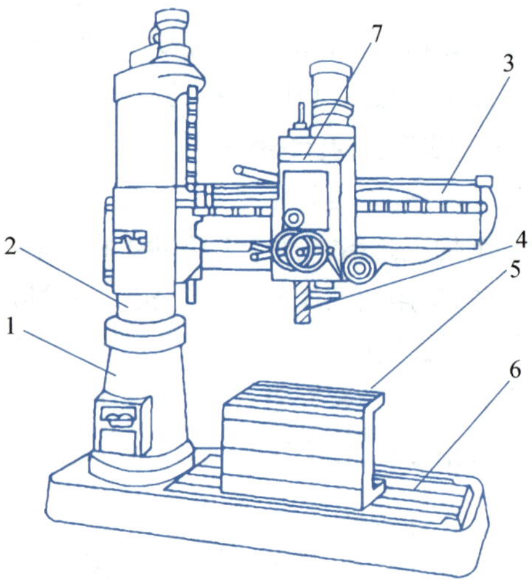

1—立柱座；2—立柱；3—摇臂；
4—主轴；5—工作台；6—底座；7—主轴箱

图 2-5　摇臂钻床

(3) 摇臂钻床

摇臂钻床主要由立柱座、立柱、摇臂、主轴箱、主轴、工作台等部件组成，如图 2-5 所示。

摇臂钻床有一个能绕立柱回转的摇臂，摇臂带着主轴可沿立柱轴线上下移动。主轴箱可沿摇臂的水平导轨做手动或机动的移动。因此，操作时能方便地调整主轴（刀具）的位置，使它对准所需钻孔的中心而不必移动工件，适用于大型箱体零件、多孔零件或形状复杂零件的钻削。

2. 钻床的主要用途

钻床除用于钻孔外，还可以进行扩孔、铰孔、攻螺纹、锪孔、刮平面等工作内容，如图 2-6 所示。

3. 钻削常用的刀具

钻削加工常用的刀具主要有麻花钻、扩孔钻和铰刀。

(1) 麻花钻

麻花钻是一种形状复杂的孔加工刀具，它的应用较为广泛，常用来钻削精度较低和表面较粗糙的孔。麻花钻主要由刀体、颈部和刀柄三部分组成。根据麻花钻刀柄形状，分为直柄麻花钻和锥柄麻花钻，如图 2-7 所示。根据钻头的材料不同，又分为高速钢钻头和硬质合金钻头，用高速钢钻头加工的孔精度为 IT13～IT11 级，表面粗糙度值为 Ra25～6.3 μm；用硬质合金钻头加工时孔精度为 IT11～IT10 级，表面粗糙度值为Ra12.5～3.2 μm。

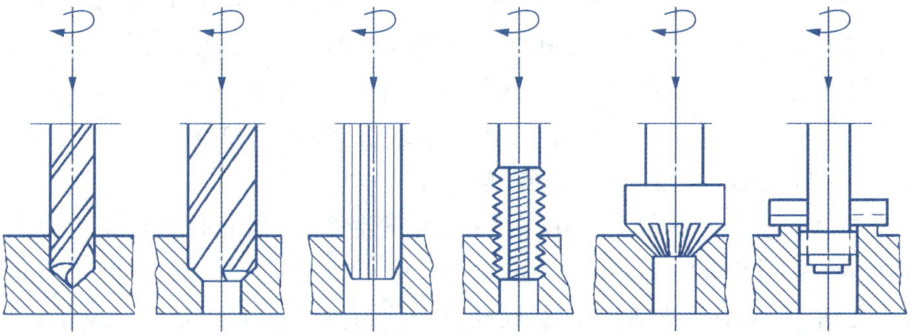

(a) 钻孔　(b) 扩孔　(c) 铰孔　(d) 攻螺纹　(e) 锪孔　(f) 刮平面

图 2-6　钻床的主要用途

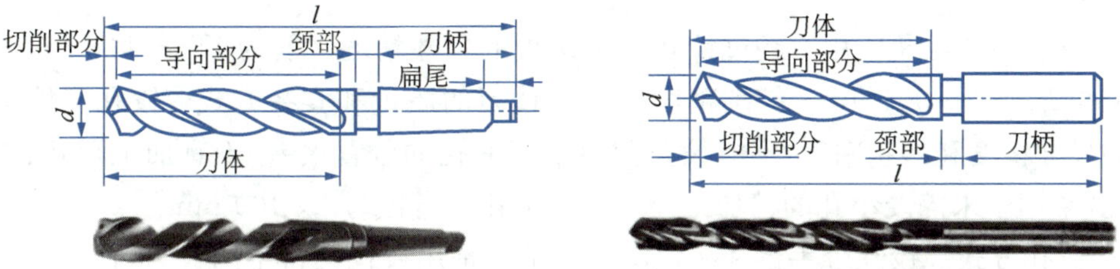

(a) 锥柄麻花钻　(b) 直柄麻花钻

图 2-7　标准麻花钻的组成

(2) 扩孔钻

扩孔钻用于将现有孔扩大，一般加工精度可达 IT11～IT10 级，表面粗糙度值为 Ra12.5～3.2 μm，通常作为孔的半精加工刀具。

(3) 铰刀

铰刀用于中小型孔的半精加工和精加工，也常用于磨孔或研孔的预加工。铰刀的齿数多，导向性好、刚性好、加工余量小、工作平稳，一般加工精度为 IT8～IT6 级，表面粗糙度值为 Ra1.6～0.4 μm。铰刀按使用方式可分为手用铰刀和机用铰刀。

4. 加工方法

(1) 钻孔

钻孔是利用钻头在实体材料上加工出孔的工艺方法。

① 钻孔的特点及应用。经过钻孔加工达到的尺寸精度一般为 IT13～IT11 级，表面

粗糙度值为 Ra50～12.5 μm。由于钻削时，刀具刚度差，钻头容易引偏，排屑和散热都较困难，故生产率低，加工精度低，主要用于低精度孔的加工和高精度孔的预加工。钻孔的直径一般不超过 50 mm。

② 钻孔方式。钻孔可在钻床上完成，也可在车床上完成。在车床上钻孔时，工件做旋转运动，刀具做轴向进给运动，主要适用于回转体零件的深孔加工；在钻床上钻孔时，工件不动，刀具做旋转运动和轴向进给运动，主要适用于非回转体零件的加工。

（2）扩孔

扩孔是用扩孔钻对已钻出（或铸出、锻出、冲出）的孔进行扩大加工的工艺方法。

① 扩孔的特点及应用。扩孔钻通常有 3～4 个切削刃，导向性好，钻芯较大，刚度好，因此切削过程平稳。扩孔时，背吃刀量小，切屑窄，易排出，加工质量比钻孔高，经过扩孔加工达到的尺寸精度一般为 IT10～IT9 级，表面粗糙度值为 Ra6.3～3.2 μm。

扩孔加工属于孔的半精加工，通常用于低精度孔的终加工和高精度孔的预加工，且能修正前道工序轴线的偏斜。扩孔的直径一般小于 100 mm。

② 扩孔方式。扩孔钻扩孔主要用于大批、大量生产，一般底孔直径约为要求直径的 0.9 倍，进给量为钻孔时的 1.5～2 倍，切削速度为钻孔时的 1/2。实际生产中，也常用麻花钻代替扩孔钻，一般用麻花钻扩孔时，底孔直径约为要求直径的 0.5～0.9 倍。

（3）铰孔

铰孔是用铰刀从工件孔壁上切除微量的金属层，以提高尺寸精度和减小表面粗糙度值的方法。

① 铰孔的特点及应用。经过铰孔加工达到的尺寸精度一般为 IT8～IT6 级，表面粗糙度值为 Ra1.6～0.4 μm。铰削精度取决于铰刀的质量和安装方式。铰孔只能提高孔本身的尺寸精度和形状精度，不能校正前道工序的孔的位置误差，不宜加工短孔、深孔和断续孔，常用于未淬硬小孔的精加工。一般加工孔的直径为 1～100 mm。

② 铰孔方式。铰孔分手铰和机铰两种。手铰是用铰杠夹持手用铰刀，在台虎钳上通过手工操作完成铰孔工作，主要用于单件、小批生产或装配工作。机铰是把机用铰刀装在钻床、车床或镗床上进行铰孔，常用于成批、大量生产。

（二）镗孔

镗削加工是在镗床上用镗刀对工件上较大的孔进行半精加工、精加工的工艺方法。镗削加工时，镗刀旋转做主运动，工件或镗刀做进给运动。

1. 镗削加工设备

镗床是镗削加工的主要设备，常用的镗床有卧式镗床、立式镗床、坐标镗床等。T618 型卧式镗床如图 2-8 所示，其主要部件的名称和功用如下。

（1）主轴箱

主轴箱装有主轴部件、平旋盘、主运动和进给运动的变速机构及操纵机构等。主运动为主轴和平旋盘的回转运动。主轴前端的莫氏锥孔，用来安装各类刀夹、镗刀杆等；平旋盘上有数条 T 形槽，用来安装刀架。主轴箱可沿主立柱上的导轨上下移动，调节主轴的垂直位置和沿主立柱方向进行上、下进给运动。

(2) 工作台

工作台用于装夹工件。由下滑座、上滑座实现工作台的纵向或横向进给运动。上滑座的圆导轨还可实现工作台在水平面内的回转,以适应轴线互成一定角度的孔或平面的加工。

(3) 床身

床身用于支承镗床各部件,其上的导轨为工作台的纵向进给运动导向。

(4) 主立柱

主立柱用于支承主轴箱,其上的导轨引导主轴箱的上升和下降。

(5) 尾立柱

尾立柱上有镗刀杆支承座,用于支承长镗刀杆的尾端,以实现镗刀杆跨越工作台的镗孔。支承座可沿尾立柱上的导轨升降,以调节镗刀杆的垂直位置。

1—主轴箱;2—主立柱;3—主轴;4—平旋盘;5—工作台;
6—上滑座;7—下滑座;8—床身;9—镗刀杆支承座;10—尾立柱

图 2-8　卧式镗床

2. 镗床的主要运动

镗床的主要运动有以下三种。

(1) 主运动

镗床主轴的回转运动;平旋盘的回转运动。

(2) 进给运动

镗床主轴的轴向进给运动;主轴箱的垂直进给运动;工作台的纵向、横向进给运动;平旋盘径向刀架进给运动。

(3) 辅助运动

工作台的转位运动;主轴箱、工作台的快速调位运动;后立柱纵向调位运动等。

3. 镗床的主要用途

在镗床上除可镗孔外,还可以钻孔、扩孔、铰孔以及用多种刀具进行平面、沟槽和螺纹的加工,特别适合箱体、机架等结构复杂的大型零件的孔系加工。

4. 镗削加工常用刀具

镗削加工的常用刀具是镗孔刀，它的结构与内孔车刀的结构基本相同，如图 2-9 所示。

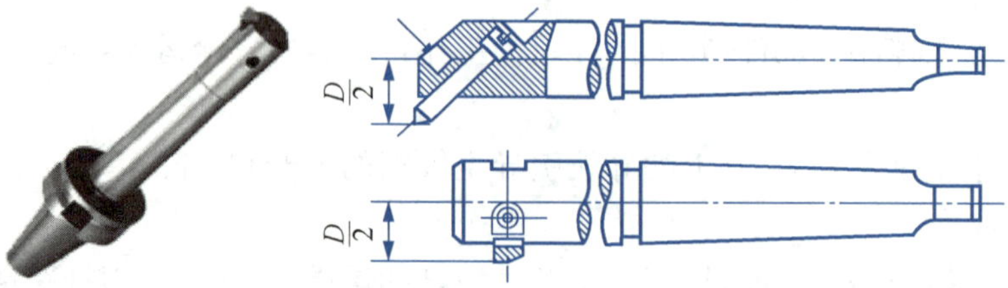

图 2-9　单刃镗孔刀

5. 加工方法

(1) 镗孔的特点和应用

镗削的适应性广，灵活性大，可用于加工各种不同尺寸和不同精度等级的孔，对于孔径较大、尺寸和位置精度要求较高的孔和孔系，镗孔几乎是唯一的加工方法。镗孔除了能提高尺寸精度和表面质量外，还可以修正孔轴线的直线度误差，且较容易保证各孔的孔距精度和位置精度，主要适用于箱体、机架等结构复杂的大型零件上的孔系加工。镗孔的经济精度一般为 IT9～IT7 级，表面粗糙度值为 *Ra*3.2～0.8 μm。

(2) 镗孔方法

通常镗孔可以分为以下三个加工阶段。

① 粗镗。粗镗的加工精度一般可达 IT13～IT11 级，表面粗糙度值为 *Ra*50～12.5 μm，主要为半精加工和精加工做准备。

② 半精镗。半精镗的加工精度一般为 IT10～IT9 级，表面粗糙度为 *Ra*6.3～3.2 μm，主要用于磨削加工和精加工的预加工，或中等精度内孔表面的终加工。

③ 精镗。精镗的加工精度一般为 IT8～IT6 级，表面粗糙度为 *Ra*1.6～0.8 μm，主要用于较高精度内孔的终加工或珩磨孔的预加工。

(三) 车孔

车孔是车削加工的主要内容之一，是采用内孔车刀对回转体零件进行内圆表面加工的切削方法。

1. 内孔车刀的种类

根据加工情况，内孔车刀按孔的结构，可分为通孔车刀和盲孔车刀两种，如图 2-10 所示。

通孔车刀的切削部分的几何形状基本上与外圆车刀相似，因为刀具安装时受孔深影响，刀杆伸出较长，刀具刚性差。为了减小径向切削抗力，防止车孔时振动，主偏角应取得大些，一般为 60°～75°。为了防止内孔车刀后刀面和孔壁的摩擦，副偏角一般也取得较大，但副偏角大会造成刀具的强度降低，所以在实际应用时，一般建议将车刀刃磨成双后角的形式。

盲孔车刀用来车削盲孔或台阶孔，切削部分的几何形状基本上与 90°外圆偏刀相似，

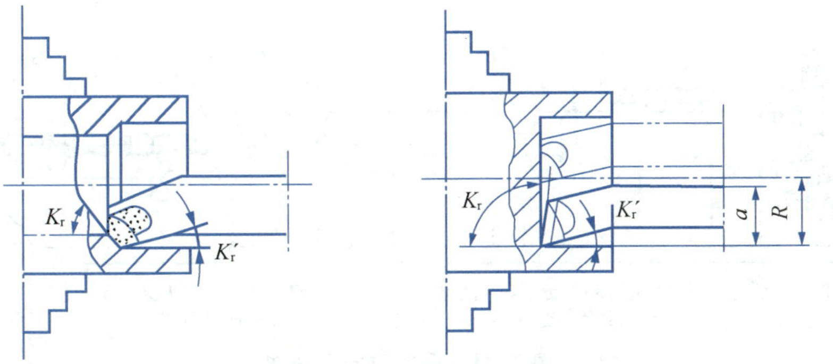

(a) 通孔车刀　　(b) 盲孔车刀

图 2-10　内孔车刀

它的主偏角一般为 90°～93°，后角的要求和通孔车刀一样。不同之处是盲孔车刀夹在刀杆的最前端，刀尖到刀杆外端的距离应小于孔半径 R，避免刀杆与孔壁发生碰撞，否则无法车平孔的底面。

2. 内孔车刀的选用

常用的内孔车刀有三种不同截面形状的刀柄，即圆柄、矩形柄和正方形柄。普通形和模块式的圆柄车刀多用于车削加工中心和数控车床上；矩形和方形柄车刀多用于普通车床。

① 刀柄截面形状的选用。一般优先选用圆柄车刀。

② 刀柄截面尺寸的选用。标准内孔车刀已给定了最小加工孔径。对于最大加工孔径范围，一般不超过同它一个规格的内孔车刀所定的最小加工孔径。

③ 刀柄形式的选用。通常使用的是整体钢制刀柄，这时刀杆的伸出量应在刀杆直径的 4 倍之内。

3. 车孔的方法

孔的形状不同，车孔的方法也有差异。

车直孔时，一般根据孔径的大小和长度选用和装夹通孔车刀，车直孔的切削用量要比车外圆时适当减小些，特别是车小孔或深孔时，其切削用量应更小。

车台阶孔时，对不同类型台阶孔的车削方法如下：

① 车直径较小的台阶孔时，一般先粗、精车小孔，再粗、精车大孔。

② 车直径大的台阶孔时，一般先粗车大孔和小孔，再精车小孔和大孔。

③ 车削孔径尺寸相差较大的台阶孔时，最好采用主偏角 κ_r =85°～88°的车刀先粗车，然后再用内偏刀精车。

(四) 拉孔

拉削加工是在拉床上用拉刀对工件进行加工的工艺方法。采用拉刀加工内圆表面的方法称为拉孔。

1. 拉削设备

拉床是拉削加工的主要设备，常用的拉床主要有卧式拉床(图 2-11)和立式拉床两类。

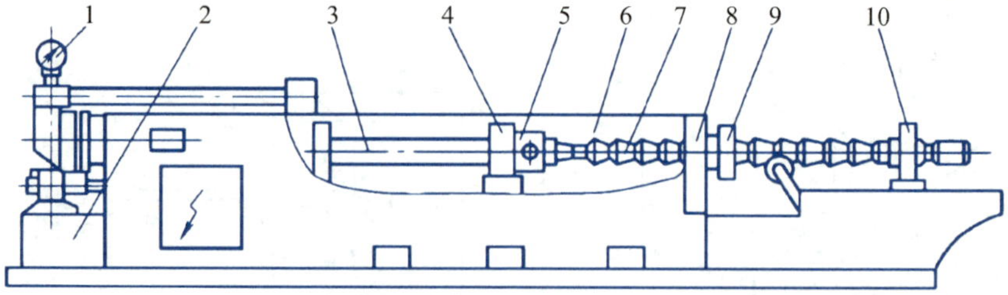

1—压力表；2—液压传动部分；3—活塞拉杆；4—随动支架；5—刀架；6—床身；7—拉刀；8—支承架；9—工件镗刀杆；10—随动刀架

图 2-11　卧式拉床示意图

2. 拉床的主要用途

拉床主要用于拉削圆孔、方孔、多边形孔、键槽、花键孔、内齿轮等各种型孔，还可以拉削平面、成形面，以及一些用常规方法不便加工的内、外表面，如图 2-12 所示。

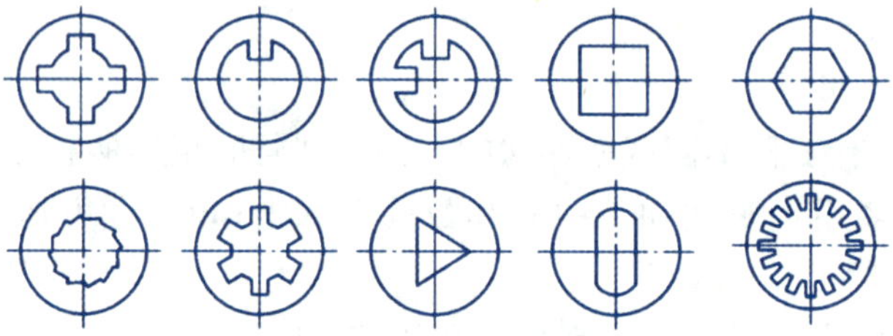

图 2-12　拉床拉削的各种型孔

3. 拉削常用刀具

拉削加工中，常用的刀具是拉刀，其主要组成部分及作用，如图 2-13 所示。

① 柄部。拉刀的夹持部分，用来传递动力。

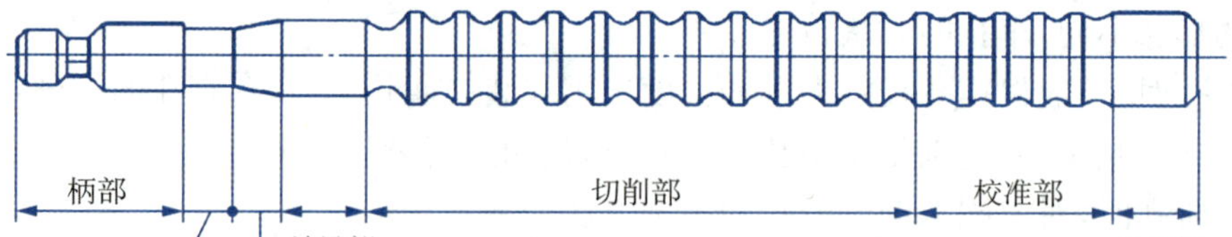

图 2-13　拉刀

② 颈部。头部与过渡锥的连接部分，用于标记规格、商标。

③ 过渡锥。易于拉刀前导部进入工件孔中，起到对中的作用。

④ 前导部。防止拉刀在孔中歪斜，起到引导作用。

⑤ 切削部。承担主要的切削工作，分粗切齿、过渡齿和精切齿三部分。相邻两齿间的齿升量即为每齿进给量，一次走刀切除全部加工余量。

⑥ 校准部。校准部分刀齿间没有齿升量，主要起修光孔壁和校准孔径的作用。

⑦ 后导部。保证拉刀即将结束切削时与工件间的正确位置，防止拉伤孔壁和损坏刀齿。

4. 拉削方法

拉削加工时，拉床的运动只有拉刀的直线运动，径向进给由刀齿的齿升量保证。

(1) 拉削方法

拉削各种型孔时，工件一般不需要夹紧，只以工件的端面支撑。因此，预加工孔的轴线与端面之间应满足一定的垂直度要求。如果垂直度误差较大，则可将工件端面紧贴在一个球面垫圈上，利用球面自动定位。

拉削外表面时，一般为非对称拉削，拉削力偏离拉力和工件轴线，因此，除对拉力采用导向板等限位措施外，还须将工件夹紧，以免拉削时工件位置发生偏离。

(2) 拉削的工艺特点

① 拉削生产率高。拉刀可在一次行程中切除加工表面的全部余量。

② 拉削的加工精度高。拉刀的制造精度高，切削部分分粗切齿和精切齿，校准部分可对加工表面进行校正和修光，所以一般拉削的加工精度可达 IT9～IT7 级，表面粗糙度值为 Ra1.6～0.4 μm。

③ 拉床采用液压传动，故拉削过程平稳。

④ 拉刀适应性差。一把拉刀只适用于加工某一尺寸、某一精度等级的一定形状的加工表面，且不能加工台阶孔、盲孔、薄壁孔和特大直径的孔。

⑤ 拉刀结构复杂，制造费用高，只适用于大批生产中。

(五) 磨孔

用磨削加工工件内孔的方法称为磨孔。磨孔可在万能外圆磨床上用内圆磨头进行，主要适用于单件、小批生产；大批、大量生产中则宜采用内圆磨床磨削。它是孔的精加工方法之一，既可磨削通孔、阶梯孔等圆柱形孔，又可以磨削锥孔等。

1. 磨孔的特点

磨孔不仅能获得较高的尺寸精度和表面质量，而且还可以提高孔的形状和位置精度，磨孔的加工精度一般可达 IT7～IT6 级，表面粗糙度值可达 Ra0.8～0.2 μm。

砂轮与砂轮接长轴的直径都受到工件孔径的限制，因此，一方面磨削速度难以提高，另一方面磨具刚性较差，容易振动，使加工质量和生产率受到影响。

砂轮容易堵塞，磨钝、磨削时不易观察，冷却条件差。

磨削常用于一般刀具难以切削的高硬度材料的加工，如淬硬钢、硬质合金等。

2. 磨削内圆表面的方法

在万能外圆磨床上磨削内圆表面主要有纵向磨削法和横向磨削法两种。

(1) 纵向磨削法

纵向磨削法如图 2-14(a)所示，砂轮的高速旋转为主运动，工件以与砂轮回转方向相反的低速回转做圆周进给运动，工作台沿被加工孔的轴线方向移动，完成工件的纵向往复进给运动，在每一纵向行程或往复行程终了时，砂轮沿工件径向做周期性的横向进给运动。

(2) 横向磨削法

横向磨削法如图 2-14(b)所示，又称切入磨削法。磨削时，工件只做圆周进给运动，砂轮的高速旋转为主运动，同时以缓慢的速度连续地或断续地向工件做横向进给运动，直至达到所需尺寸要求。

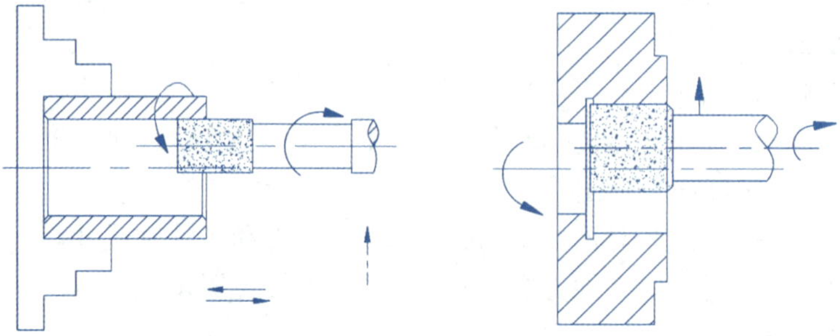

(a) 纵向磨削法　　(b) 横向磨削法

图 2-14　内圆表面磨削方法

二、内圆表面的精密加工

内圆尺寸精度在 IT6 级以上，表面粗糙度值小于 $Ra0.2\ \mu m$ 时需要进行精密加工。常用的精密加工方法有精细镗削、珩磨孔和研磨孔等。

1. 精细镗削

精细镗削，又称金刚镗，常用于铜、铝等有色金属及其铸铁内孔的精密加工。加工时，要求机床精度高、刚性好、传动平稳、能实现微量进给，主要采用金刚镗床和硬质合金刀具。加工精度可达 IT5 级以上，表面粗糙度值为 $Ra0.4 \sim 0.1\ \mu m$。

2. 珩磨孔

珩磨是利用珩磨工具对工件表面施加一定压力，珩磨工具同时做相对旋转和直线往复运动，以切除工件上极小余量的光整加工方法。珩磨一般用于对孔进行精密加工，是一种高效率、高精度的精密加工方法，加工精度可达 IT5～IT4 级，表面粗糙度值为 $Ra0.2 \sim 0.025\ \mu m$。

如图 2-15 所示，珩磨工具（俗称珩磨头）在圆周上装有若干条粒度很细的油石条，由珩磨机床主轴带动做旋转和轴向往复运动，并通过胀开机构将油石沿径向胀开。珩磨头对孔施加一定压力，当其旋转并做直线往复运动时，即可切除极小的加工余量。

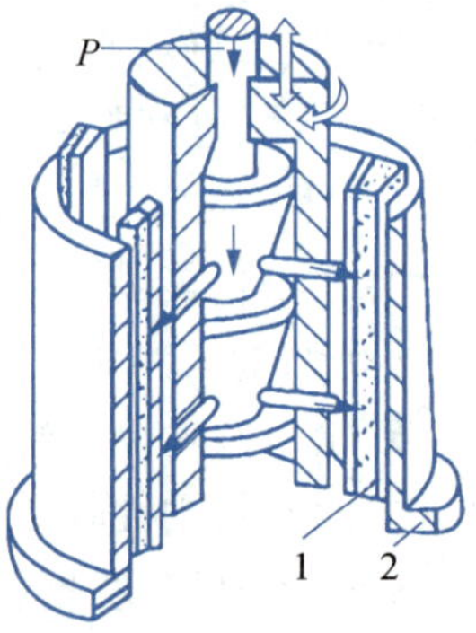

1—油石；2—工件

图 2-15　内圆表面的珩磨

珩磨加工生产率高，表面加工质量好，加工精度高。但由于珩磨头采用浮动连接，不能修正孔的位置误差。珩磨主要用于加工铸铁、淬硬和不淬硬的钢件、硬铝、青铜、硬质合金以及玻璃、陶瓷等非金属材料，不宜加工带键槽的孔和花键孔等断续表面。

3. 研磨孔

如图 2-16 所示，内圆表面的研磨原理与研磨外圆表面相同，研具采用铸铁或纯铜制成心棒，表面开槽以储存研磨剂。研磨时加工精度可达 IT5 级以上，表面粗糙度值为 $Ra0.015 \sim 0.012\ \mu m$。研磨生产率低，不能纠正孔的位置误差。

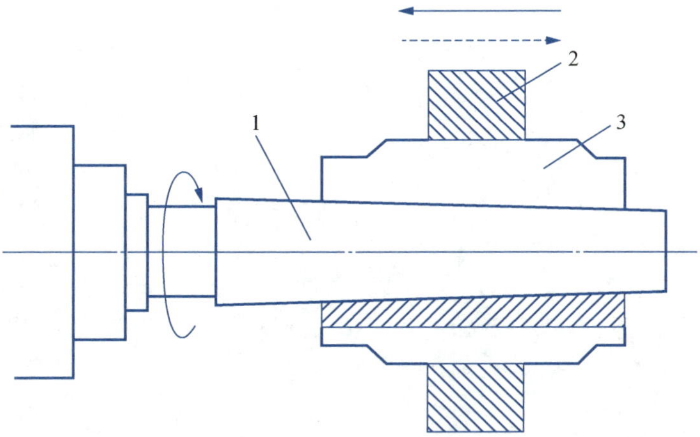

1—锥度心杆；2—工件；3—可调研具

图 2-16　内圆表面的研磨

【组织实施】

一、课前准备工作

① 准备相关教学资料，包括教材、教学参考书、工作任务书等。

② 做好课前准备，按要求完成课前知识点的学习。

二、学习活动安排

通过参观学习，分组进行活动，按具体要求完成以下工作任务，并按要求填写工作页。

① 识别设备标牌的内容，了解设备型号、规格和精度等级等。

② 说明 Z4012 型钻床的结构和用途。

③ 说明 T618 型卧式镗床的结构和用途。

④ 熟悉内圆表面加工方法、加工范围。

工作页	任务一 轴承套加工方案的选择	学习活动 2 内圆表面加工方法和设备的认知

【知识梳理】

请你通过自主学习、小组讨论、信息查找等方法，结合基础知识的学习完成以下工作任务。

1. 了解内圆表面常用的加工方法、范围、实现的精度等级和表面粗糙度，并举例说明。

2. 简述钻削加工常用设备及钻削刀具。

3. 说明车孔与镗孔加工使用的设备、刀具及其应用。

4. 简述磨孔加工设备、刀具的选用及其应用。

【思考与练习】

通过对以上相关基础知识的学习，完成以下测试。

一、判断对错

（　　）1. 钻孔只能在钻床上进行。

（　　）2. 镗孔除了能提高尺寸精度和表面质量外，还可修正孔的轴线的弯曲误差。

（　　）3. 磨孔不能提高孔的形位精度。

（　　）4. 套类工件因受刀体强度、排屑状况的影响，所以每次切削深度要少一点，进给量要慢一点。

（　　）5. 钻孔是利用钻头在实体材料上加工内孔的工艺方法。

（　　）6. 由于内孔车刀的刀体强度好，在选择切削用量时，应适当减小其数值。

（　　）7. 台式钻床可以加工内螺纹。

二、选择题

1. 在实心材料上加工孔，应选择（　　）。

A. 钻孔　　B. 扩孔　　C. 铰孔　　D. 镗孔

2. 小孔的精加工方法应选择（　　）。

A. 车削加工　　B. 磨削加工　　C. 精镗加工　　D. 铰削加工

3. 采用铰刀加工内孔，直接获得尺寸精度的方法属于（　　）加工。

A. 自动控制法　　B. 定尺寸刀具法　　C. 试切法　　D. 调整法

4. 拉削加工不可以加工（　　）。

A. 多边形孔　　B. 圆孔　　C. 花键孔　　D. 台阶孔

【做中学】

根据工作任务要求，请你和小组成员讨论，完成以下工作任务。

□　任务 1　解读以下机床型号的含义，并简述机床的运动形式、工装夹具。

Z4012：

____

____

____

T618：

____

____

____

□　任务 2　简述内圆表面的精密加工方法及适用范围。

____

____

____

【检查评价】

① 自行检查工作任务完成情况。
② 学习小组间互查，查找存在的问题。
③ 针对问题，提出解决方法及改进措施。
④ 整理相关资料，归档。

工作任务评价单

<table>
<tr><th>序号</th><th colspan="3">考核评价项目</th><th colspan="3">考核内容</th><th>学生自评</th><th>小组互评</th><th>教师总评</th><th>分数比重</th></tr>
<tr><td rowspan="4">1</td><td rowspan="7">过程性考核</td><td rowspan="4">专业能力</td><td>课前</td><td colspan="3">学习知识点，完成测试</td><td></td><td></td><td></td><td rowspan="4">60%</td></tr>
<tr><td rowspan="2">课中</td><td colspan="3">能识读内圆加工设备的结构、特点、应用及工艺装备</td><td></td><td></td><td></td></tr>
<tr><td colspan="3">能熟练运用内圆表面的各种加工方法</td><td></td><td></td><td></td></tr>
<tr><td>课后</td><td colspan="3">巩固课程知识，完成习题</td><td></td><td></td><td></td></tr>
<tr><td>2</td><td colspan="2">方法能力</td><td colspan="3">能搜集信息、自主学习、分析解决问题、归纳总结及创新</td><td></td><td></td><td></td><td>15%</td></tr>
<tr><td>3</td><td colspan="2">社会能力</td><td colspan="3">能与团队共同协作、交流沟通；能遵守安全规范，有安全质量意识和工匠精神等</td><td></td><td></td><td></td><td>15%</td></tr>
<tr><td>4</td><td colspan="2">其他</td><td colspan="3">能按时出勤、遵守课堂纪律、积极参与活动、回答问题等</td><td></td><td></td><td></td><td>10%</td></tr>
<tr><td colspan="7">总评</td><td></td><td></td><td></td><td>100%</td></tr>
<tr><td colspan="3" rowspan="2">综合评价</td><td>组别</td><td></td><td>组长签字</td><td></td><td colspan="2">日期</td><td colspan="2"></td></tr>
<tr><td>评语</td><td colspan="8"></td></tr>
</table>

存在的问题及改进措施

序号	存在的问题	解决方法及改进措施	备注
总结与提高：			

学习活动 3　内圆表面加工方案的选择

训练目的：会选择套类零件内圆表面的加工方法，并确定其加工方案

① 能根据套类零件内圆表面的工艺分析，选择正确的加工方法，确定其加工方案。

② 完成轴承套零件加工方案的选择。

【知识储备】

一、内圆表面加工方案的选择

选择内圆表面加工方案时，应考虑孔径的大小、孔的深度、加工精度和表面粗糙度要求。不同技术要求的内圆表面，其加工方案也不相同。内圆表面的加工方案一般分为以下四种。

1. 低精度的加工方案

对加工精度低、未淬硬钢材、铸铁件及有色金属件，经一次钻孔即可达到要求。加工精度可达 IT10 级，表面粗糙度值为 Ra 50～12.5 μm。

2. 中等精度的加工方案

对于精度要求中等的未淬硬钢件、铸铁件及有色金属件，当孔径小于 ϕ20 mm 时，可采用钻孔→扩孔加工方案；当孔径大于 ϕ20 mm 时，可采用钻孔→镗孔加工方案。加工精度可达 IT10～IT9 级，表面粗糙度值为 Ra 6.3～3.2 μm。

3. 较高精度的加工方案

对于加工精度较高（除淬火钢外）的内表面，当孔径小于 ϕ20 mm 时，可采用钻孔→铰孔加工方案；当孔径大于 ϕ20 mm 时，可采用钻孔→扩孔→铰孔或钻孔→镗孔→磨孔加工方案。加工精度为 IT8～IT7 级，表面粗糙度值为 Ra 1.6～0.4 μm。

4. 高精度的加工方案

对于精度要求很高的内孔表面，当孔径小于 ϕ12 mm 时，可采用钻孔→粗铰→精铰方案；当孔径大于 ϕ12 mm 时，视具体情况可采用钻孔→扩孔→粗铰孔→精铰孔或钻孔→扩孔→粗磨孔→精磨孔→珩磨孔的加工方案。加工精度为 IT7～IT6 级，表面粗糙度值为 Ra 0.8～0.4 μm。

表 2-1 为内圆柱面加工方法和加工方案所能达到的加工经济精度、表面粗糙度及适用范围，选用时可以作为参考。

表 2-1　孔加工方案

序号	加工方案	加工经济精度（公差等级）	表面粗糙度 Ra(μm)	适用范围
1	钻	IT13～IT11	12.5	加工未淬火钢及铸铁的实心毛坯，也可用于加工有色金属，孔径小于 20 mm
2	钻→铰	IT10～IT8	6.3～1.6	
3	钻→粗铰→精铰	IT8～IT7	1.6～0.8	
4	钻→扩	IT11～IT10	12.5～6.3	
5	钻→扩→铰	IT9～IT8	3.2～1.6	
6	钻→扩→粗铰→精铰	IT7	1.6～0.8	
7	钻→扩→机铰→手铰	IT7～IT6	0.4～0.2	

（续表）

序号	加工方案	加工经济精度（公差等级）	表面粗糙度 Ra（μm）	适用范围
8	钻→扩→拉	IT9～IT7	1.6～0.1	大批、大量生产（精度由拉刀的精度而定）
9	粗镗（或扩孔）	IT13～IT11	12.5～6.3	除淬火钢外各种材料的加工，毛坯有铸出孔或锻出孔
10	粗镗（粗扩）→半精镗（精扩）	IT10～IT9	3.2～1.6	
11	粗镗（扩）→半精镗（精扩）→精镗（或铰）	IT8～IT7	1.6～0.8	
12	粗镗（扩）→半精镗（精扩）→精镗→浮动镗刀精镗	IT7～IT6	0.8～0.4	
13	粗镗（扩）→半精镗→磨孔	IT8～IT7	0.8～0.2	主要用于淬火钢，加工也可用于未淬火钢加工，但不宜用于有色金属加工
14	粗镗（扩）→半精镗→粗磨→精磨	IT7～IT6	0.2～0.1	
15	粗镗→半精镗→精镗→精细镗	IT7～IT6	0.4～0.05	主要用于精度要求高的有色金属加工
16	钻→（扩）→粗铰→精铰→珩磨； 钻→（扩）→拉→珩磨； 粗镗→半精镗→精镗→珩磨	IT7～IT6	0.2～0.025	用于精度要求很高的孔加工
17	以研磨代替上述方案中的珩磨	IT6～IT5	<0.1	

【组织实施】

一、课前准备工作

① 准备相关教学资料，包括教材、教学参考书、工作任务书等。

② 做好课前准备，按要求完成课前知识点的学习。

二、学习活动安排

① 内圆表面加工方案选择。

② 轴承套零件加工方案选择。

工作页	任务一 轴承套加工方案的选择	学习活动 3 内圆表面加工方案的选择

【知识梳理】

请你通过自主学习、小组讨论、信息查找等方法，结合基础知识的学习完成以下工作任务。

1. 内圆表面的加工方案大致分为哪几种？

____

____

____

____

2. 依据哪些因素确定内圆表面的最终加工方法？

____

____

____

____

【思考与练习】

通过对以上相关基础知识的学习，完成以下测试。

一、判断对错

(　　)1. 对加工精度为 IT10 级，表面粗糙度值为 $Ra12.5\ \mu m$ 的小孔，一次钻孔即能达到要求。

(　　)2. 拉孔加工主要应用于大批、大量生产中。

二、填空题

1. 选择内圆表面加工方案时，应考虑________、________、________和________要求。

2. 对于加工精度较高(除淬火钢外)的内表面，当孔径小于 $\phi 20$ mm 时，可采用________加工方案。

3. 磨削加工方法不宜用于________的加工。

【做中学】

根据工作任务要求，请你和小组成员讨论，完成以下工作任务。

□　任务 1　内圆表面加工方案的选择

1. 如图 2-17 所示轴套零件，根据要求完成以下工作任务。

① 分析零件图，填写下表。

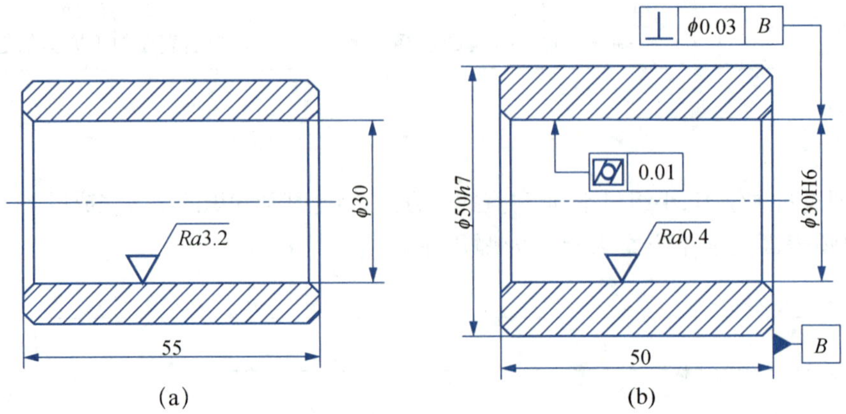

图 2-17 轴套

图号	设备名称	规格	工艺装备(刀具、夹具、量具)	备注
(a)				
(b)				

② 确定零件内圆表面的加工方案。

图号	内孔尺寸精度	内圆表面加工方案	备注
(a)			
(b)			

2. 如图 2-1 所示轴承套零件,根据要求完成以下工作任务。

① 确定其内圆表面的加工方法,并选择机床设备、工艺装备。

内孔尺寸	设备名称	规格	工艺装备(刀具、夹具、量具)	备注

② 确定其内圆表面加工方案,并说明选择依据。

内孔尺寸	加工精度	内圆表面加工方案	备注

□ 任务 2 分组讨论,试完成以下工作任务。

1. 加工一孔径小于$\phi12$ mm 的零件,并且内孔表面精度要求很高,试分析说明加工此类零件内孔应采用什么加工方案。

____

____

2. 根据图 2-18 所示轴承套零件，分组讨论，完成以下工作任务。

① 分析说明该零件的名称、生产类型、材料及主要技术要求；

② 确定该零件的毛坯尺寸；

③ 选择该零件的加工方法，确定加工设备、工艺装备，确定其主要表面的加工方案。

____

____

____

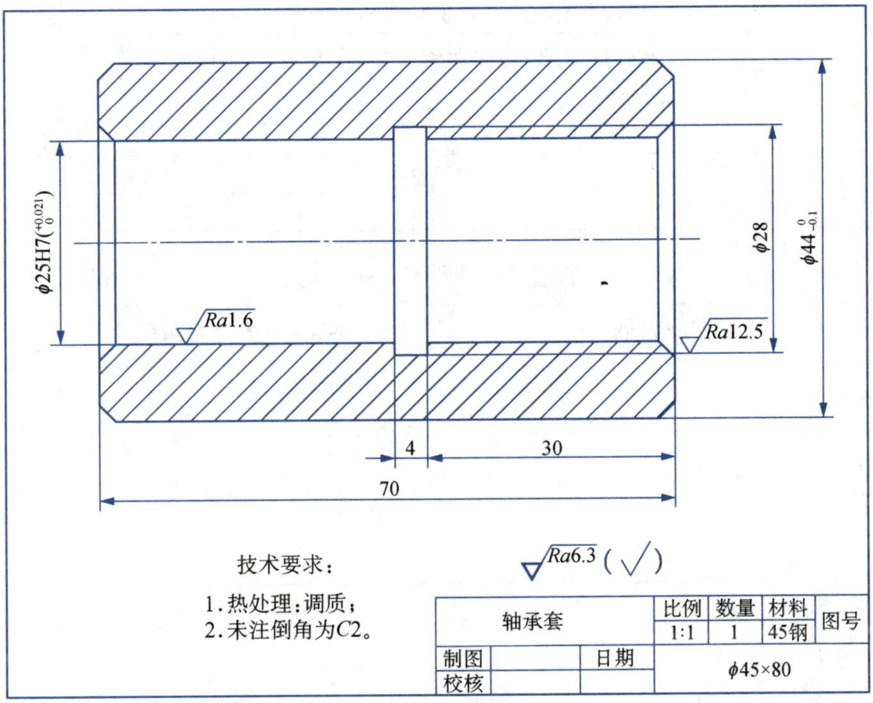

图 2-18 轴承套

【检查评价】

① 自行检查工作任务完成情况。

② 学习小组间互查，查找存在的问题。

③ 针对问题，提出解决方法及改进措施。

④ 整理相关资料，归档。

工作任务评价单

<table>
<tr><th>序号</th><th colspan="3">考核评价项目</th><th>考核内容</th><th>学生自评</th><th>小组互评</th><th>教师总评</th><th>分数比重</th></tr>
<tr><td rowspan="4">1</td><td rowspan="7">过程性考核</td><td rowspan="4">专业能力</td><td>课前</td><td>学习知识点，完成测试</td><td></td><td></td><td></td><td rowspan="4">60%</td></tr>
<tr><td rowspan="2">课中</td><td>能正确选择内圆表面加工方法，确定机床设备、工艺装备等</td><td></td><td></td><td></td></tr>
<tr><td>能完成内圆表面的加工方案分析，确定各内圆表面的加工方案</td><td></td><td></td><td></td></tr>
<tr><td>课后</td><td>巩固课程知识，完成习题</td><td></td><td></td><td></td></tr>
<tr><td>2</td><td colspan="2">方法能力</td><td>能搜集信息、自主学习、分析解决问题、归纳总结及创新</td><td></td><td></td><td></td><td>15%</td></tr>
<tr><td>3</td><td colspan="2">社会能力</td><td>能与团队共同协作、交流沟通；能遵守安全规范，有安全质量意识和工匠精神等</td><td></td><td></td><td></td><td>15%</td></tr>
<tr><td>4</td><td colspan="2">其他</td><td>能按时出勤、遵守课堂纪律、积极参与活动、回答问题等</td><td></td><td></td><td></td><td>10%</td></tr>
<tr><td colspan="5">总评</td><td></td><td></td><td></td><td>100%</td></tr>
<tr><td colspan="2" rowspan="2">综合评价</td><td colspan="2">组别</td><td>　　组长签字</td><td></td><td>日期</td><td colspan="2"></td></tr>
<tr><td colspan="2">评语</td><td colspan="5"></td></tr>
</table>

存在的问题及改进措施

序号	存在的问题	解决方法及改进措施	备注
总结与提高：			

【教学反馈】

信息反馈表

序号	反馈问题	反馈意见
1	你对该工作任务是否感兴趣？	A. 感兴趣　B. 一般　C. 不感兴趣
2	该工作任务的安排是否合理？	A. 合理　B. 一般　C. 不合理
3	该工作任务的难度是否合适？	A. 太难　B. 合适　C. 太简单
4	该工作任务的学时安排是否合适？	A. 太少　B. 合适　C. 太多
5	该工作任务的学习目标是否实现？	A. 实现　B. 部分实现　C. 没有实现
问题综述		
学习心得		

任务二
轴承套工艺规程的制订

学习目标

知识目标	能力目标	素质目标
① 套类零件机械加工工艺分析。 ② 定位基准的选择。 ③ 了解工艺尺寸链的基本概念与内容。 ④ 掌握工艺尺寸链的应用计算	① 能够制订轴承套的机械加工工艺规程，编制机械加工工艺过程卡片。 ② 能够制订套类零件的机械加工工艺规程，编制机械加工工艺过程卡片	① 培养学生对相关手册的自主学习及应用能力。 ② 联系实际，培养学生精益求精的工作态度。 ③ 培养学生环保、健康和安全意识

任务描述

如图 2-1 所示为轴承套的零件图，本任务主要介绍套类零件的机械加工工艺过程，试根据零件图给出的相关信息，通过分组讨论，制订该轴承套零件的机械加工工艺规程，编制机械加工工艺过程卡片，并按要求填写工作页。

学习活动 1　定位基准的选择

学习活动 2　工序尺寸和公差的确定

学习活动 3　编制机械加工工艺过程卡片

任务分析

图 2-2 所示的轴承套是套类零件中应用最多、结构较为典型的套类零件，该零件材料为 45 钢，批量生产。套类零件的主要加工表面大多是内、外回转表面和端面，如何保证主要加工表面的相互位置精度要求及避免装夹过程中的变形问题是加工套类零件的关键。

学习活动 1　定位基准的选择

训练目的：能正确地选择套类零件加工时的粗基准和精基准。

【知识储备】

一、保证相互位置精度的工艺措施

套类零件的内、外圆表面间的同轴度及端面和内孔轴线间的垂直度一般均有较高的精度要求。为达到这些精度要求，通常可采用以下方法。

（1）在一次安装中完成内、外圆表面及端面的全部加工

这种方法消除了工件的安装误差的影响，可以获得很高的相对位置精度。但这种方法工序比较集中，不适合尺寸较大工件的装夹和加工，故多用于尺寸较小的轴套类零件的加工。

（2）不能一次安装完成应遵循互为基准的原则

当不能在一次安装中同时完成内、外圆表面的加工时，内孔和外圆的加工应遵循互为基准的原则。将内、外圆表面的加工分在几次安装中进行，可有两种不同的安排：

① 先加工内孔，再以内孔为精基准加工外圆。这种方法由于所用夹具（如心轴）结构简单，制造和安装误差小，因此可获得较高的相互位置精度。

② 先终加工外圆，再以外圆为精基准加工内孔。以这种方法装夹工件迅速、可靠，但因一般卡盘装夹误差较大，加工后的工件位置精度低。同轴度要求较高时，则必须采用定心精度高的夹具，如弹性膜片卡盘、液性塑料夹具、经修磨的三爪卡盘和软爪等。

二、防止套类零件变形的工艺措施

套类零件的结构特点是孔壁较薄、径向刚性差，加工中常因夹紧力、切削力、内应力和切削热等因素的影响而产生变形，致使加工精度降低。因此，防止变形的工艺措施主要有以下三点。

① 为减小切削力和切削热的影响，粗、精加工应分开进行，使粗加工中产生的变形在精加工中得到纠正。对于孔壁较薄、加工中极易变形的零件，宜采用工序分散的原则，并在加工过程中控制切削用量。

② 为减小夹紧力的影响，工艺上可采取改变夹紧力方向的措施，将径向夹紧改为轴向夹紧。当只能采用径向夹紧时，应尽可能使径向夹紧力沿圆周均匀分布，如使用过渡套、弹性套等。

③ 为减小热处理的影响，热处理工序应安排在粗、精加工阶段之间，并适当增加精加工工序的加工余量，以保证热处理引起的变形在精加工中得以纠正。

三、工艺基准与设计基准不重合时，工序尺寸和公差的计算

如图 2-19 所示套零件图，根据工艺分析，此零件结构简单，尺寸精度要求不高，为一般套类零件，加工容易。但根据零件结构，无法使用通用量具直接测量尺寸$\phi20_{-0.36}^{\ 0}$ mm。实际加工中，只能采用深度游标卡尺测量大孔尺寸，因而$\phi20_{-0.36}^{\ 0}$ mm 尺寸需要尺寸换算间接保证，换算后的尺寸需要控制才能保证$\phi20_{-0.36}^{\ 0}$ mm 尺寸符合精度要求，而解决这个问题需要应用工艺尺寸链的知识，即工艺基准与设计基准不重合时，工序尺寸及公差的计算方法。

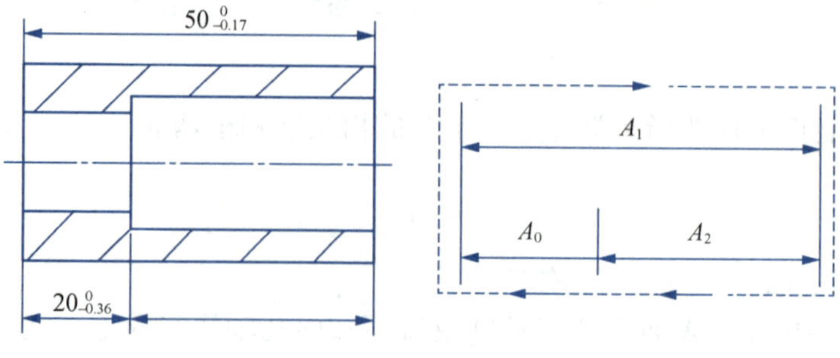

图 2-19　套

工艺基准与设计基准不重合主要表现为三种形式：

① 测量基准与设计基准不重合。

② 定位基准与设计基准不重合。

③ 工序基准与设计基准不重合。

【组织实施】

一、课前准备工作

① 准备相关教学资料，包括教材、教学参考书、工作任务书等。

② 做好课前准备，按要求完成课前知识点的学习。

二、学习活动安排

① 如图 2-20 所示零件，铸件毛坯外圆与内孔不同轴，其壁厚不均匀，试分析比较该零件粗基准定位的两种方案，即以外圆 A 面定位和以内孔 B 面定位，并说明选择依据。

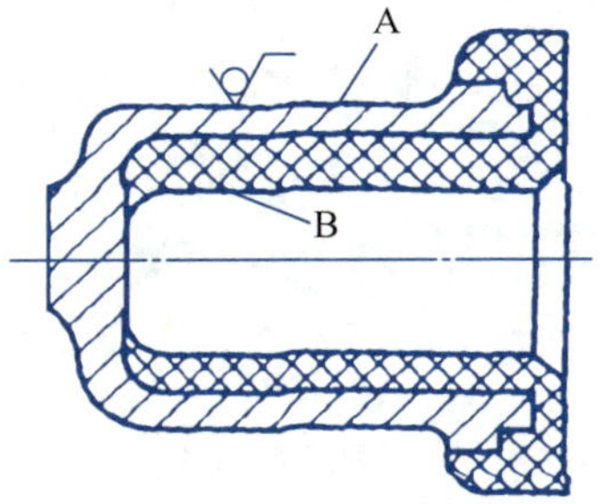

图 2-20　铸件毛坯

② 分析图 2-1 所示轴承套零件，试选择该零件的定位基准，并按要求填写工作页。

③ 分析不同情况下的定位基准选择。

工作页	任务二 轴承套工艺规程的制订	学习活动 1 定位基准的选择

【知识梳理】

请你通过自主学习、小组讨论、信息查找等方法，结合基础知识的学习完成以下工作任务。

简述套类零件的粗基准、精基准的选择原则。

____

____

【思考与练习】

通过对以上相关基础知识的学习，完成以下测试。

一、判断对错

(　　)1. 套类零件主要受夹紧力的影响，会产生变形。

(　　)2. 以外圆为精基准加工内孔，以这种方法装夹工件迅速、可靠，但工件位置精度较低。

(　　)3. 以内孔为精基准定位时，需采用心轴进行装夹。

二、填空题

1. 套类零件的结构特点主要是________和________。
2. 为减小夹紧力的影响，工艺上可将径向夹紧改为________方式。
3. 当只能采用径向夹紧时，可使用________、________等使径向夹紧力沿圆周均匀分布。

【做中学】

根据工作任务要求，请你和小组成员讨论，完成以下工作任务。

□　任务 1　定位基准的选择

1. 如图 2-20 所示零件，铸件毛坯外圆与内孔不同轴，其壁厚不均匀，试分析比较该零件粗基准定位的两种方案：以外圆 A 面定位和以内孔 B 面定位。

____

____

2. 分组讨论，确定如图 2-1 所示轴承套零件的定位基准。

____

____

□　任务 2　分组讨论，分析下列加工情况的定位基准，完成工作任务。

1. 浮动连接的铰刀铰孔。

____

____

2. 拉削齿坯内孔。

____

3. 珩磨汽缸套内孔。

【检查评价】

① 自行检查工作任务完成情况。
② 学习小组间互查，查找存在的问题。
③ 针对问题，提出解决方法及改进措施。
④ 整理相关资料，归档。

工作任务评价单

序号	考核评价项目			考核内容	学生自评	小组互评	教师总评	分数比重
1	过程性考核	专业能力	课前	学习知识点，完成测试				60%
			课中	能正确分析套类零件加工工艺，确定需要解决的关键问题				
				能正确选择套类零件的定位基准				
			课后	巩固课程知识，完成习题				
2		方法能力		能搜集信息、自主学习、分析解决问题、归纳总结及创新				15%
3		社会能力		能与团队共同协作、交流沟通；能遵守安全规范，有安全质量意识和工匠精神等				15%
4		其　他		能按时出勤、遵守课堂纪律、积极参与活动、回答问题等				10%
总评								100%

综合评价	组别		组长签字		日期	
	评语					

存在的问题及改进措施

序号	存在的问题	解决方法及改进措施	备注
总结与提高：			

学习活动 2　工序尺寸和公差的确定

训练目的：能够正确拟定零件的加工工艺路线，确定各工序尺寸和公差，掌握相关理论知识。

【知识储备】

一、工艺尺寸链

1. 工艺尺寸链的概念

如图 2-19 所示，由于 A_0 的尺寸不便测量，一般控制 B，C 面间的距离 A_2 的尺寸来保证 A_0 尺寸。A_0、A_1、A_2 之间存在一定的内在联系，这三个尺寸正好首尾相连，形成封闭的尺寸链。

在零件加工或装配过程中，由相互连接的尺寸按一定顺序排列成的封闭尺寸组，称为尺寸链。在零件加工过程中，由同一零件的有关工序尺寸所形成的尺寸链称为工艺尺寸链。

2. 工艺尺寸链的特性

关联性：组成工艺尺寸链的尺寸之间必然存在着一定的关系，任何一个尺寸的变化都直接影响其他尺寸的变化。

封闭性：工艺尺寸链必须是一组首尾相接并构成一个封闭图形的尺寸组合，其中应包含一个间接得到的尺寸。

3. 工艺尺寸链的组成

(1) 环

组成工艺尺寸链的各个尺寸称为工艺尺寸链的环。如图 2-19 中的尺寸 A_0、A_1、A_2。

(2) 封闭环

封闭环是指在加工（或测量）过程中间接得到的环。如图 2-19 中的尺寸 A_0，是通过控制 A_1、A_2 尺寸间接获得的，因此是封闭环。每一个尺寸链中，有且只能有一个封闭环。封闭环一般用下角标“0”表示，如 A_0、B_0 等。

(3) 组成环

除封闭环以外的其他环（即加工过程的各工序尺寸）都称为组成环。如图 2-19 中的尺寸 A_1、A_2。组成环分增环和减环两种。

① 增环。当其余各组成环保持不变，某一组成环增大，封闭环也随之增大，则该环即为增环。一般在该尺寸的代表符号上加一向右的箭头，如图 2-19 中的尺寸 A_1 是增环，记作 $\overrightarrow{A}_1$。

② 减环。当其余各组成环保持不变，某一组成环增大，封闭环也随之减小，则该环即为减环。一般在该尺寸的代表符号上加一向左的箭头，如图 2-19 中的尺寸 A_2 是减环，记作 $\overleftarrow{A}_2$。

二、建立工艺尺寸链的步骤

1. 标出组成环

按照零件的加工顺序(工艺路线)标出组成环,每道工序的尺寸均从工艺基准起标(不管工艺基准与设计基准是否重合),要求工艺尺寸的始止线必须与零件的相关要素对齐。要注意工序尺寸之间要首尾相接,最后连同封闭环一起,形成封闭的尺寸组合。

2. 确定封闭环

当组成环标完后,剩下的一个环即各工序加工后间接得到的尺寸就是封闭环。由于封闭环是加工过程中最后自然形成的尺寸,因此,封闭环是随着零件加工方案的变化而变化的。

3. 判断组成环性质

为了正确判断增环和减环,可采取图 2-21 所示的“环绕法”,即先给封闭环任意规定一个方向,然后沿此方向,绕工艺尺寸链依次给各组成环画出箭头,凡是与封闭环箭头方向相同的就是减环,相反的就是增环。

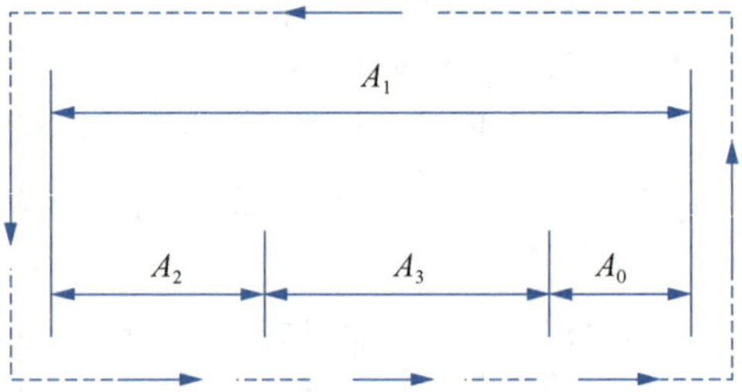

图 2-21　工艺尺寸链的组成

三、工艺尺寸链的计算方法

工艺尺寸链的计算方法有两种:极值法和概率法。生产中采用极值法计算,其计算公式如下。

① 封闭环的基本尺寸 (A_0) 等于所有增环的公称尺寸之和减去所有减环的公称尺寸之和。即:

$$A_0=\sum_{i=1}^{m}\overrightarrow{A}_i-\sum_{j=m+1}^{n-1}\overleftarrow{A}_j$$

② 封闭环的上极限尺寸 ($A_{0\max}$) 等于所有增环的上极限尺寸之和减去所有减环的下极限尺寸之和,即:

$$A_{0\max}=\sum_{i=1}^{m}\overrightarrow{A}_{i\max}-\sum_{j=m+1}^{n-1}\overleftarrow{A}_{j\min}$$

③ 封闭环的下极限尺寸 ($A_{0\min}$) 等于所有增环的下极限尺寸之和减去所有减环的上极限尺寸之和,即:

$$A_{0\min}=\sum_{i=1}^{m}\overrightarrow{A}_{i\min}-\sum_{j=m+1}^{n-1}\overleftarrow{A}_{j\max}$$

④ 封闭环的上偏差(ES_0)等于所有增环的上偏差之和减去所有减环的下偏差之和,即:

$$ES_0=\sum_{i=1}^{m}\overrightarrow{ES}_i-\sum_{j=m+1}^{n-1}\overleftarrow{EI}_j$$

⑤ 封闭环的下偏差(EI_0)等于所有增环的下偏差之和减去所有减环的上偏差之和,即:

$$EI_0=\sum_{i=1}^{m}\overrightarrow{EI_i}-\sum_{j=m+1}^{n-1}\overleftarrow{ES_j}$$

⑥ 封闭环的公差(T_0)等于所有组成环的尺寸公差之和,即:

$$T_0=\sum_{i=1}^{n-1}T_i$$

例 2-1　如图 2-19 所示套零件图,零件轴向设计尺寸有 $20_{-0.36}^{\ 0}$ mm 和 $50_{-0.17}^{\ 0}$ mm,加工时,$20_{-0.36}^{\ 0}$ mm 无法使用通用量具直接测量尺寸,如采用深度游标卡尺直接测量大孔尺寸,间接保证 $20_{-0.36}^{\ 0}$ mm,这时存在测量基准与设计基准不重合的问题。那么应该如何确定大孔的深度尺寸?

解:

1. 绘制工艺尺寸链简图

(1) 按加工顺序逐个标出组成环,每道工序从工艺基准开始标注,如图 2-22 所示。

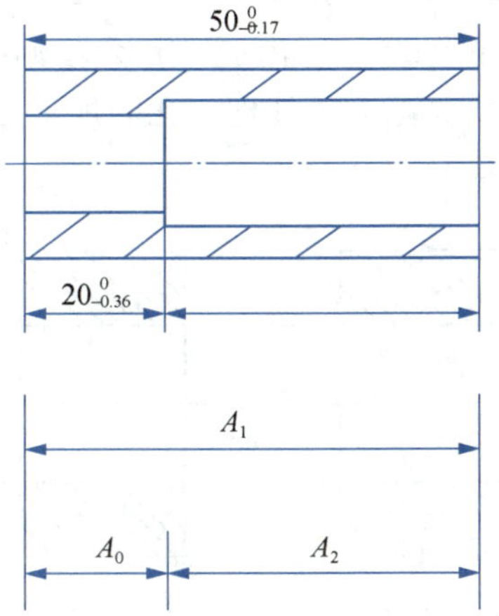

图 2-22　尺寸链简图的绘制

(2) 确定封闭环

图中 A_0 是通过测量工艺尺寸 A_2 间接得到的,因此 A_0 是封闭环,$A_0=20_{-0.36}^{\ 0}$ mm。

(3) 判断组成环性质

增环:$\overrightarrow{A}_1=50_{-0.17}^{\ 0}$ mm

减环:即大孔尺寸 $\overleftarrow{A}_2=?$

(4) 极值法确定大孔尺寸 A_2 的深度尺寸及公差

由　　$A_0=\overrightarrow{A}_1-\overleftarrow{A}_2$

得　　$\overleftarrow{A}_2=\overrightarrow{A}_1-A_0=50-20=30$(mm)

由　　$A_{0\max}=\overrightarrow{A}_{1\max}-\overleftarrow{A}_{2\min}$

得　　$\overleftarrow{A}_{2\min}=\overrightarrow{A}_{1\max}-A_{0\max}=50-20=30$(mm)

由　　$A_{0\min}=\overrightarrow{A}_{1\min}-\overleftarrow{A}_{2\max}$

得 $\overleftarrow{A}_{2max} = \overrightarrow{A}_{1min} - A_{0min}$

$= (50_{-0.17}) - (20_{-0.36})$

$= 30 + 0.19(mm)$

所以 $\overleftarrow{A}_2 = 30^{+0.19}_{0}(mm)$

(5) 验算

$T_0 = \sum_{i=1}^{n-1} T_i = T_{A_1} + T_{A_2} = 0.17 + 0.19 = 0.36(mm) = T_{A_0}$，计算正确。

【组织实施】

一、课前准备工作

① 准备相关教学资料，包括教材、教学参考书、工作任务书等。

② 做好课前准备，按要求完成课前知识点的学习。

二、学习活动安排

① 工艺基准与设计基准重合时，确定工序尺寸和公差。

如图 2-23 所示为某零件上的一个内孔，孔径为 $\phi 85^{+0.022}_{0}$ mm，表面粗糙度值为 $Ra0.8\ \mu m$，毛坯采用铸钢件，需要淬火热处理。孔的加工方案为：粗镗孔→半精镗孔→磨孔，试确定其各工序尺寸和公差。

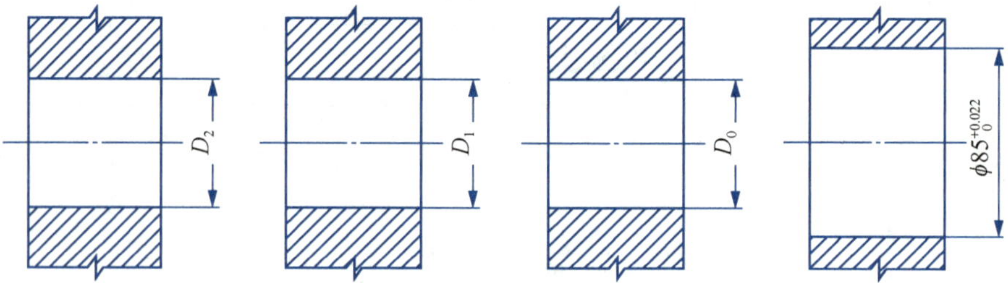

图 2-23 某零件内孔的加工过程

分析题意后可知，该零件加工过程中工艺基准与设计基准重合。因此，要确定本零件工序尺寸和公差，可从机械加工工艺手册查出各工序的基本余量、经济加工精度和表面粗糙度，再按入体原则确定各工序的尺寸及极限偏差，并填入表 2-2 内。

表 2-2 工序尺寸及公差的计算

工序名称	工序余量 (mm)	工序基本尺寸 (mm)	加工经济精度 (mm)	工序尺寸标注 (mm)	表面粗糙度 (μm)
磨削				$\phi 85^{+0.022}_{0}$ mm	$Ra0.8\ \mu m$
半精镗					
粗镗					
毛坯					

② 工艺基准与设计基准不重合时，确定工序尺寸和公差。

工作页	任务二 轴承套工艺规程的制订	学习活动 2 工序尺寸和公差的确定

【知识梳理】

请你通过自主学习、小组讨论、信息查找等方法，结合知识点的学习完成以下工作任务。

1. 结合套类零件的结构特点，简述套类零件需解决的关键问题有哪些。

____

____

____

____

2. 简述工艺尺寸链的特性及组成。

____

____

____

____

【思考与练习】

通过对相关基础知识的学习，完成以下测试。

一、判断对错

(　　)1. 对于薄壁套类工件，径向夹紧的方法比轴向夹紧好。

(　　)2. 车削薄壁零件的关键问题是如何防止变形，影响变形最大的是夹紧力和切削力。

(　　)3. 由于内孔车刀的刀体强度好，在选择切削用量时，应适当减小其数值。

(　　)4. 铰削铸铁件时一般加乳化液进行冷却。

二、选择题

1. 加工薄壁套，为了减小套筒变形对零件质量的影响，保证加工精度，可选择(　　)加工。

A. 直接减小误差法　　B. 误差转移法

C. 补偿误差法　　D. 误差抵消法

2. 轴承套零件加工时，应主要解决的工艺问题是(　　)。

A. 保证相互位置精度　　B. 保证内孔的形状精度

C. 保证外圆的粗糙度　　D. 保证外圆的形状精度

3. 下列有关夹紧力的说法中正确的是(　　)。

A. 尽可能远离工件的加工表面　　B. 作用于刚性较好的部位

C. 作用于刚性较差的部位　　D. 无特殊要求

【做中学】

根据工作任务要求，请你和小组成员讨论，完成以下工作任务。

☐ 任务1(基准重合)

有一孔经过粗镗→精镗→粗磨→精磨为$\phi 50^{+0.016}_{0}$ mm，表面粗糙度值为$Ra0.8$ μm，各工序的加工余量和工序尺寸公差见下表，试计算各工序尺寸及偏差，并按要求填写下表。

工序尺寸和公差的计算

工序名称	工序余量(mm)	工序尺寸公差(mm)	加工经济精度(mm)	工序尺寸标注(mm)	表面粗糙度(μm)
精磨	0.1	0.016			
粗磨	0.5	0.039			
精镗	1.9	0.062			
粗镗	4.5	0.250			
毛坯		3.2			

☐ 任务2(测量基准与设计基准不重合)

加工如图2-24所示零件，要求保证尺寸(6±0.1) mm，由于该尺寸不便测量，只好通过测量尺寸L来间接保证。试求L的测量尺寸及公差。

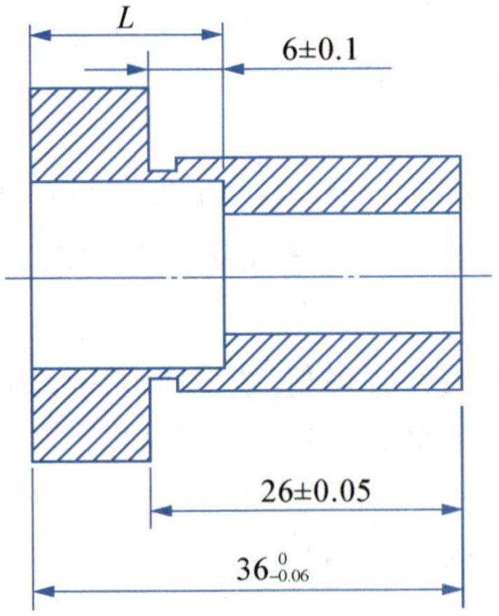

图2-24 零件简图

____

____

____

____

☐ 任务3(工序基准与设计基准不重合)

如图2-25所示轴套类零件，在车床上已加工好外圆、内孔及各端面，现需要在铣床铣出右端槽并保证(26±0.3) mm的尺寸，求试切调刀时的度量尺寸A及上、下偏差。

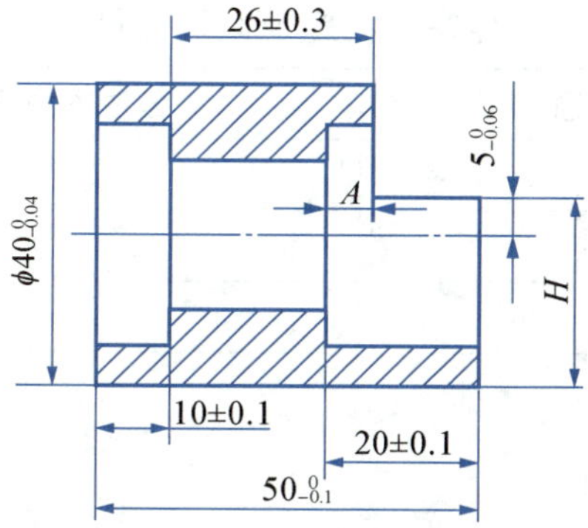

图 2-25 某轴套类零件简图

____

____

____

____

【检查评价】

① 自行检查工作任务完成情况。

② 学习小组间互查，查找存在的问题。

③ 针对问题，提出解决方法及改进措施。

④ 整理相关资料，归档。

工作任务评价单

<table>
<tr><th>序号</th><th colspan="3">考核评价项目</th><th colspan="2">考核内容</th><th>学生自评</th><th>小组互评</th><th>教师总评</th><th>分数比重</th></tr>
<tr><td rowspan="4">1</td><td rowspan="7">过程性考核</td><td rowspan="4">专业能力</td><td>课前</td><td colspan="2">学习知识点，完成测试</td><td></td><td></td><td></td><td rowspan="4">60%</td></tr>
<tr><td rowspan="2">课中</td><td colspan="2">能熟练运用工艺尺寸链进行零件的工艺分析及计算</td><td></td><td></td><td></td></tr>
<tr><td colspan="2">能合理安排工序，确定工序尺寸和公差</td><td></td><td></td><td></td></tr>
<tr><td>课后</td><td colspan="2">巩固课程知识，完成习题</td><td></td><td></td><td></td></tr>
<tr><td>2</td><td colspan="2">方法能力</td><td colspan="2">能搜集信息、自主学习、分析解决问题、归纳总结及创新</td><td></td><td></td><td></td><td>15%</td></tr>
<tr><td>3</td><td colspan="2">社会能力</td><td colspan="2">能与团队共同协作、交流沟通；能遵守安全规范，有安全质量意识和工匠精神等</td><td></td><td></td><td></td><td>15%</td></tr>
<tr><td>4</td><td colspan="2">其他</td><td colspan="2">能按时出勤、遵守课堂纪律、积极参与活动、回答问题等</td><td></td><td></td><td></td><td>10%</td></tr>
<tr><td colspan="6">总评</td><td></td><td></td><td></td><td>100%</td></tr>
<tr><td colspan="2" rowspan="2">综合评价</td><td colspan="2">组别</td><td></td><td>组长签字</td><td></td><td>日期</td><td colspan="2"></td></tr>
<tr><td colspan="2">评语</td><td colspan="6"></td></tr>
</table>

存在的问题及改进措施

序号	存在的问题	解决方法及改进措施	备注
总结与提高：			

学习活动 3　编制机械加工工艺过程卡片

训练目的：能够综合应用机械加工工艺知识，分析套类零件的加工工艺，编制零件的机械加工工艺文件。

① 制订轴承套的工艺规程，编制机械加工工艺过程卡片，并通过模拟仿真或实操加工，检验其加工工艺的合理性。

② 制订典型套类零件的工艺规程，编制机械加工工艺过程卡片和工序卡片。

【组织实施】

一、课前准备工作

① 准备相关教学资料，包括教材、教学参考书、工作任务书等。

② 做好课前准备，按要求完成课前知识点的学习。

二、学习活动安排

① 分析图 2-1 所示轴承套零件，生产类型为小批生产。通过分组讨论，试分析该零件的加工工艺，完成以下工作任务，按要求填写工作页。

② 分析衬套零件，编制机械加工工艺过程卡片。

工作页	任务二 轴承套工艺规程的制订	学习活动 3 编写机械加工工艺过程卡片

【知识梳理】

请你通过自主学习、小组讨论、信息查找等方法，结合知识点的学习完成以下工作任务。

简述制订工艺规程的主要依据和步骤。

____

【思考与练习】

通过对以上相关基础知识的学习，完成以下测试。

一、判断对错

(　　)1. 单件、小批生产中的关键工序一般需要编制机械加工工序卡片。

(　　)2. 机械加工工序卡片以工序为单位进行编制。

二、填空题

1. 制订工艺规程的原则是________、________和________。

2. 机械加工工艺过程卡片是以________为单位，简要说明产品或零、部件的______的一种工艺文件。

【做中学】

根据工作任务要求，请你和小组成员讨论，完成以下工作任务。

□　任务 1　分析图 2-1 所示轴承套零件，生产类型为大量生产。试分析该零件的加工工艺，完成以下工作任务。

① 拟定该零件的加工工艺路线。

② 选择该零件的机床设备与工艺装备。

③ 选择加工余量，确定各工序尺寸和公差。

④ 编制机械加工工艺过程卡片，并通过模拟仿真、实操加工，检验轴承套加工工艺的合理性。

____

____

____

____

□　任务 2　如图 2-26 所示衬套零件，根据零件图给出的相关信息，分组讨论，完成以下工作任务，并按要求填写工作页。

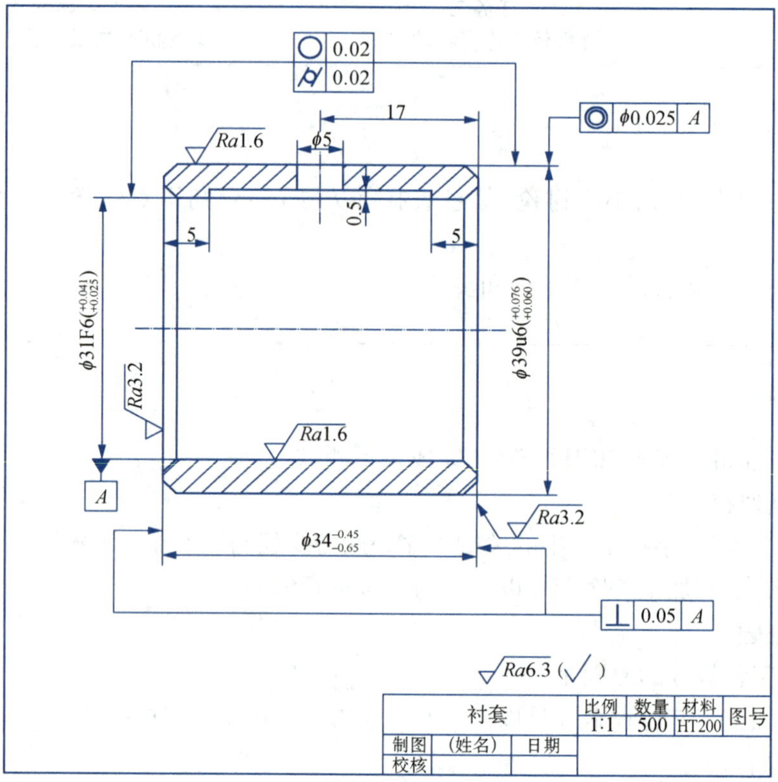

图 2-26　衬套

① 分析说明该零件的名称、生产类型、材料及主要技术要求。

② 确定该零件的毛坯尺寸。

③ 拟定该零件的加工工艺路线。

④ 选择该零件的机床设备与工艺装备。

⑤ 选择加工余量，确定各工序尺寸和公差。

⑥ 编制机械加工工艺过程卡片，并通过模拟仿真、实操加工，检验轴承套加工工艺的合理性。

【检查评价】

① 自行检查工作任务完成情况。

② 学习小组间互查，查找存在的问题。

③ 针对问题，提出解决方法及改进措施。

④ 整理相关资料，归档。

工作任务评价单

<table>
<tr><th>序号</th><th colspan="3">考核评价项目</th><th>考核内容</th><th>学生自评</th><th>小组互评</th><th>教师总评</th><th>分数比重</th></tr>
<tr><td rowspan="6">1</td><td rowspan="9">过程性考核</td><td rowspan="6">专业能力</td><td>课前</td><td>学习知识点,完成测试</td><td></td><td></td><td></td><td rowspan="6">60%</td></tr>
<tr><td rowspan="4">课中</td><td>能选择零件毛坯,完成零件的工艺分析</td><td></td><td></td><td></td></tr>
<tr><td>能正确选择套类零件的定位基准,拟定加工工艺路线</td><td></td><td></td><td></td></tr>
<tr><td>能够选择合理的加工余量,确定工序尺寸和公差</td><td></td><td></td><td></td></tr>
<tr><td>能完成套类零件机械加工工艺过程卡片的编制</td><td></td><td></td><td></td></tr>
<tr><td>课后</td><td>巩固课程知识,完成习题</td><td></td><td></td><td></td></tr>
<tr><td>2</td><td colspan="2">方法能力</td><td>能搜集信息、自主学习、分析解决问题、归纳总结及创新</td><td></td><td></td><td></td><td>15%</td></tr>
<tr><td>3</td><td colspan="2">社会能力</td><td>能与团队共同协作、交流沟通;能遵守安全规范,有安全质量意识和工匠精神等</td><td></td><td></td><td></td><td>15%</td></tr>
<tr><td>4</td><td colspan="2">其他</td><td>能按时出勤、遵守课堂纪律、积极参与活动、回答问题等</td><td></td><td></td><td></td><td>10%</td></tr>
<tr><td colspan="5">总评</td><td></td><td></td><td></td><td>100%</td></tr>
</table>

<table>
<tr><td rowspan="2">综合评价</td><td>组别</td><td></td><td>组长签字</td><td></td><td>日期</td><td></td></tr>
<tr><td>评语</td><td colspan="5"></td></tr>
</table>

存在的问题及改进措施

序号	存在的问题	解决方法及改进措施	备注

总结与提高:

【教学反馈】

信息反馈表

序号	反馈问题	反馈意见
1	你对该工作任务是否感兴趣?	A. 感兴趣 B. 一般 C. 不感兴趣
2	该工作任务的安排是否合理?	A. 合理 B. 一般 C. 不合理
3	该工作任务的难度是否合适?	A. 太难 B. 合适 C. 太简单
4	该工作任务的学时安排是否合适?	A. 太少 B. 合适 C. 太多
5	该工作任务的学习目标是否实现?	A. 实现 B. 部分实现 C. 没有实现
问题综述		
学习心得		

任务三
套类零件的加工质量分析

学习目标

知识目标	能力目标	素质目标
① 了解机械加工精度的基础知识。 ② 掌握获得加工精度的方法。 ③ 掌握影响加工精度的主要因素	① 能够通过对套类零件的检测，确定误差的形式。 ② 能分析套类零件产生误差的原因，并提出解决措施	① 培养学生严谨、认真的工作态度。 ② 培养学生良好的质量意识和职业素养。 ③ 培养学生的创新思维

任务描述

如图 2-27 所示的零件，其内圆柱表面加工完成后呈椭圆或不规则圆形，这是加工内孔表面时经常出现的质量问题。试针对典型表面常见的加工误差进行分析，寻找加工误差产生的原因，并提出相应改进措施。

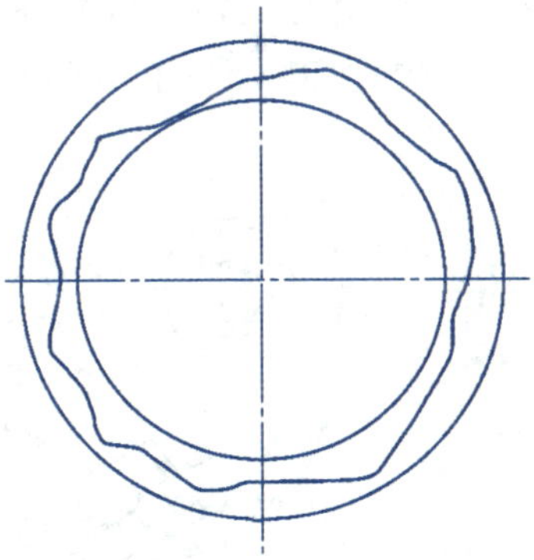

图 2-27　零件内孔加工后的形状

任务分析

机械加工过程中工件受到整个工艺系统的影响，不可避免出现加工误差，在不同的加工条件下，产生的误差形式又有所不同。因此，在查找加工误差产生的原因时，应根据实际问题具体分析，针对性地采取措施减小加工误差，提高加工精度。

学习活动　套类零件的加工质量分析

训练目的：能通过检测判断误差的形式，分析套类零件产生误差的原因，并提出解决措施。

【知识储备】

机床是工艺系统中的重要组成部分，机床的制造误差、安装误差和使用过程中的磨损都不同程度地反映到加工表面上，影响工件的加工精度，其中影响较大的是主轴的回转运动误差、机床的导轨误差和机床的传动误差。

1. 主轴的回转运动误差

主轴的回转运动误差是指主轴实际回转轴线相对于平均回转轴线的偏移程度。偏移量越大，主轴回转误差越大，反之越小。机床的主轴是确定工件或刀具位置和运动的基准，其回转误差会直接影响工件的形状、相互位置关系以及表面粗糙度等。

主轴回转误差有三种表现形式：纯轴向窜动、纯径向跳动和纯角度摆动。

① 纯轴向窜动。纯轴向窜动是指瞬时回转轴线沿平均回转轴线方向的轴向运动，如图 2-28(a)所示。主轴的纯轴向窜动对工件的内、外圆加工没有影响，但会影响加工端面的形状，端面与内、外圆轴线的垂直度和轴向尺寸精度。主轴每旋转一周，就要沿轴向窜动一次，向前窜的半周中形成右螺旋面，向后窜的半周中形成左螺旋面，最后切出如端面凸轮一样的形状，并在端面中心附近出现一个凸台。

② 纯径向跳动。纯径向跳动是指瞬时回转轴线始终平行于平均回转轴线的径向运动量，如图 2-28(b)所示。它主要影响加工工件的圆度和圆柱度。

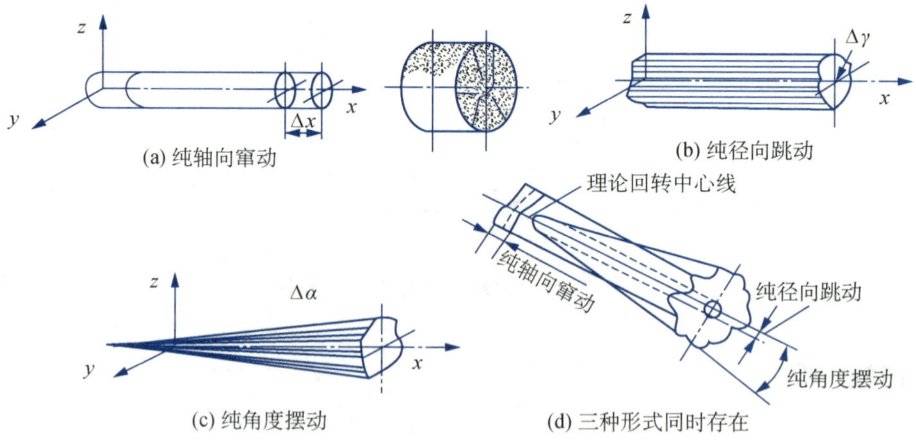

图 2-28　主轴回转误差的基本形式

③ 纯角度摆动。纯角度摆动是指瞬时回转轴线与平均回转轴线成一倾斜角度，但其交点位置固定不变的运动，如图 2-28(c)所示。它对工件的形状精度影响很大，如车外圆

时，会产生锥度。如图 2-29 所示，在镗床上镗削内孔时，纯角度摆动会使内孔产生椭圆形圆度误差。

上述内容是单纯的主轴回转运动误差，实际上，主轴回转误差的三种基本形式是同时存在的，如图 2-28(d)所示。

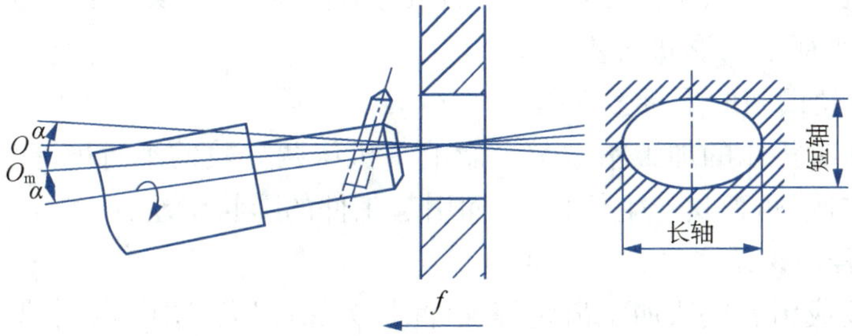

图 2-29　纯角度摆动对镗孔的影响

在分析主轴回转误差对加工精度的影响时，首先要注意主轴回转误差在不同方向上的影响是不同的。例如在卧式车床上车削零件外圆柱表面时，回转误差沿刀具与工件接触点的法线方向分量 Δy 对精度影响最大，而切向分量 Δz 对精度影响最小。

因此，通常将原始误差对加工精度影响最大的方向称为误差敏感方向，一般为通过刀刃的已加工表面的法线方向。车削外圆时，误差敏感方向即通过刀刃外圆表面的法线方向。分析主轴回转误差对加工精度的影响时，应着重分析误差敏感方向的影响。

2. 机床的导轨误差

机床导轨是实现直线运动的主要导向部件，其制造和装配精度是影响直线运动精度的主要因素之一，它直接影响工件的加工质量。机床的导轨误差表现形式主要有以下三种。

(1) 机床导轨在水平面内的直线度误差

水平面内的直线度误差对车、磨外圆类机床的加工精度影响较大，对平面类机床的加工精度影响小。例如，在外圆磨床上磨削长外圆柱表面时，如磨床导轨在 x 方向存在直线度误差 Δ_0，如图 2-30(a)所示，会引起工件在半径方向上的误差 ΔR，造成工件的圆柱度误差，图 2-30(b)所示。

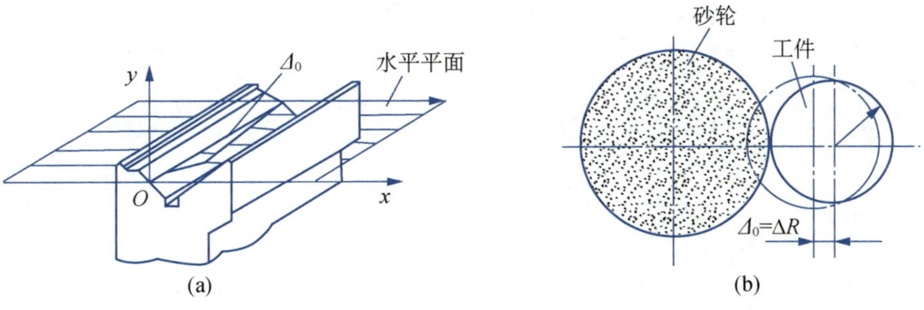

图 2-30　磨床导轨在水平面内的直线度误差

（2）机床导轨在垂直面内的直线度误差

垂直面内的直线度误差对平面类机床的加工精度影响较大，对车、磨外圆类机床的加工精度影响小。磨削外圆时，工件沿砂轮切线方向产生位移，此切线方向属于误差的非敏感方向，因此，对零件的形状精度影响甚小。但导轨在垂直方向上的误差会引起平面磨床、龙门刨床、铣床等的法向位移，即误差的敏感方向位移，其误差会直接反映到工件的加工表面，造成水平面上的形状误差。

（3）机床导轨面间的平行度误差

此误差对所有机床的加工精度都有影响。机床两导轨的平行度产生误差（扭曲），使大溜板产生横向倾斜，刀具产生位移，从而引起工件的形状误差。

3. 机床的传动误差

在加工螺纹或用展成法加工齿轮等工件时，为保证加工精度，要求工件和刀具间必须有严格的传动关系。如在滚齿机用展成原理加工齿轮时，要求工件和刀具有严格的速比关系。因此，刀具与工件间必须采用传动链才能保证传动精度。

所谓机床的传动误差就是指机床内部传动链始末两端传动元件间相对运动的误差。它是加工螺纹和用展成法加工齿轮类零件时影响加工精度的主要因素之一。传动链误差主要由各传动元件（如齿轮、蜗杆、蜗轮、螺母、丝杠等）的制造误差、装配误差和磨损等引起。

【组织实施】

一、课前准备工作

① 准备相关教学资料，包括教材、教学参考书、工作任务书等。

② 做好课前准备，按要求完成课前知识点的学习。

二、学习活动安排

通过检测判断误差的形式，分组讨论，分析零件误差产生的原因，并提出相应改进措施。

如图 2-27 所示，在镗床上镗孔时，加工后的孔呈椭圆或不规则圆形，分析产生此误差的原因及改进措施，并按要求填写工作页。

工作页	任务三 套类零件的加工质量分析	学习活动 套类零件的加工质量分析

【知识梳理】

请你通过自主学习、小组讨论、信息查找等方法，结合对影响加工精度的主要因素的学习完成以下工作任务。

1. 机床主轴回转误差的形式有几种？简述机床主轴回转误差对工件加工精度的影响。

2. 什么是刀具误差？简述刀具误差对工件加工精度的影响。

3. 套类零件加工过程中，受哪些外力的影响最大？这些外力是如何影响的？

【思考与练习】

通过对相关基础知识的学习，完成以下测试。

一、判断对错

(　　)1. 钻头、铰刀等刀具主要影响零件的尺寸精度。

(　　)2. 齿轮刀具的制造精度和安装精度主要影响零件的几何形状精度。

(　　)3. 工件装夹时，由于着力点不当，会引起工件的变形，影响加工精度。

二、选择题

1. 采用拉刀加工内孔，直接获得尺寸精度的方法属于(　　)加工。

A. 自动控制法　　B. 定尺寸刀具法　　C. 试切法　　D. 调整法

2. 下列属于加工后存在的原始误差的是(　　)。

A. 测量误差　　B. 刀具磨损引起的误差

C. 加工原理误差　　D. 热变形误差

3. 加工薄壁套时，造成变形的主要原因是(　　)的作用。

A. 背向力　　B. 轴向力　　C. 摩擦力　　D. 夹紧力

【做中学】

根据工作任务要求，请你和小组成员讨论，完成以下工作任务。

□ 任务 1 如图 2-27 所示零件，在镗床上镗孔时，加工后的孔呈椭圆或不规则的圆形，试分析产生此误差的原因并提出相应的改进措施。

____

____

____

____

____

□ 任务 2 如图 2-31 所示零件，试分析该零件产生的误差形式，查找该误差产生的原因，提出相应的改进措施，并按要求填写工作页。

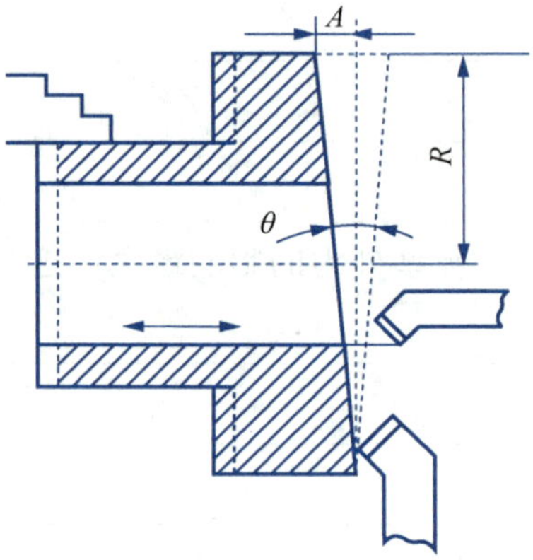

图 2-31 垂直度误差

____

____

____

____

____

【检查评价】

① 自行检查工作任务完成情况。

② 学习小组间互查，查找存在的问题。

③ 针对问题，提出解决方法及改进措施。

④ 整理相关资料，归档。

工作任务评价单

<table>
<tr><th>序号</th><th colspan="3">考核评价项目</th><th>考核内容</th><th>学生自评</th><th>小组互评</th><th>教师总评</th><th>分数比重</th></tr>
<tr><td rowspan="4">1</td><td rowspan="7">过程性考核</td><td rowspan="4">专业能力</td><td>课前</td><td>学习知识点，完成测试</td><td></td><td></td><td></td><td rowspan="4">60%</td></tr>
<tr><td rowspan="2">课中</td><td>能够正确判断套类零件误差的形式</td><td></td><td></td><td></td></tr>
<tr><td>能正确分析套类零件误差产生的原因，并提出解决措施</td><td></td><td></td><td></td></tr>
<tr><td>课后</td><td>巩固课程知识，完成习题</td><td></td><td></td><td></td></tr>
<tr><td>2</td><td colspan="2">方法能力</td><td>能搜集信息、自主学习、分析解决问题、归纳总结及创新</td><td></td><td></td><td></td><td>15%</td></tr>
<tr><td>3</td><td colspan="2">社会能力</td><td>能与团队共同协作、交流沟通；能遵守安全规范，有安全质量意识和工匠精神等</td><td></td><td></td><td></td><td>15%</td></tr>
<tr><td>4</td><td colspan="2">其他</td><td>能按时出勤、遵守课堂纪律、积极参与活动、回答问题等</td><td></td><td></td><td></td><td>10%</td></tr>
<tr><td colspan="5">总评</td><td></td><td></td><td></td><td>100%</td></tr>
</table>

<table>
<tr><td rowspan="2">综合评价</td><td>组别</td><td></td><td>组长签字</td><td></td><td>日期</td><td></td></tr>
<tr><td>评语</td><td colspan="5"></td></tr>
</table>

存在的问题及改进措施

序号	存在的问题	解决方法及改进措施	备注
总结与提高：			

【教学反馈】

信息反馈表

序号	反馈问题	反馈意见
1	你对该工作任务是否感兴趣？	A. 感兴趣　B. 一般　C. 不感兴趣
2	该工作任务的安排是否合理？	A. 合理　B. 一般　C. 不合理
3	该工作任务的难度是否合适？	A. 太难　B. 合适　C. 太简单
4	该工作任务的学时安排是否合适？	A. 太少　B. 合适　C. 太多
5	该工作任务的学习目标是否实现？	A. 实现　B. 部分实现　C. 没有实现
问题综述		
学习心得		

项目三

方箱体的加工工艺制订与实施

项目导入

你了解箱体类零件吗？了解箱体类零件主要应用在什么场合，是怎么加工出来的吗？

箱体类零件的种类很多，按结构形状一般可分为整体式箱体和剖分式箱体两类，如图3-1所示，其中图3-1(a)、(b)为整体式箱体，图3-1(c)为剖分式箱体。

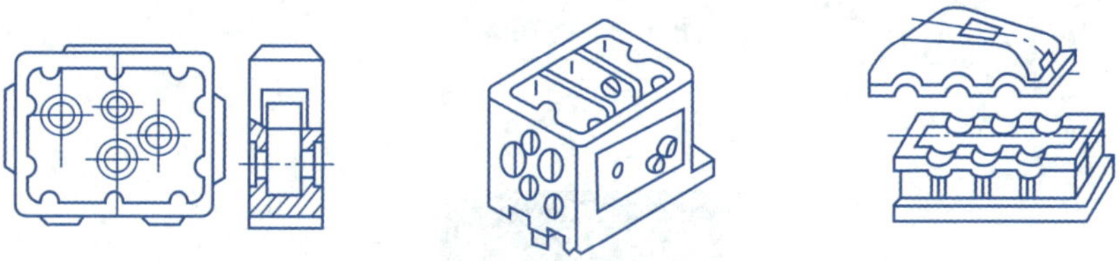

(a) 组合机床主轴箱　　(b) 车床主轴箱　　(c) 减速器箱体

图3-1　箱体类零件示例

如图3-2所示为方箱体的零件图，该零件材料为HT200，通过对此箱体类零件的工艺分析，进一步学习机械加工工艺规程的制订原则、依据、步骤和方法。试完成方箱体零件的机械加工工艺规程制订，编制该零件的机械加工工艺文件，并通过仿真或机械加工验证工艺的合理性。

为了使学生更好地掌握本项目的学习目标，具备相关技能，此任务的具体实施通过三个任务完成。

任务一　方箱体加工方案的选择

任务二　方箱体工艺规程的制订

任务三　箱体类零件的加工质量分析

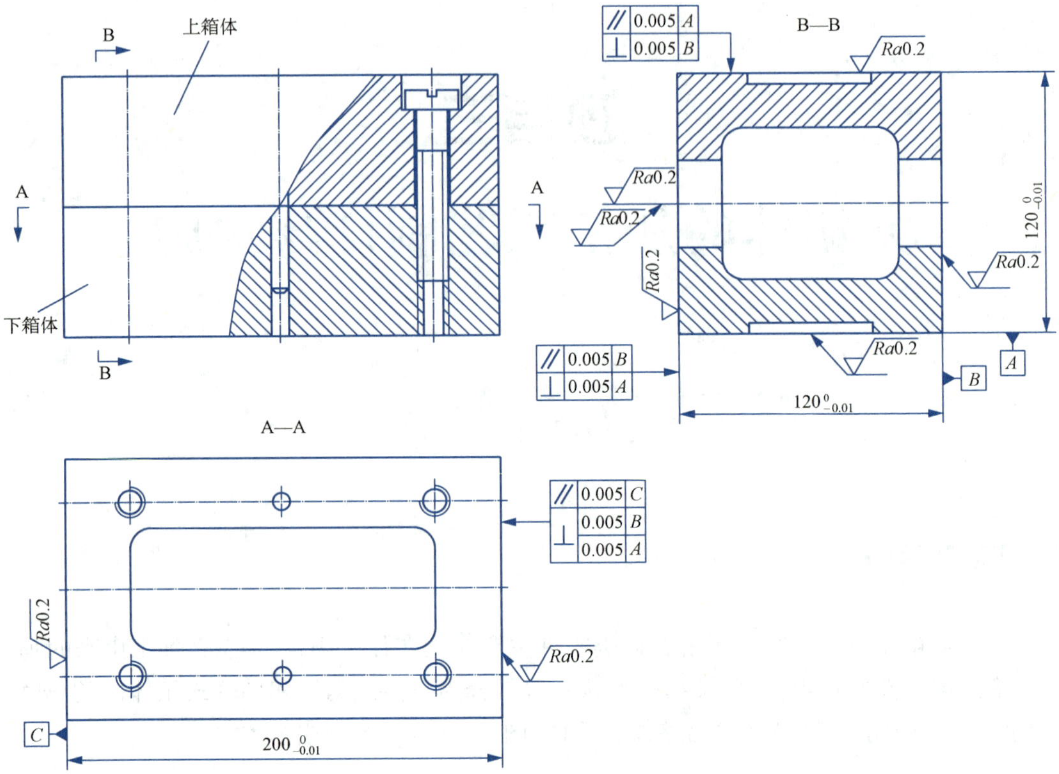

图 3-2　方箱体

任务一
方箱体加工方案的选择

学习目标

知识目标	能力目标	素质目标
① 了解箱体类零件的功用、结构、材料、类型及主要技术要求。 ② 掌握平面的加工方法、范围，实现的精度等级及表面粗糙度。 ③ 掌握平面加工方案及选择方法	① 能够完成箱体类零件的工艺分析及毛坯选择。 ② 会选择方箱体零件的加工方法，确定合理的加工方案。 ③ 会选择典型箱体类零件平面的加工方法，确定合理的加工方案	① 培养学生严谨、认真的工作态度。 ② 培养学生良好的质量意识和职业素养。 ③ 培养学生的创新思维

任务描述

如图 3-2 所示为方箱体零件图，本任务以此箱体为例，通过对零件的工艺分析，了解箱体类零件的功用、结构、材料、类型及毛坯的确定，掌握箱体类零件平面的加工方法、机床设备、工艺装备及其加工方案的选择。

观察方箱体零件，分析识读图 3-2 所示方箱体零件图，通过学习讨论，完成以下学习活动，并填写工作页。

学习活动 1　零件的工艺分析

学习活动 2　平面加工方法和设备的认知

学习活动 3　平面加工方案的选择

任务分析

平面是箱体、机座、机床床身和工作台零件的主要表面，也是其他零件的组成表面之一，根据其作用可分为结合平面、非结合平面、导向平面、精密量具表面。要制订平面的加工方案，首先应了解平面的技术要求、掌握平面的各种加工方法所能达到的精度等级，才能在加工过程中，根据零件的技术要求，选择相应的加工方法，确定合理的加工方案。

学习活动 1　零件的工艺分析

训练目的：观察方箱体零件，分析该零件的主要技术要求、箱体类零件的结构工艺性及选择零件毛坯。

① 分析方箱体零件的主要技术要求。

② 分析箱体类零件的结构工艺性。

③ 确定方箱体零件的毛坯。

【知识储备】

一、箱体零件的功用及结构特点

1. 箱体类零件的功用

箱体类零件是用来支承或安置其他零件或部件的基础零件，它将机器和部件中的轴、套、齿轮等有关零件连接成一个整体，并使之保持正确的相互位置，以传递转矩或改变转速来完成规定的动作。因此，箱体类零件的加工质量直接影响机器的性能、精度和寿命。

2. 结构特点

箱体零件共同的结构特点：结构形状复杂，内部呈腔形，箱体的壁较薄且不均匀，箱体壁上有多种精度要求高的轴承孔和装配用的基准平面，此外还有一些精度要求不高的紧固孔和次要平面。因此，箱体零件不但加工部位较多，而且加工的难度也较大。

二、箱体类零件的主要技术要求

箱体类零件的加工表面主要是平面和孔系，其主要技术要求如下。

拓展阅读——箱体零件的检验

1. 箱体主要平面的精度

箱体的主要平面是指装配基准面(如主轴箱箱体的底面和导向面)和加工中的定位基准面。它们直接影响箱体在加工中的定位精度，影响箱体与机器总装后的相对位置与接触精度，因而具有较高的形状精度和表面粗糙度要求。一般机床箱体的装配基准面和定位基准面的平面度公差为 0.03～0.01 mm，表面粗糙度值为 *Ra* 3.2～1.6 μm；箱体上其他平面对装配基准面的平行度公差，一般在全长范围内为 0.2～0.05 mm，垂直度公差在 300 mm 长度内为 0.1～0.06 mm。

2. 轴承孔尺寸和形状精度

箱体零件上轴承孔的尺寸精度、形状精度和表面粗糙度直接影响与轴承的配合精度和轴的回转精度。普通机床的主轴箱，主轴轴承孔的尺寸精度为 IT6 级，形状误差应小于孔径公差的 1/2，表面粗糙度值为 *Ra*1.6～0.8 μm；其他轴承孔的尺寸精度一般为 IT7 级，形状误差应小于孔径公差，表面粗糙度值为 *Ra*3.2～1.6 μm。

3. 轴承孔相互位置精度

① 各轴承孔的中心距和轴线间的平行度。一般机床箱体轴承孔的中心距偏差为 ±0.025～0.06 mm；轴线的平行度公差在 300 mm 长度内为 0.03 mm。

② 同轴线轴承孔的同轴度。机床主轴轴承孔的同轴度误差一般小于 ϕ0.008 mm，一般孔的同轴度误差不超过最小孔径的公差的一半。

③ 轴承孔轴线对装配基准面的平行度和对端面的垂直度。一般机床主轴轴线对装配基准面的平行度公差在 650 mm 长度内为 0.03 mm；对端面的垂直度公差为 0.02～0.015 mm。

三、箱体类零件的材料和毛坯

1. 材料

一般箱体零件的材料多采用灰铸铁。常用牌号为 HT150 和 HT200。对一些负荷较大的减速箱体，也可采用铸钢件。航空发动机的箱体则常采用铝合金或镁合金材料，以减轻质量。

2. 毛坯

箱体类零件的毛坯一般为铸件，形状简单的箱体也可采用焊接件。

【组织实施】

一、课前准备工作

① 准备相关教学资料，包括教材、教学参考书、工作任务书等。

② 做好课前准备，按要求完成课前知识点的学习。

二、学习活动安排

① 分组讨论图 3-2 所示的方箱体零件的主要技术要求，完成以下工作任务，按要求填写工作页。

② 分析表 3-1 中各方案的结构工艺性，掌握衡量结构工艺性的原则，分析零件的结构工艺性是否合理，对 A、B 两种方案进行比较说明，按要求填写工作页。

表 3-1　零件结构工艺性分析

序号	零件结构	
	结构设计方案 A：工艺性不好	结构设计方案 B：工艺性好
1	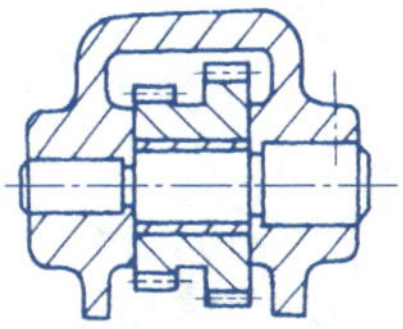	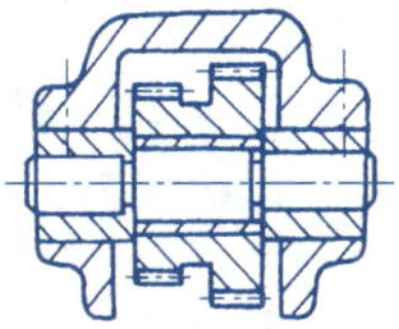
	箱体内壁与齿轮端面直接接触，内壁需要加工	增加了轴套，箱体内壁可以不加工
2	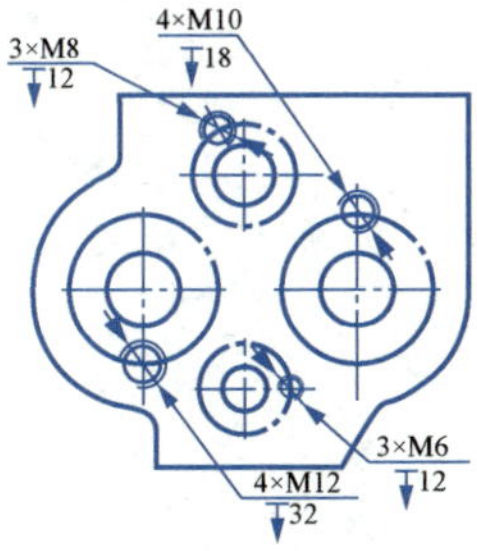	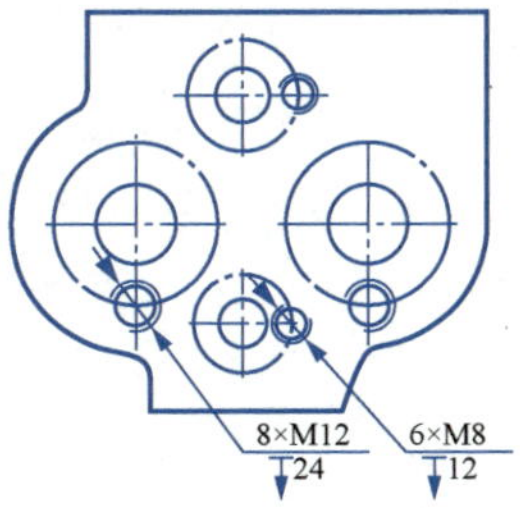
	箱体上的螺纹孔尺寸不同，需要多套不同尺寸的丝锥	螺纹孔尺寸相同，减少了刀具种类
3	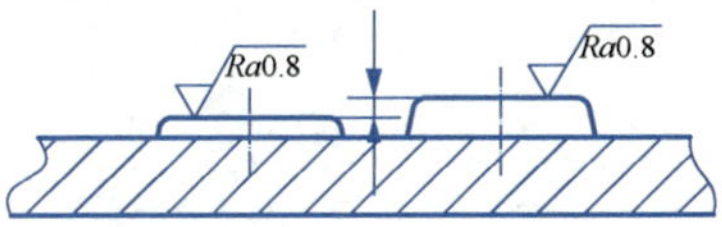	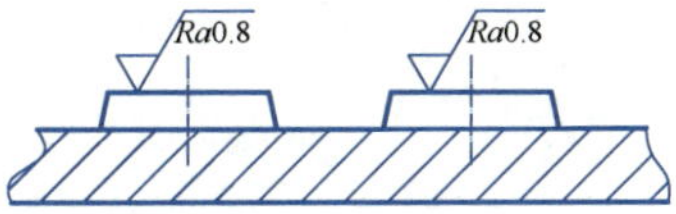
	工艺凸台高度不一致，需要多次加工	工艺凸台高度一致，一次装夹即可加工，效率高

③ 确定如图 3-2 所示方箱体零件的毛坯。

工作页	任务一 方箱体加工方案的选择	学习活动 1 零件的工艺分析

【知识梳理】

请你通过自主学习、小组讨论、信息查找等方法，结合基础知识的学习完成以下工作任务。

1. 你了解箱体类零件吗？请描述一下箱体类零件主要应用在什么场合，并举例说明。

____

____

____

____

2. 请描述一下箱体类零件的结构特点、材料及常用毛坯类型。

____

____

____

____

【思考与练习】

通过对以上相关基础知识的学习，完成以下测试。

一、判断对错

(　　)1. 箱体类零件的常用材料为普通灰口铸铁。

(　　)2. 箱体类零件主要用来支承或安置其他零件或部件的基础零件。

(　　)3. 箱体类零件毛坯常采用锻件或焊接件。

二、填空题

1. 箱体类零件按结构形状可分为____________和____________两类。

2. 箱体类零件主要的加工面为____________和____________。

3. 箱体类零件的结构特点包括____________、____________、____________和____________。

【做中学】

根据工作任务要求，请你和小组成员讨论，完成以下工作任务。

□　任务 1　零件的技术要求分析

识读图纸，分析如图 3-2 所示方箱体的主要技术要求。

____

____

____

____

□　任务 2　零件的结构工艺性分析

根据要求，请你和小组成员讨论，试对以下方案进行比较说明：确定零件结构工艺性是否合理，并说明选择方案的依据。

零件结构工艺性分析

序号	零件结构	
	结构设计方案 A	结构设计方案 B
1	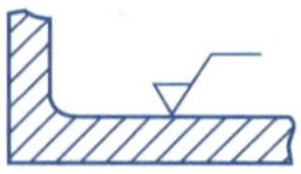	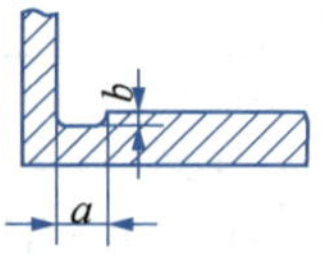
2	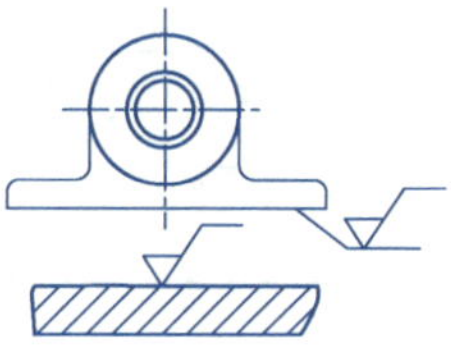	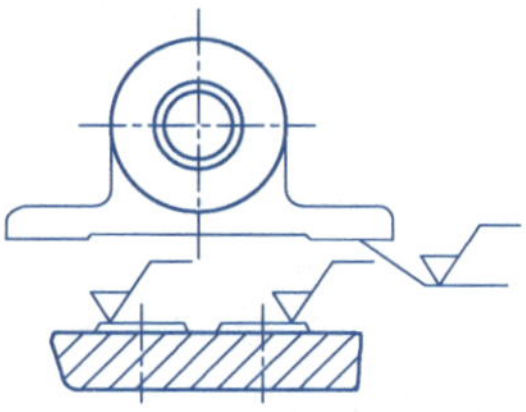
3	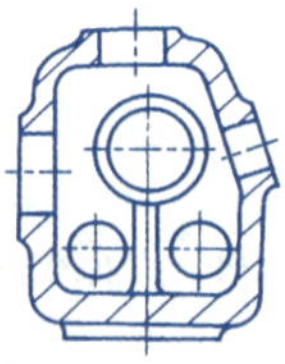	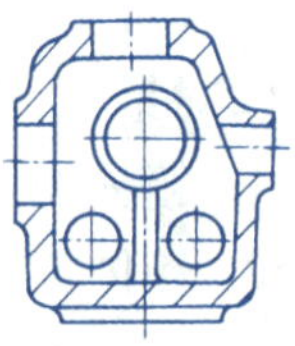

□　任务 3　箱体零件的毛坯选择

观察如图 3-2 所示方箱体零件，分析并确定其毛坯类型及尺寸。

____

____

____

____

【检查评价】

① 自行检查工作任务完成情况。

② 学习小组间互查，查找存在的问题。

③ 针对问题，提出解决方法及改进措施。

④ 整理相关资料，归档。

工作任务评价单

<table>
<tr><th>序号</th><th colspan="3">考核评价项目</th><th>考核内容</th><th>学生自评</th><th>小组互评</th><th>教师总评</th><th>分数比重</th></tr>
<tr><td rowspan="5">1</td><td rowspan="8">过程性考核</td><td rowspan="5">专业能力</td><td>课前</td><td>学习知识点，完成测试</td><td></td><td></td><td></td><td rowspan="5">60%</td></tr>
<tr><td rowspan="2">课中</td><td>能完成箱体类零件的技术要求分析</td><td></td><td></td><td></td></tr>
<tr><td>能完成箱体类零件的结构工艺性分析</td><td></td><td></td><td></td></tr>
<tr><td rowspan="2">课后</td><td>能完成箱体类零件毛坯的选择</td><td></td><td></td><td></td></tr>
<tr><td>巩固课程知识，完成习题</td><td></td><td></td><td></td></tr>
<tr><td>2</td><td colspan="2">方法能力</td><td>能搜集信息、自主学习、分析解决问题、归纳总结及创新</td><td></td><td></td><td></td><td>15%</td></tr>
<tr><td>3</td><td colspan="2">社会能力</td><td>能与团队共同协作、交流沟通；能遵守安全规范，有安全质量意识和工匠精神等</td><td></td><td></td><td></td><td>15%</td></tr>
<tr><td>4</td><td colspan="2">其他</td><td>能按时出勤、遵守课堂纪律、积极参与活动、回答问题等</td><td></td><td></td><td></td><td>10%</td></tr>
<tr><td colspan="5">总评</td><td></td><td></td><td></td><td>100%</td></tr>
<tr><td colspan="2" rowspan="2">综合评价</td><td colspan="2">组别</td><td>组长签字</td><td></td><td>日期</td><td colspan="2"></td></tr>
<tr><td colspan="2">评语</td><td colspan="5"></td></tr>
</table>

存在的问题及改进措施

<table>
<tr><th>序号</th><th>存在的问题</th><th>解决方法及改进措施</th><th>备注</th></tr>
<tr><td></td><td></td><td></td><td></td></tr>
<tr><td></td><td></td><td></td><td></td></tr>
<tr><td></td><td></td><td></td><td></td></tr>
<tr><td colspan="4">总结与提高：</td></tr>
</table>

学习活动 2　平面加工方法和设备的认知

训练目的：熟悉平面的主要加工方法，加工设备的结构、特点、应用及工艺装备等。

① 能熟练运用刨削、铣削、磨削等平面加工方法，熟悉其应用范围、实现的精度等级和表面粗糙度；

② 能认知刨床、铣床、平面磨床等平面加工设备的结构、特点、应用及工艺装备。

拓展阅读——平面的光整加工方法

【知识储备】

一、平面的加工设备和加工方法

平面的加工方法有车削、刨削、铣削、磨削、拉削、研磨、刮削等，其中，刨削、铣削、磨削是平面加工的主要方法。

(一) 刨削

1. 刨削加工设备

常用的刨削设备有牛头刨床和龙门刨床。牛头刨床是刨削类机床中应用较广的一种。它主要用于刨削长度不超过 1 000 mm 的中、小型零件。龙门刨床主要用于大型零件的加工。

如图 3-3 所示为 B6065 型牛头刨床外形图，其型号意义如下：

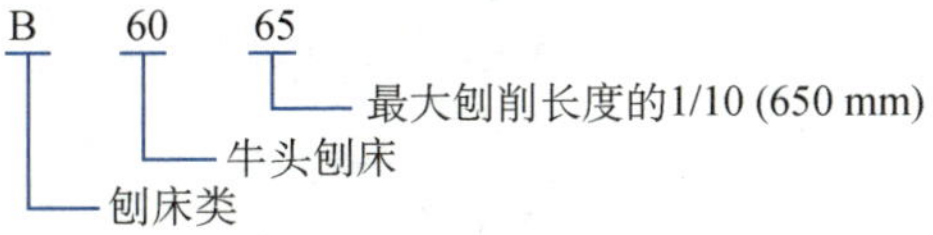

B6065 牛头刨床的主要组成部件及作用如下：

① 床身。床身 1 用于支承和连接刨床的各部件，顶部和前侧面分别有水平导轨和垂直导轨。滑枕 4 可沿水平导轨做直线往复移动；横梁 2 连同工作台 3 可沿垂直导轨实现升降。内部有变速机构和驱动滑枕摆动的导杆机构。

② 滑枕。用于带动刨刀做直线往复运动（即主运动），其前端装有刀架 5。

③ 刀架。如图 3-4 所示，刀架用以夹持刨刀，并可做垂直或斜向进给。

④ 工作台。用于安装工件，可沿横梁横向移动和与横梁一起沿床身垂直导轨升降，以调整工件位置。

2. 刨床的主要运动

刨削时，刨刀（或工件）的直线往复运动为主运动，工作台的横向移动和刨刀的垂直（或斜向）移动为进给运动。

3. 刨床的主要用途

在刨床上用刨刀加工工件称为刨削。刨床主要用来加工水平面、垂直面、斜面、直槽、T 形槽及一些成形表面，如图 3-5 所示。

1—床身；2—横梁；3—工作台；4—滑枕；5—刀架

图 3-3 B6065 牛头刨床

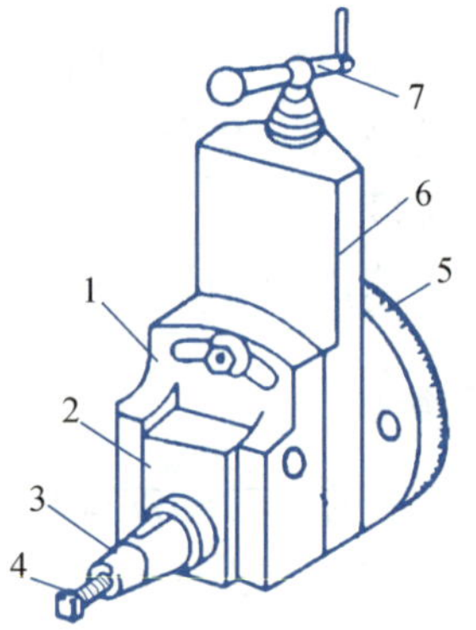

1—刀座；2—抬刀板；3—刀夹；4—紧固螺钉；5—刻度转盘；6—滑板；7—手柄

图 3-4 刀架

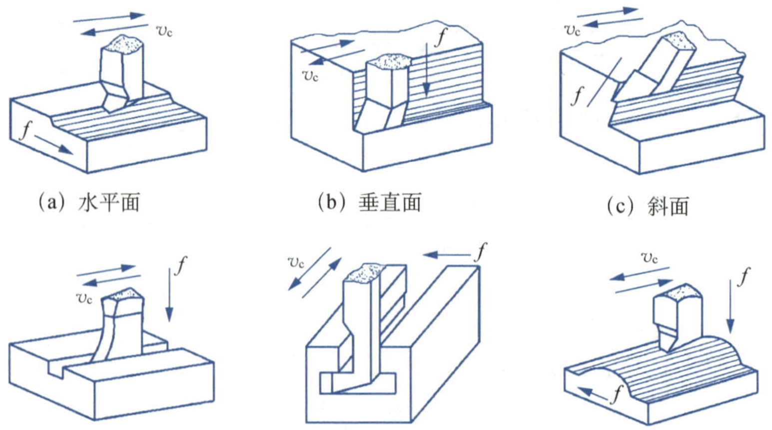

(a) 水平面 (b) 垂直面 (c) 斜面

(d) 直槽 (e) T形槽 (f) 曲面

图 3-5 刨床的主要加工内容

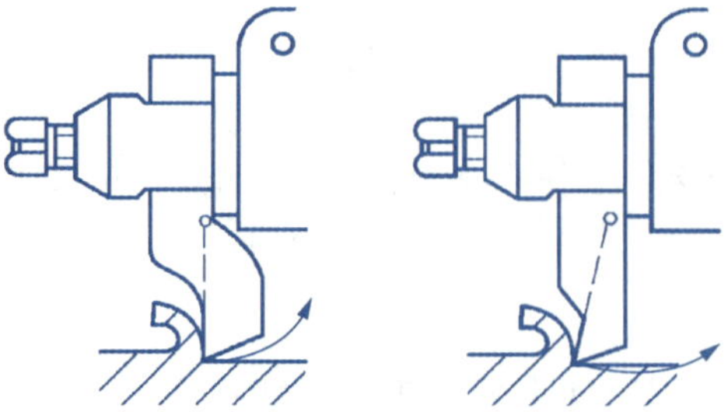

(a) 弯头刨刀 (b) 直杆刨刀

图 3-6 刨刀的基本结构

4. 刨削加工方法

(1) 刨刀

一般刨刀都做成弯头形式，如图 3-6(a)所示的结构，可防止加工时的扎刀现象。

当刀杆做成直的时，如图 3-6(b)所示，刀杆受力变形后，刀尖会进入工件表面，形成扎刀，影响加工表面质量，一般常用于粗加工。

切削用量大的刨刀常做成弯头结构，受到切削变形时，刀头部分可以向后上方弹起，使刀尖与工件加工表面脱离，不会扎到工件的表面，破坏加工表面粗糙度，一般常用于精加工。

由于刨削加工的形式和内容不同，常用的刨刀种类有平面刨刀、宽刃刀、切刀、切槽刀、弯切刀、角度偏刀、内孔刨刀和样板刀等。

(2) 工件的安装

① 用平口钳装夹工件。平口虎钳是一种通用夹具，一般用来装夹中小型工件。应用时，将其固定在刨床的工作台上，然后再装夹工件。常采用划线找正、平行垫铁找正、圆柱棒与固定钳口找正和斜口撑板找正等定位方法。

工件装夹时，加工表面应高出钳口，工件太低时，可用垫铁将其垫高，并以工件平整的表面紧贴在垫铁和钳口上。操作时，可边夹紧边敲击工件的上表面，夹紧后，将工件敲实，要求用手挪动垫铁时不应有松动现象。敲实后，不可再去加力夹紧工件，否则工件与垫铁之间又会出现空隙，如图 3-7 所示。

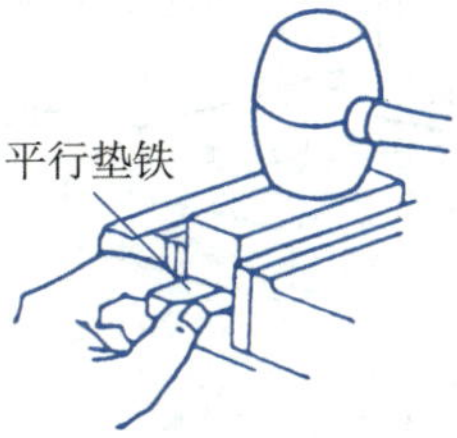

图 3-7 用平口钳装夹工件

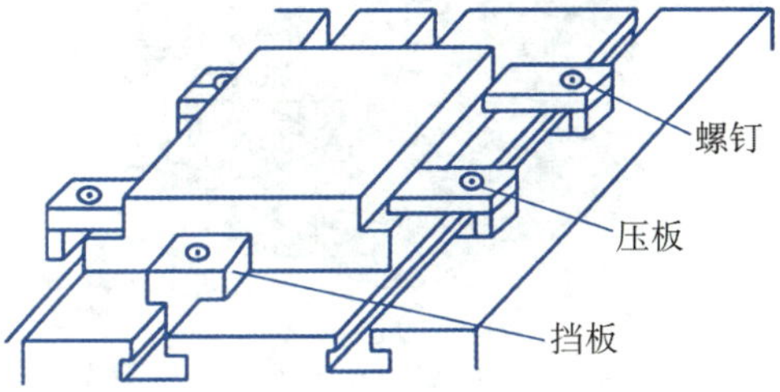

图 3-8 用压板装夹工件

② 用压板装夹工件。对于较大的工件或形状特殊的工件，可用压板直接将其装夹在刨床的工作台上，如图 3-8 所示。

③ 用专用夹具装夹工件。用专用夹具装夹工件，不需对工件进行找正，装夹迅速、准确，定位精度由夹具的制造精度保证，一般常用于批量生产。

(3) 刨削的特点及应用

刨削加工是平面加工的主要方法之一，加工的精度一般为 IT9～IT8 级，表面粗糙度值为 Ra6.3～1.6 μm，主要作为平面的粗加工和半精加工。

刨削时因为主运动是直线往复运动，返回行程为空行程，刀具切入和切离工件时有冲击负载，限制了切削速度的提高，所以在多数情况下生产率较低。只有在加工狭长的平面时，才有较高的生产率。同时由于刨削刀具简单，加工调整灵活方便，刨削在单件、小批生产及修配工作中得到较广泛的应用。

(二) 铣削

1. 铣削加工设备

铣床的种类很多，最常见的是卧式(万能)铣床和立式铣床。二者的区别在于安装铣刀的主轴与工作台的相对位置不同。卧式铣床具有水平的主轴，主轴轴线与工作台面平行。立式铣床具有直立的主轴，主轴轴线与工作台面垂直。这两种铣床的通用性强，主要适用于单件、小批生产尺寸不大的零件。

下面介绍一下 X6132 万能升降台铣床的型号及主要结构组成。

如图 3-9 所示为 X6132 型万能升降台铣床外形图，其型号意义如下：

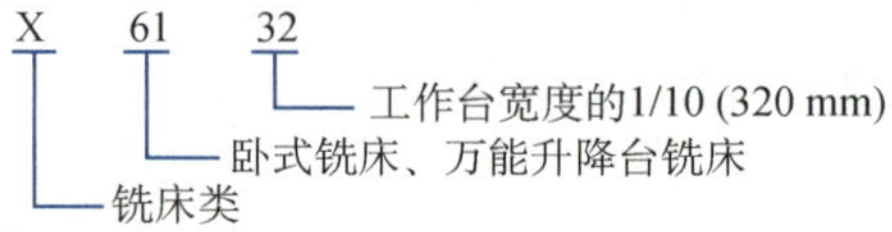

X6132 型万能升降台铣床的主要组成部件及作用，如图 3-9 所示。

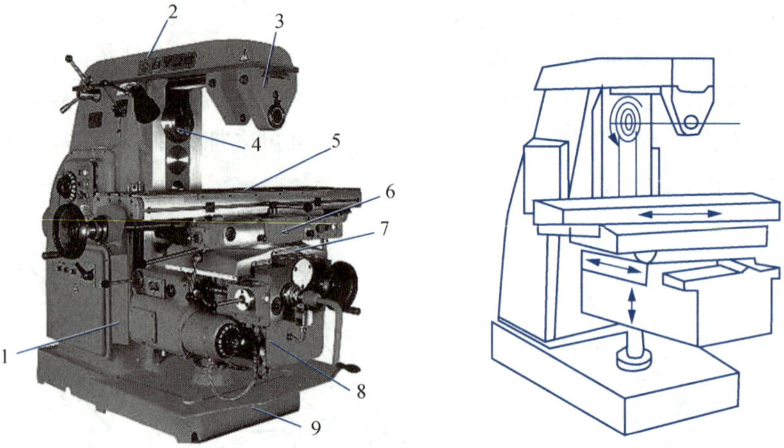

1—床身；2—横梁；3—挂架；4—主轴；5—工作台；
6—转台；7—横向溜板；8—升降台；9—底座

图 3-9　X6132 型铣床及主要运动

① 床身。用来安装机床其他部件。正面有垂直导轨可使升降台上、下移动；顶部有燕尾水平导轨用来安装横梁并引导横梁水平移动。内部有主轴和主轴变速机构。

② 横梁。沿床身顶部燕尾导轨移动，按需要调节其伸出长度，其上安装挂架。

③ 挂架。用以支承铣刀杆的另一端，增强铣刀杆的刚度。

④ 主轴。一根空心轴，前端有锥度为 7∶24 的圆锥孔，用以插入铣刀杆。电动机输出回转运动和动力，经变速机构驱动主轴连同铣刀一起回转，实现主运动。

⑤ 工作台。用以安装铣床夹具和工件，可实现纵向进给运动。

⑥ 转台。可在横向溜板上转动，使工作台在水平面内扳转一定的角度（±45°），以便铣削螺旋表面。

⑦ 横向溜板。位于升降台水平导轨上，可带动工作台横向移动，实现横向进给运动。

⑧ 升降台。可沿床身导轨上、下移动，用来调整工作台在垂直方向的位置。内部装有进给电动机和进给变速机构。

⑨ 底座。用以支承铣床的全部重量和盛放冷却润滑液。在底座上装有冷却润滑电动机。

2. 铣床的主要运动

如图 3-9 所示，铣削加工时，铣刀主轴带动铣刀的高速旋转为主运动，进给运动通常是铣床工作台带动工件的纵向、横向和垂直方向的移动。

3. 铣床的主要用途

在铣床上用铣刀对工件进行切削加工的方法称为铣削。铣削的加工范围很广，可加工平面(水平面、垂直面、倾斜面)、台阶、沟槽(直角沟槽、V 形槽、T 形槽、燕尾槽等)、成形面、齿轮以及切断等，还可在铣床上完成钻孔、铰孔、镗孔等工作。

4. 铣削加工方法

(1) 铣刀

铣刀的种类很多，按铣刀的用途主要可分为铣削平面用铣刀、铣削台阶与沟槽用铣刀、铣削特形沟槽用铣刀、铣削特形面用铣刀四类。

① 铣削平面用铣刀主要有圆柱铣刀和端铣刀，如图 3-10 所示。

(a) 圆柱铣刀　　(b) 端铣刀

图 3-10　铣削平面用铣刀

圆柱铣刀主要用于卧式铣床，由高速钢制成，分粗齿和精齿两种，用于粗铣及半精铣平面，如采用螺旋形刀齿还可提高切削工作的平稳性。

端铣刀主要用于立式铣床，刀齿采用硬质合金制成，有整体式、镶齿式和可转位(机械夹固)式等，生产效率高，加工表面质量高，用于粗铣、精铣平面。

② 铣削台阶与沟槽用铣刀有立铣刀、键槽铣刀、三面刃铣刀、锯片铣刀等。

立铣刀主要用于加工台阶平面、侧面、沟槽、螺旋槽及工件上各种形状的孔，主要用于立式铣床，带有刀柄，小直径为直柄，大直径为莫氏锥柄，它的圆柱刀刃起主要切削作用。

键槽铣刀主要用于铣削键槽。它的外形与立铣刀相似，带有刀柄，具有两个螺旋刀齿。它与立铣刀的主要差别是这种铣刀的端面刀刃直至中心，而立铣刀的端面刀刃不到中心。因此，键槽铣刀的端面刀刃也可以起主要切削作用，做轴向进给，直接切入工件。

三面刃铣刀用于铣削各种沟槽、台阶平面、侧面及其凸台平面，主要用于卧式铣床。它的圆柱刀刃起主要切削作用，端面刀刃起修光作用。按照排列方式刀齿可分为直齿和错齿两种。

锯片铣刀用于铣削各种槽、板料、棒料和切断各种型材，主要用于卧式铣床。它是整体的直齿圆盘铣刀，因为很薄，所以只有圆柱刀刃。在相同外径下，按照数量多少，刀齿分为粗齿和细齿两种。粗齿锯片铣刀的刀齿数量少，容屑槽较大，排屑容易，切削轻快，在切断有色金属和非金属材料时应选用粗齿。

③ 铣削特形沟槽用铣刀有 T 形槽铣刀、燕尾槽铣刀、单角铣刀和双角铣刀等。

④ 铣削特形面用铣刀有凹半圆铣刀、凸半圆铣刀、模数齿轮铣刀等。

(2) 铣刀杆

铣刀杆主要用来安装铣刀的附件，它与铣床主轴之间一般采用锥度为 7∶24 的圆锥连接并作为定心，刀杆的后端用拉杆螺丝和锁紧螺母拉紧，并通过端面键和键槽传递扭矩。

（3）铣床的主要附件

① 平口钳。平口钳是铣床上的常用附件，主要用于安装小型、较规则的工件，有非回转式和回转式两种，其外形如图 3-11 所示。它主要由底座、钳身、固定钳口、活动钳口、钳口铁及螺杆组成，底座下有定位键，安装时将定位键放在工作台的 T 形槽内，即可获得正确的位置。

按钳口宽度的不同，常用的平口钳有 100 mm、125 mm、136 mm、160 mm、200 mm 和 250 mm 六种规格。

(a) 非回转式　　(b) 回转式

图 3-11　平口钳

② 回转工作台。回转工作台常用于中小型零件的圆周分度和做圆周进给铣削回转曲面等，主要有手动进给回转工作台和机动进给回转工作台两种。回转工作台的规程以圆工作台的外径表示，常用的规格有 200 mm、250 mm、320 mm、400 mm 和 500 mm 等。

③ 万能分度头。万能分度头是铣床的重要精密附件，主要用于安装工件并进行斜面及多边形工件、花键轴、齿轮等的圆周分度和螺旋槽的加工。分度头的结构主要由底座、转动体、分度盘、主轴等组成，主轴可随转动体在垂直平面内转动，通常在主轴前端安装三爪卡盘或顶尖，用它来安装工件，其结构如图 3-12 所示。

按夹持工件的最大直径，万能分度头常用的规格有 FW200、FW250 和 FW320 三种。

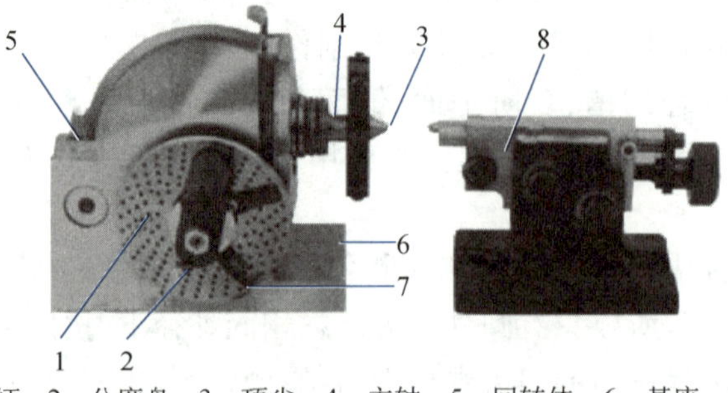

1—手柄；2—分度盘；3—顶尖；4—主轴；5—回转体；6—基座；7—侧轴；8—尾座

图 3-12　万能分度头

④ 立铣头和万能铣头。立铣头安装于卧式铣床的主轴端，由铣床主轴驱动立铣头主轴回转，使卧式铣床起立式铣床的功用，从而扩大了卧式铣床的工艺范围。立铣头主轴在垂直平面内可扳转的角度范围为±45°。

万能铣头与立铣头的区别是结构上增加了一个可转动的壳体，与铣头壳体的轴线互成 90°。因此，铣头主轴可实现空间转动。

（4）铣削的特点及应用

铣刀是一种旋转使用的多刃刀具，铣削时，各刀齿轮流承担切削，冷却条件好，切削速度可以选择得高些，故生产效率较高。但铣刀各刀齿的不断切入和切出，使铣削力不断变化，故铣削时存在冲击和振动。

铣刀种类多，铣床的功能强，因此铣削的适应性好，能完成多种表面的加工，铣削加工应用广泛。铣削加工的一般经济加工精度可达 IT9～IT7 级，表面粗糙度值为 Ra6.3～1.6 μm。

（5）铣削平面的方式

铣削的方式分为圆周铣和端铣两种。圆周铣是用圆柱铣刀加工零件表面的方法；端铣是用端铣刀进行铣削的方法，如图 3-13 所示。

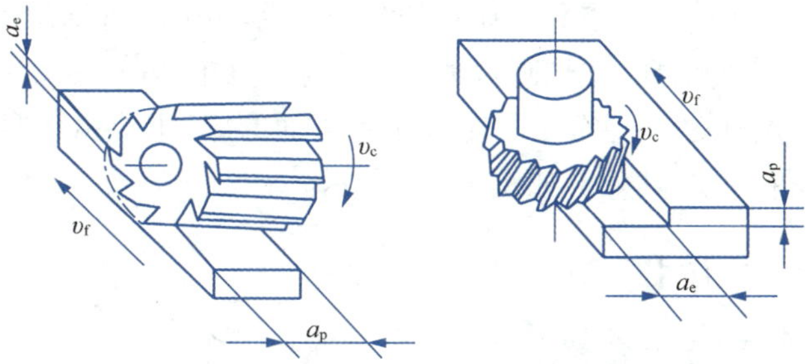

（a）圆周铣　　（b）端铣

图 3-13　铣削方式

圆周铣又分为顺铣与逆铣，如图 3-14 所示。铣削时，铣刀对工件的作用力（铣削力）在进给方向上的分力与工件进给方向相同的铣削方式称为顺铣。顺铣时刀齿的切削厚度从最大到零，刀齿切入工件时的冲击力较大，因此，不宜于铣削带硬皮的工件，主要适应于无硬化层的精加工。铣削时，铣刀对工件的作用力在进给方向上的分力与工件进给方向相反的铣削方式称为逆铣。逆铣时刀齿的切削厚度从零到最大，刀齿不能立刻切入工件，受挤压磨损严重，因此，已加工表面加工质量较低，主要适用于有硬化层的加工。

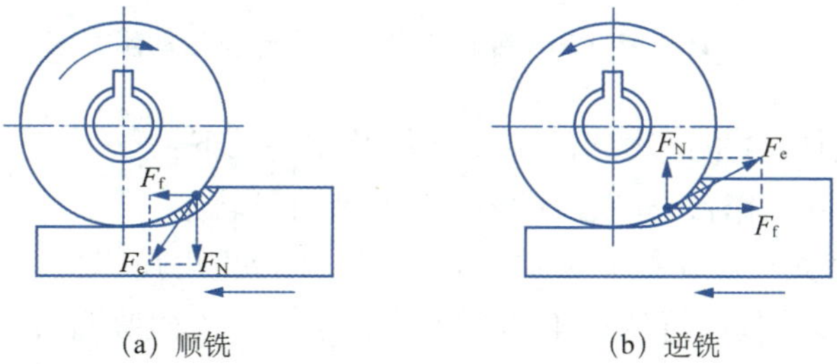

（a）顺铣　　（b）逆铣

图 3-14　圆周铣削方式

在铣床上进行圆周铣削时，一般都采用逆铣方式，只有在下列情况下才选用顺铣：

① 工作台丝杠、螺母传动副有间隙调整机构，并将轴向间隙调整到足够小（0.03～

0.05 mm)。

② F_c 在水平方向的分力 F_f 小于工作台与导轨之间的摩擦力。

③ 铣削不易夹紧,工件薄而细长。

(6) 铣削的过程

① 粗铣。粗铣的平面尺寸精度一般为 IT12～IT11 级,表面粗糙度值为 Ra25～12.5 μm,主要为半精加工和精加工做准备。

② 半精铣。半精铣的平面尺寸精度一般为 IT10～IT9 级,表面粗糙度值为Ra6.3～3.2 μm,主要用于平面磨削和精加工的预加工。

③ 精铣。精铣的平面尺寸精度一般为 IT8～IT7 级,表面粗糙度值为 Ra3.2～1.6 μm,主要用于精加工工序的预加工。

(三) 磨削

1. 平面磨床的类型

平面磨床按其砂轮轴线的位置和工作台的结构特点,可分为卧轴矩台平面磨床、立轴矩台平面磨床、卧轴圆台平面磨床、立轴圆台平面磨床等。其中,卧轴矩台平面磨床应用最广。

M7120A 型平面磨床是一种常用的卧轴矩台平面磨床,主要由床身、立柱、工作台、磨头、修整器等主要部件组成,其外形如图 3-15 所示。

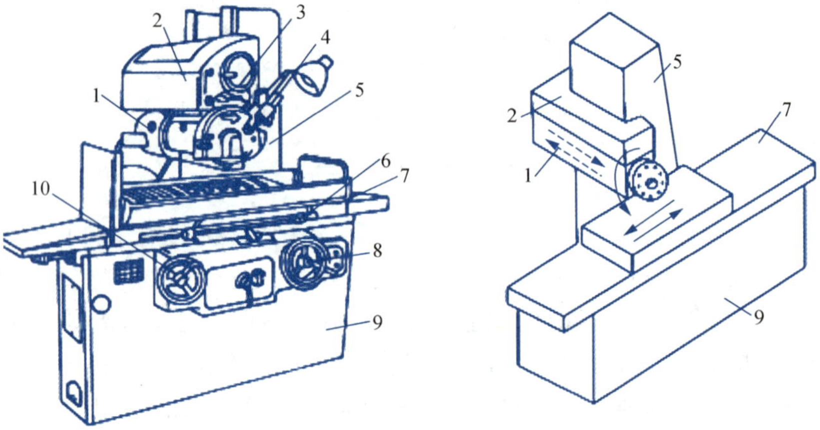

1—磨头;2—床鞍;3—横向手轮;4—修整器;5—立柱;6—撞块;
7—工作台;8—升降手轮;9—床身;10—纵向手轮

图 3-15　M7120A 卧轴矩台平面磨床及运动示意图

M7120A 型卧轴矩台平面磨床的主要部件及作用如下:

① 工作台。矩形工作台安装在床身的水平纵向导轨上,由液压传动系统实现纵向直线往复移动,利用撞块 6 自动控制换向。此外,工作台也可用纵向手轮 10 通过机械传动系统手动操纵往复移动或进行调整工作。工作台上装有电磁吸盘,用于固定、装夹工件或夹具。

② 磨头。装有砂轮主轴的磨头 1 可沿床鞍 2 上的水平燕尾导轨移动,磨削时的横向步进进给和调整时的横向连续移动,由液压传动系统实现,也可用横向手轮 3 手动操纵。

磨头的高低位置调整或垂直进给运动,由升降手轮 8 操纵,通过床鞍沿立柱的垂直导轨移动来实现。

2. 平面磨床的切削运动

主运动为磨头主轴上砂轮的回转运动。进给运动包括工作台的纵向进给运动，由液压传动系统实现，移动速度范围为 1～18 m/min；砂轮的横向进给运动，在工作台每次往复行程终了时，由磨头沿床鞍的水平导轨横向步进实现；砂轮的垂直进给运动，即手动使床鞍沿立柱垂直导轨上下移动，用以调整磨头的高低位置和控制磨削深度

3. 平面磨削加工方法

(1) 平面磨削的特点及应用

平面磨削常作为铣削、刨削平面后的精加工，在平面磨床上进行。磨削平面的经济加工精度为 IT7～IT6 级，表面粗糙度值为 $Ra0.8～0.2\ \mu m$，主要用于中、小型零件高精度表面和淬硬平面的磨削。平面磨床的系统刚度好，加工质量比内、外圆磨床高；工作台上用电磁吸盘装夹，有利于保证工件的平行度，装夹方便，生产率较高。

(2) 平面磨削方法

在平面磨床上磨削平面有圆周磨削和端面磨削两种形式。卧轴矩台和卧轴圆台平面磨床的磨削平面属圆周磨削形式。圆周磨削时，采用砂轮的圆周面对工件进行加工，砂轮与工件的接触面积小，生产率低，但散热和排屑条件好，砂轮磨损均匀，工件变形小，因此磨削精度高。圆周磨削适合于各种平面的磨削，平面度为 0.01～0.02 mm/100 mm，表面粗糙度值为 $Ra0.8～0.2\ \mu m$，一般用于磨削各种板条状的中小型零件和磨削齿轮等盘套类零件的端面。端面磨削时，采用砂轮的端面对工件进行加工，砂轮与工件的接触面积大，生产率高，但散热和排屑条件差，砂轮磨损不均匀，工件热变形大，因此磨削精度低于圆周磨削，一般在生产批量较大时，用于代替刨削、铣削的粗加工。

磨削平面的主要方法有三种：

① 横向磨削法。当工作台每次纵向行程终了时，磨头做一次横向进给，等到工件表面上第一层金属磨削完毕，砂轮按预选磨削深度做一次垂直进给。接着照上述过程逐层磨削，直至把全部余量磨去，使工件达到所需尺寸。粗磨时，应选较大垂直进给量和横向进给量，精磨时则两者均应选较小值。这种方法适用于磨削宽长工件，也适用于相同按序排列小件的集合磨削。

② 深度磨削法。深度磨削法又称切入磨削法。磨削时，砂轮只做两次垂直进给，第一次垂直进给量等于全部粗磨余量；当工作台纵向行程终了时，将砂轮横向移动 3/4～4/5 的砂轮宽度，直到切除工件整个表面的粗磨余量为止。第二次垂直进给量等于精磨余量。其磨削过程与横向磨削法相同。深度磨削法垂直进给次数少，生产率高，但磨削抗力大，仅适用在功率大、刚性好的磨床上磨削较大的工件。

③ 阶梯磨削法。阶梯磨削时，按工件余量的大小，将砂轮修整成阶梯形，使其在一次垂直进给中磨去全部余量。用于粗磨的各阶梯宽度和磨削深度都应相同，精磨时阶梯的宽度则应大于砂轮宽度的 1/2，磨削深度等于精磨余量(0.03～0.05 mm)。阶梯磨削法能使磨削用量分配在各段阶梯的轮面上，各段轮面的磨粒受力均匀，磨损也均匀，能较大地发挥砂轮的磨削性能，故生产率高。但砂轮修整工作较为复杂，横向进给量不能过大，应用上受到一定限制。

【组织实施】

一、课前准备工作

① 准备相关教学资料，包括教材、教学参考书、工作任务书等。

② 做好课前准备，按要求完成课前知识点的学习。

二、学习活动安排

通过参观学习，进行分组实施，按具体要求完成以下工作任务，并填写工作页。

① 识别设备标牌的内容，了解设备型号、规格和精度等级等。

② 说明 B6065 刨床、X6132 铣床、M7120A 磨床的结构和用途。

③ 说明常用平面加工机床设备的主要切削运动形式。

④ 说明平面加工常用的切削刀具、夹具等。

⑤ 熟练平面加工方法、加工范围。

工作页	任务一 方箱体加工方案的选择	学习活动 2 平面加工方法和设备的认知

【知识梳理】

请你通过自主学习、小组讨论、信息查找等方法，结合知识点的学习完成以下工作任务。

1. 了解平面常用的加工方法、范围、实现的精度及表面粗糙度，并举例说明。

2. 简述刨削加工常用设备、刀具及其应用。

3. 简述铣削加工常用设备、刀具及其应用。

4. 简述平面磨削加工常用设备、刀具及其应用。

【思考与练习】

通过对以上相关基础知识的学习，完成以下测试。

一、判断对错

(　　)1. 加工平面可以使用车床、铣床、刨床或平面磨床。

(　　)2. 圆周磨的特点是砂轮与工件接触面积大，排屑和冷却条件好，工件发热变形小。

(　　)3. 端铣时，铣刀同时参加切削的刀齿较少。

二、选择题

1. 刨削不能加工(　　)。

A. 直角槽　　B. 燕尾槽　　C. 端面槽　　D. T形槽

2. 平面磨削不宜加工(　　)。

A. 钢件材料　　B. 铸件材料　　C. 有色金属材料　　D. 淬火钢

3. 平面刮削是一种用刮刀刮出工件表面薄层金属的加工方法，它由(　　)加工来完成。

A. 平面磨床　　B. 刨床　　C. 手工操作　　D. 铣床

4. 在平面磨床上精磨平面应采用(　　)。

A. 纵磨法　　B. 横磨法　　C. 圆周磨　　D. 端磨

5. 平面刮削能够(　　)。

A. 提高加工效率　　B. 修正位置偏差　　C. 改善尺寸精度　　D. 提高表面质量

6. 利用卧式铣床加工零件水平面时，(　　)方向为误差敏感方向。

A. 纵向进给　　B. 横向进给　　C. 垂直　　D. 水平

三、简答题

什么是顺铣？什么是逆铣？二者各有何特点？如何选择铣削方式？

____

____

____

【做中学】

根据工作任务要求，请你和小组成员讨论，完成以下工作任务。

□　任务　解读以下机床型号的含义，并简述机床的运动形式、工装夹具。

B6065：

____

____

X6132：

____

____

M7120A：

____

____

【检查评价】

① 自行检查工作任务完成情况。

② 学习小组间互查，查找存在的问题。

③ 针对问题，提出解决方法及改进措施。

④ 整理相关资料，归档。

工作任务评价单

<table>
<tr><th>序号</th><th colspan="3">考核评价项目</th><th colspan="2">考核内容</th><th>学生自评</th><th>小组互评</th><th>教师总评</th><th>分数比重</th></tr>
<tr><td rowspan="4">1</td><td rowspan="7">过程性考核</td><td rowspan="4">专业能力</td><td>课前</td><td colspan="2">学习知识点，完成测试</td><td></td><td></td><td></td><td rowspan="4">60%</td></tr>
<tr><td rowspan="2">课中</td><td colspan="2">熟悉平面加工设备的结构、特点、应用及工艺装备</td><td></td><td></td><td></td></tr>
<tr><td colspan="2">熟悉平面的各种加工方法</td><td></td><td></td><td></td></tr>
<tr><td>课后</td><td colspan="2">巩固课程知识，完成习题</td><td></td><td></td><td></td></tr>
<tr><td>2</td><td colspan="2">方法能力</td><td colspan="2">能搜集信息、自主学习、分析解决问题、归纳总结及创新</td><td></td><td></td><td></td><td>15%</td></tr>
<tr><td>3</td><td colspan="2">社会能力</td><td colspan="2">能与团队共同协作、交流沟通；能遵守安全规范，有安全质量意识和工匠精神等</td><td></td><td></td><td></td><td>15%</td></tr>
<tr><td>4</td><td colspan="2">其他</td><td colspan="2">能按时出勤、遵守课堂纪律、积极参与活动、回答问题等</td><td></td><td></td><td></td><td>10%</td></tr>
<tr><td colspan="6">总评</td><td></td><td></td><td></td><td>100%</td></tr>
<tr><td colspan="2" rowspan="2">综合评价</td><td colspan="2">组别</td><td></td><td>组长签字</td><td></td><td colspan="2">日期</td><td></td></tr>
<tr><td colspan="2">评语</td><td colspan="6"></td></tr>
</table>

存在的问题及改进措施

序号	存在的问题	解决方法及改进措施	备注
总结与提高：			

学习活动 3　平面加工方案的选择

训练目的：能够选择箱体类零件平面的加工方法，并确定其加工方案。

① 箱体类零件平面加工方案的划分和加工方案的选择。

② 完成方箱体零件加工方案的选择。

【知识储备】

一、平面加工方案

通常情况下，平面的加工方案一般分为以下四种。

1. 低精度的加工方案

对加工精度要求不高的各种零件的平面，经粗刨、粗铣、粗车等即可达到要求，表面粗糙度值为 Ra50～12.5 μm。

2. 中等精度的加工方案

对于表面质量要求中等的非淬火钢件、铸铁件，表面粗糙度值为 Ra6.3～1.6 μm，根据工件平面尺寸的不同可有以下三种加工方案。

① 粗刨→精刨，适用于加工狭长平面。

② 粗铣→精铣，适用于加工宽大的平面。

③ 粗车→精车，适用于加工轴、套、盘、环等回转体零件的端面及大型盘类零件的端面，一般在立式车床上加工。

3. 较高精度的加工方案

对于表面质量要求较高的非淬火钢件、铸铁件，表面粗糙度值为 Ra0.8～0.2 μm。视工件材料和平面尺寸的不同，有以下四种加工方案。

① 粗刨→精刨→宽刃精刨(代刮削)，适用于加工未淬火钢件、铸铁件、有色金属等材料的狭长平面。

② 粗铣→精铣→高速精铣，适用于加工未淬火钢件、铸铁件、有色金属等材料的宽平面。

③ 粗铣(粗刨)→精铣→磨削，适用于加工淬火钢件、非淬火钢件和铸铁件的各种平面。

④ 粗铣→拉削，适用于大批生产(除淬火钢外)的各种金属零件。

4. 高精度的加工方案

对于精度要求更高的平面，可在磨削后分别采用研磨、抛光等工序，表面粗糙度值为 Ra0.4～0.012 μm。

二、平面加工方案的选择

选择平面加工方案时，依据零件的技术要求、形状尺寸、生产类型、现有实际条件等要素，参考表 3-1 平面加工方案所能达到的加工经济精度、表面粗糙度及适用范围进行选择。

表 3-1　平面加工方案

序号	加工方案	加工经济精度（公差等级）	表面粗糙度 Ra(μm)	适用范围
1	粗车	IT13～IT11	50～12.5	回转体的端面
2	粗车→半精车	IT10～IT8	6.3～3.2	
3	粗车→半精车→精车	IT8～IT7	1.6～0.8	
4	粗车→半精车→磨削	IT7～IT6	0.8～0.2	
5	粗刨（或粗铣）	IT13～IT11	25～6.3	一般不淬硬平面
6	粗刨（或粗铣）→精刨（或精铣）	IT10～IT8	6.3～1.6	
7	粗刨（或粗铣）→精刨（或精铣）→刮研	IT7～IT6	0.8～0.1	批量较大且精度要求较高的不淬硬平面
8	粗刨（或粗铣）→精刨（或精铣）→宽刃精刨	IT7	0.8～0.2	
9	粗刨（或粗铣）→精刨（或精铣）→磨削	IT7	0.8～0.2	精度要求高的淬硬平面或不淬硬平面
10	粗刨（或粗铣）→精刨（或精铣）→粗磨→精磨	IT7～IT6	0.4～0.025	
11	粗铣→拉	IT9～IT7	0.8～0.2	大量生产且较小的平面（精度视拉刀精度而定）
12	粗铣→精铣→磨削→研磨	IT5 以上	0.1～0.006	高精度平面

【组织实施】

一、课前准备工作

① 准备相关教学资料，包括教材、教学参考书、工作任务书等。

② 做好课前准备，按要求完成课前知识点的学习。

二、学习活动安排

① 根据图 3-2 所示方箱体的零件图进行分析，完成以下工作任务，填写工作页。

• 熟悉平面加工方案的划分和不同加工方案所能达到的加工经济精度、表面粗糙度及应用。

• 完成方箱体加工方案的选择。

② 确定该零件各平面的加工方案。

工作页	任务一 方箱体加工方案的选择	学习活动 3 平面加工方案的选择

【知识梳理】

请你通过自主学习、小组讨论、信息查找等方法，结合基础知识的学习完成以下工作任务。

1. 平面的加工方案大致分为哪几种？

____

____

____

2. 平面的光整加工方法有哪些？

____

____

____

【思考与练习】

通过对以上相关基础知识的学习，完成以下测试。

一、判断对错

(　　)1. 刨削加工主要适用于狭长平面的加工。

(　　)2. 回转体零件的端面可采用车削加工方法。

(　　)3. 拉削平面主要适用于小批生产(除淬火钢外)的各种金属零件。

二、填空题

1. 铣削加工主要适用于加工________的不淬硬平面。

2. 对于 IT5 级以上、$Ra0.1 \sim 0.006\ \mu m$ 的精度要求更高的平面，可在精磨后分别采用________、________等工序。

3. 精度要求较高的不淬硬平面，批量较大时宜采用________方案。

【做中学】

根据工作任务要求，请你和小组成员讨论，完成以下工作任务。

□　任务 1　平面加工方案的选择

如图 3-2 所示方箱体零件，根据要求完成以下工作任务。

1. 分析零件图，填写下表。

序号	设备名称	规格	工艺装备(刀具、夹具、量具)	备注

2. 确定该零件平面的加工方案。

____

____

____

□ 任务 2 分组讨论，试完成以下工作任务。

如图 3-16 所示 V 形块零件，现为单件生产，材料为 45 钢，试确定该零件各平面的加工方案。

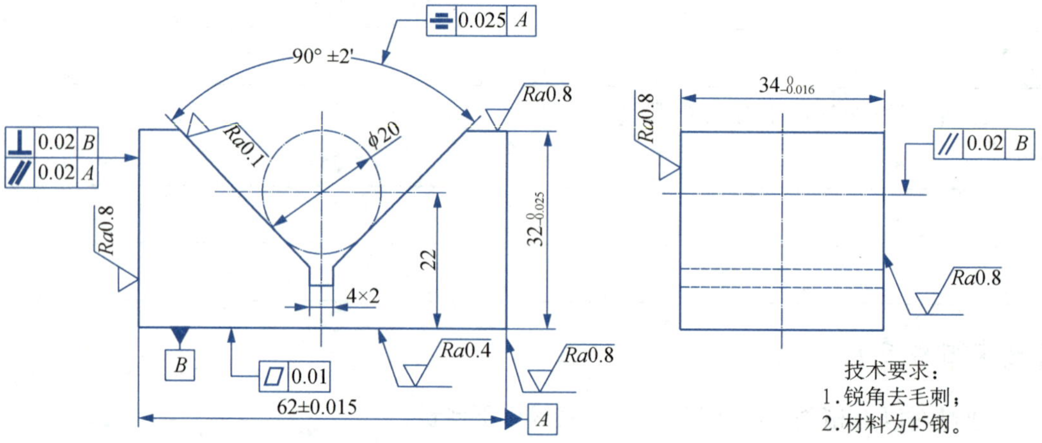

图 3-16 V 形块

____

____

____

____

【检查评价】

① 自行检查工作任务完成情况。

② 学习小组间互查，查找存在的问题。

③ 针对问题，提出解决方法及改进措施。

④ 整理相关资料，归档。

工作任务评价单

序号	考核评价项目			考核内容	学生自评	小组互评	教师总评	分数比重
1	过程性考核	专业能力	课前	学习知识点，完成测试				60%
			课中	能正确选择平面加工方法，确定机床设备、工艺装备等				
				能完成平面的加工方案分析，确定各平面的加工方案				
			课后	巩固课程知识，完成习题				
2		方法能力		能搜集信息、自主学习、分析解决问题、归纳总结及创新				15%
3		社会能力		能与团队共同协作、交流沟通；能遵守安全规范，有安全质量意识和工匠精神等				15%
4		其他		能按时出勤、遵守课堂纪律、积极参与活动、回答问题等				10%
总评								100%
综合评价	组别		组长签字		日期			
	评　语							

存在的问题及改进措施

序号	存在的问题	解决方法及改进措施	备注
总结与提高：			

【教学反馈】

信息反馈表

序号	反馈问题	反馈意见
1	你对该工作任务是否感兴趣？	A. 感兴趣　B. 一般　C. 不感兴趣
2	该工作任务的安排是否合理？	A. 合理　B. 一般　C. 不合理
3	该工作任务的难度是否合适？	A. 太难　B. 合适　C. 太简单

（续表）

序号	反馈问题	反馈意见
4	该工作任务的学时安排是否合适？	A. 太少　B. 合适　C. 太多
5	该工作任务的学习目标是否实现？	A. 实现　B. 部分实现　C. 没有实现
问题综述		
学习心得		

任务二
方箱体工艺规程的制订

学习目标

知识目标	能力目标	素质目标
① 箱体类零件机械加工工艺分析。 ② 工艺尺寸链的实际应用。 ③ 箱体类零件加工工艺路线的拟定。 ④ 工艺文件的编制	① 能够制订方箱体的机械加工工艺规程，编制机械加工工艺过程卡片。 ② 能够制订箱体类零件的机械加工工艺规程，编制机械加工工艺过程卡片	① 培养学生对相关手册的自主学习及应用能力。 ② 联系实际，培养学生精益求精的工作态度。 ③ 培养学生环保和安全意识

任务描述

如图 3-2 所示为方箱体的零件图，本任务主要介绍箱体类零件的机械加工工艺过程，试根据零件图给出的相关信息，通过分组讨论，制订该方箱体零件的机械加工工艺规程，编制机械加工工艺过程卡，并按要求填写工作页。

任务分析

图 3-2 所示的方箱体是一组合件，该零件材料为 HT200，批量生产。箱体零件的加工表面主要为平面和孔系，分析箱体类零件加工工艺时，首先要分析箱体的技术要求、结构特征，了解箱体类零件的加工工艺特点，解决箱体的定位基准和装夹方法的选择，合理安排加工顺序，才能制订出合理的机械加工工艺规程。

学习活动　制订方箱体的工艺规程

训练目的：能够综合应用机械加工工艺知识，分析箱体类零件的加工工艺，编制零件的机械加工工艺文件。

① 能正确地选择零件加工时的粗基准和精基准。

② 能够正确拟定零件的加工工艺路线，确定各工序尺寸和公差。

③ 能够综合分析箱体类零件的加工工艺，编制零件的机械加工工艺过程卡片。

【知识储备】

一、箱体的加工工艺分析

(一) 定位基准的选择

1. 粗基准的选择

大多数箱体上都有一个或一组主要孔（如车床主轴箱上的主轴孔），为保证主要孔的加工余量均匀，应该以主要孔作粗基准。箱体内壁一般都不加工，它和安装在箱体中的齿轮等传动件之间只有不大的间隙，如果加工出的轴承孔与内壁之间的距离误差太大，有可能导致装配齿轮时与箱体内壁相撞。为防止出现这种情况，加工箱体时应以内壁为粗基准。为此，实际生产中，常以箱体上的主要孔为粗基准，限制四个自由度，以内壁或其他毛坯孔为辅助基准，以达到完全定位的目的。

根据生产类型不同，箱体零件的粗基准选择也不一样。大批、大量生产时，由于毛坯精度高，可以直接用箱体上的重要孔在专用夹具上定位，工件安装迅速，生产率高。在单件、小批及中批生产时，一般毛坯精度较低，按上述办法选择粗基准，往往会造成箱体外形偏斜，甚至局部加工余量不够，因此，通常采用划线找正的办法进行第一道工序的加工，如加工机床主轴箱时，即以主轴孔为粗基准对毛坯进行划线和检查，必要时予以纠正，纠正后孔的余量应足够，但不一定均匀。

2. 精基准的选择

为了保证箱体零件的孔与孔、孔与平面、平面与平面之间的相互位置和距离尺寸精度，选择箱体类零件精基准时应遵循以下基本原则：基准统一原则、基准重合原则。

(1) 基准统一原则（一面两孔）

在多数工序中，箱体利用底面（或顶面）及两孔作定位基准，加工其他平面和孔系，以避免由于基准转换而带来的积累误差。

(2) 基准重合原则（三面定位）

箱体上的装配基准一般为平面，而它们又往往是箱体上其他要素的设计基准，因此，以这些装配基准平面作为定位基准，避免了基准不重合误差，有利于提高箱体各主要表面的相互位置精度。例如，机床主轴箱小批生产过程中即采用基准重合原则；如图 3-2 所示方箱体的精基准定位就是以三面定位（即基准重合原则）来保证技术要求的。

以上两种定位方式各有优缺点，应根据实际生产条件合理确定。在中、小批生产时，尽可能使定位基准与设计基准重合，以设计基准作为统一的定位基准。而大批生产时，优先考虑的是如何稳定加工质量和提高生产率，由此而产生的基准不重合误差可通过工艺措施解决，如提高工件定位面精度和夹具精度等。

(二) 加工顺序安排原则

1. 先面后孔的原则

由于箱体的加工和装配大多以平面为基准，先加工平面，不仅为加工精度较高的支承孔提供了稳定可靠的精基准，而且还符合基准重合原则，有利于提高加工精度。另外，先以孔为粗基准加工平面，再以平面为精基准加工孔，这样可为孔的加工提供稳定可靠的定位基准，而且加工平面时切去了铸件的硬皮和凹凸不平的粗糙面，有利于后续加工，可减少钻孔时钻头引偏和刀具崩刃等现象，对刀和调整也比较方便。

2. 先主后次的原则

加工平面或孔系时，应贯彻先主后次原则，即先加工主要平面或主要孔，这是因为加工其他平面或孔时，以先加工好的主要平面或主要孔作精基准，装夹可靠，调整各表面的加工余量较方便，有利于提高各表面的加工精度；同时，由于主要平面或主要孔精度要求高，加工难度大，先加工时如果出现废品，不至于浪费其他表面的加工工时。例如，在加工主轴箱时，与轴承孔相交的油孔应在轴承孔精加工之后钻出；否则，精加工轴承孔时，会因先钻油孔造成断续切削从而引起振动，影响轴承孔的加工精度。

3. 粗、精加工分开的原则

对于刚度差、批量较大、精度要求较高的箱体，一般要粗、精加工分开进行，即在主要平面和各支承孔的粗加工之后再进行主要平面和各支承孔的精加工。这样，可以消除由粗加工所造成的内应力、切削力、切削热、夹紧力等对加工精度的影响，并且有利于合理地选用设备。

粗、精加工分开进行，会使机床、夹具的数量及工件安装次数增加，从而使成本提高，所以对单件、小批生产中精度要求不高的箱体，常常将粗、精加工合并在一道工序进行，但必须采取相应措施，以减小加工过程中的变形。例如，粗加工后松开工件，让工件充分冷却，然后用较小的夹紧力、以较小的切削用量，多次走刀进行精加工。

（三）热处理工序的安排

箱体结构一般较复杂，壁厚不均匀，铸造残留内应力大。为消除内应力，减少箱体在使用过程中的变形，保持精度稳定，铸造后一般需进行时效处理。自然时效的效果较好，但生产周期长，目前仅用于精密机床的箱体铸造。

对于用普通机床和设备加工的箱体，一般都采用人工时效。箱体经粗加工后，应存放一段时间再精加工，以消除粗加工积聚的内应力。

对于用精密机床加工的箱体或形状特别复杂的箱体，应在粗加工后再安排一次时效处理，促进铸造和粗加工造成的内应力释放。

二、箱体的加工工艺过程

分离式箱体工艺路线与整体式箱体工艺路线的主要区别在于分离式箱体的整个加工过程分为两个阶段，而整体式箱体不分阶段。分离式箱体加工的第一个阶段先对箱盖和底座分别进行加工，主要完成对合面及其他平面、紧固孔和定位孔的加工，为箱体的合装作准备；第二阶段在合装后的箱体上加工孔及其端面。在两个阶段中间安排钳工工序，将两部分合装成箱体，并用两销定位，使其保持一定的位置关系。

箱体类零件的生产过程一般分单件、小批生产和大批生产两种工艺过程。

单件、小批生产时，箱体类零件的工艺过程：铸造毛坯→时效→划线→粗加工主要平面和其他平面→划线→粗加工支承孔→二次时效→精加工主要平面和其他平面→精加工支承孔→划线→钻各小孔、攻螺纹、去毛刺。

大批量生产时，箱体类零件的工艺过程：铸造毛坯→时效→加工主要平面和工艺定位孔→二次时效→粗加工各平面上的孔→攻螺纹、去毛刺→精加工各平面上的孔。

【组织实施】

一、课前准备工作

① 准备相关教学资料，包括教材、教学参考书、工作任务书等。

② 做好课前准备，按要求完成课前知识点的学习。

二、学习活动安排

(1) 定位基准的选择

分析图 3-2 所示方箱体零件，试选择该零件定位基准，并按要求填写工作页。

(2) 工序尺寸和公差的确定

分析图 3-17 所示零件，镗孔前，表面 A,B,C 已加工好。镗孔时，为使工件装夹方便，选择表面 A 为定位基准来加工孔，试确定镗孔的工序尺寸 L。

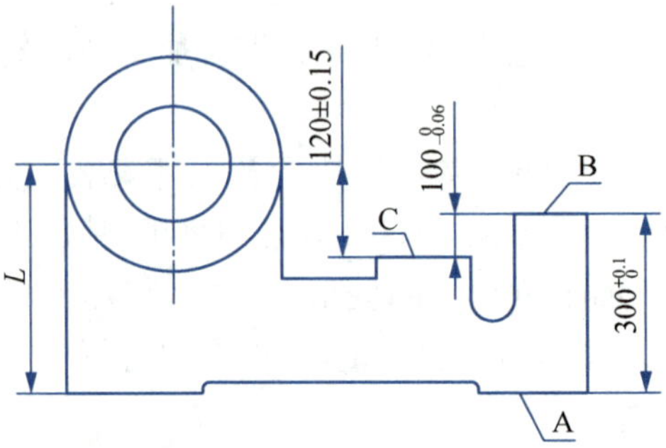

图 3-17 某零件简图

(3) 编制机械加工工艺过程卡片

分析图 3-2 所示方箱体零件，生产类型为小批生产。通过分组讨论，试分析该零件的加工工艺，完成以下工作任务，按要求填写工作页。

工作页	任务二 方箱体工艺规程的制订	学习活动 制订方箱体的工艺规程

【知识梳理】

请你通过自主学习、小组讨论、信息查找等方法，结合基础知识的学习完成以下工作任务。

1. 结合箱体类零件的结构特点，简述其粗基准、精基准的选择原则。

____

____

____

____

2. 简述箱体类零件加工顺序的安排原则。

____

____

____

____

【思考与练习】

一、判断对错

(　　)1. 大批生产箱体零件时，可采用一面两孔定位方式。

(　　)2. 加工车床床头箱体零件时，应首先加工主轴孔，然后加工箱体底平面。

(　　)3. 箱体类零件常使用一面两孔作为统一基准。

(　　)4. 装夹箱体零件时，夹紧力的方向应尽量与基准平面平行。

(　　)5. 加工箱体、支架和连杆等工件，应先加工平面后加工孔。

(　　)6. 要保证箱体零件加工后精度的稳定性，应在粗加工后再安排一次正火处理。

(　　)7. 对于刚性差、批量较大、精度要求较高的箱体，一般要粗、精加工分开进行。

二、选择题

1. 装夹箱体零件时，夹紧力的作用点应尽量靠近(　　)。

A. 加工部位　　B. 测量部位　　C. 基准面　　D. 毛坯表面

2. 箱体零件加工时，选择精基准应优先考虑的是(　　)。

A. 保证加工表面的余量均匀　　B. 保证各个加工面和孔的加工余量均匀

C. 保证内孔表面的余量均匀　　D. 保证相互位置和尺寸的精度

三、简答题

安排箱体类零件的工艺顺序时，为什么一般要依据先面后孔的原则？

【做中学】

根据工作任务要求，请你和小组成员讨论，完成以下工作任务。

□ 任务 1　定位基准的选择

如图 3-18 所示卧式车床主轴箱零件简图，工件材料为灰铸铁，毛坯为铸件，加工余量为底面 9 mm，顶面 12 mm，侧面和端面 9.5 mm，铸孔 12 mm，生产类型为单件、小批生产，试确定加工箱体时的粗基准和精基准。

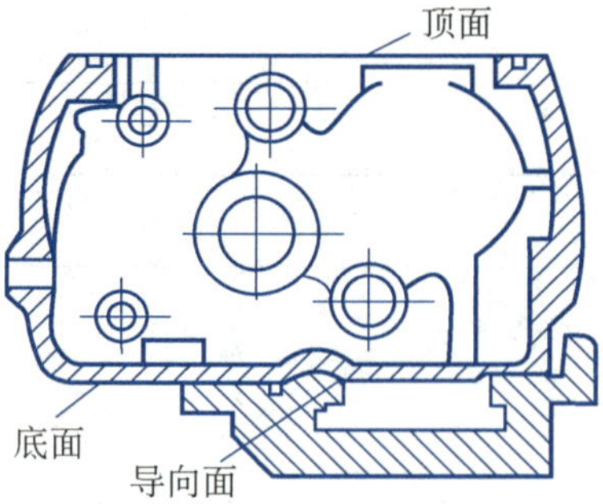

图 3-18　卧式车床主轴箱简图

□ 任务 2　工序尺寸和公差的确定

如图 3-17 所示零件，根据镗孔的工序尺寸 L 确定工序尺寸和公差。

□　任务 3　编制机械加工工艺卡片

分析图 3-2 所示方箱体零件，生产类型为小批生产。试分析该零件的加工工艺，完成以下工作任务。

① 拟定该零件的加工工艺路线。

② 选择该零件的机床设备与工艺装备。

③ 选择加工余量，确定各工序尺寸和公差。

④ 编制机械加工工艺过程卡片。

____

____

____

____

【检查评价】

① 自行检查工作任务完成情况。

② 学习小组间互查，查找存在的问题。

③ 针对问题，提出解决方法及改进措施。

④ 整理相关资料，归档。

工作任务评价单

<table>
<tr><th>序号</th><th colspan="3">考核评价项目</th><th colspan="3">考核内容</th><th>学生自评</th><th>小组互评</th><th>教师总评</th><th>分数比重</th></tr>
<tr><td rowspan="5">1</td><td rowspan="8">过程性考核</td><td rowspan="5">专业能力</td><td>课前</td><td colspan="3">学习知识点，完成测试</td><td></td><td></td><td></td><td rowspan="5">60%</td></tr>
<tr><td>课中</td><td colspan="3">能正确选择零件的定位基准，拟定加工工艺路线</td><td></td><td></td><td></td></tr>
<tr><td rowspan="3">课后</td><td colspan="3">能够选择合理的加工余量，确定工序尺寸和公差</td><td></td><td></td><td></td></tr>
<tr><td colspan="3">能完成机械加工工艺过程卡片的编制</td><td></td><td></td><td></td></tr>
<tr><td colspan="3">巩固课程知识，完成习题</td><td></td><td></td><td></td></tr>
<tr><td>2</td><td colspan="2">方法能力</td><td colspan="3">能搜集信息、自主学习、分析解决问题、归纳总结及创新</td><td></td><td></td><td></td><td>15%</td></tr>
<tr><td>3</td><td colspan="2">社会能力</td><td colspan="3">能与团队共同协作、交流沟通；能遵守安全规范，有安全质量意识和工匠精神等</td><td></td><td></td><td></td><td>15%</td></tr>
<tr><td>4</td><td colspan="2">其他</td><td colspan="3">能按时出勤、遵守课堂纪律、积极参与活动、回答问题等</td><td></td><td></td><td></td><td>10%</td></tr>
<tr><td colspan="7">总评</td><td></td><td></td><td></td><td>100%</td></tr>
<tr><td colspan="2" rowspan="2">综合评价</td><td colspan="2">组别</td><td></td><td>组长签字</td><td></td><td colspan="2">日期</td><td colspan="2"></td></tr>
<tr><td colspan="2">评语</td><td colspan="7"></td></tr>
</table>

存在的问题及改进措施

序号	存在的问题	解决方法及改进措施	备注
总结与提高：			

【教学反馈】

信息反馈表

序号	反馈问题	反馈意见
1	你对该工作任务是否感兴趣？	A. 感兴趣　B. 一般　C. 不感兴趣
2	该工作任务的安排是否合理？	A. 合理　B. 一般　C. 不合理
3	该工作任务的难度是否合适？	A. 太难　B. 合适　C. 太简单
4	该工作任务的学时安排是否合适？	A. 太少　B. 合适　C. 太多
5	该工作任务的学习目标是否实现？	A. 实现　B. 部分实现　C. 没有实现
问题综述		
学习心得		

任务三
箱体类零件的加工质量分析

学习目标

知识目标	能力目标	素质目标
① 了解机械加工表面质量基础知识。 ② 熟悉表面质量对零件加工性能的影响。 ③ 掌握影响表面质量的工艺因素及其改善措施	① 能够通过对箱体类零件的检测，确定误差的形式。 ② 能够分析箱体类零件产生误差的原因，并提出解决措施	① 培养学生严谨、认真的工作态度。 ② 培养学生良好的质量意识和职业素养。 ③ 培养学生的创新思维

任务描述

拓展阅读——数控铣削加工工艺概述

机械加工过程中除了加工精度之外，加工表面质量也会影响工件的已加工表面，直接影响零件或产品的使用性能，本任务主要通过加工误差分析，学习有关加工表面质量的相关内容。

任务分析

磨削加工后出现平面度误差，且加工表面质量超差，根据工作任务要求，一方面查找零件平面扭曲的产生原因，另一方面了解表面质量对零件加工性能的影响，掌握机械加工过程中各种因素对表面质量的影响规律，以便采取有效措施，提高零件的加工质量。

学习活动　箱体类零件的加工质量分析

训练目的：能通过检测判断误差的形式，分析箱体类零件产生误差的原因，并提出解决措施。

【知识储备】

一、机械加工表面质量

机械加工表面质量与机械加工精度一样，是零件加工质量的重要组成部分。机械加工表面质量是指零件加工后的表面层状态，它是判断零件质量优劣的重要依据，其好坏直接影响零件或产品的使用性能。

机械加工表面质量主要包括以下两方面内容。

① 表面层的微观几何特征，即表面粗糙度和表面波纹度。

② 表面层的物理力学性能，主要包括表面层加工硬化、表面层金相组织变化和表面层残余应力。

知识链接——表面粗糙度的控制

二、表面质量对零件使用性能的影响

（1）表面质量对零件耐磨性的影响

表面粗糙度对零件耐磨性的影响很大。一般表面粗糙度值越小，其耐磨性好，但表面粗糙度值太小，润滑油不易储存，接触面之间容易发生分子黏结，磨损反而增加。因此，就零件的耐磨性而言，最佳表面粗糙度值一般为 $Ra0.8 \sim 0.2\ \mu m$。

加工硬化可以提高耐磨性，但过度的硬化会使表面层产生裂纹和剥落，磨损加剧，耐磨性下降。

（2）表面质量对零件疲劳强度的影响

在交变载荷作用下，表面粗糙度的凹谷部位容易引起应力集中，产生疲劳裂纹。表面粗糙度值越大，抗疲劳破坏能力就越差。

残余应力对零件疲劳强度的影响很大。表面层残余拉应力使疲劳裂纹扩大，降低疲劳强度；而表面层残余压应力能够阻止疲劳裂纹的扩展，提高疲劳强度。

加工硬化有助于提高疲劳强度。

（3）表面质量对零件配合精度的影响

当表面粗糙度值较大时，磨合后会使间隙配合的间隙增大，降低配合精度。过盈配合会造成实际过盈量减小，降低配合件间的连接强度。

（4）表面质量对零件耐腐蚀性的影响

零件的耐蚀性在很大程度上取决于表面粗糙度。表面粗糙度值越大，则凹谷中聚积的腐蚀性物质就越多，耐腐蚀性就越差。

表面层的残余拉应力会降低零件的耐腐蚀性，而残余压应力和一定程度的硬化则有利于提高零件的耐腐蚀性。

三、查找误差产生原因的方法和步骤

结合零件结构特征和误差形式，查找影响加工误差的主要原因，针对性地采取措施减小加工误差，提高加工精度。具体步骤如下。

1. 确定加工误差形式

零件为平面度误差，表面粗糙度值过大，此类质量问题常发生在刨、铣、磨削加工过程中，特别是磨削加工中。

2. 全面分析，查找原因

针对问题全面分析，确定产生平面度误差和表面质量问题的因素有以下五个方面。

（1）机床导轨在垂直平面内的直线度误差

在平面磨床、铣床和龙门刨床上加工平面时，由于导轨在垂直面内的直线度误差为误差敏感方向，在加工过程中，刀具在平面的全长上会高低起伏，导轨误差将直接反映到被加工的零件平面上，造成平面度误差。

(2) 工件不均匀受热

在刨、铣、磨平面时，工件都是单面受热，由于工件上下表面之间温差产生的热效应导致零件弯曲变形，造成平面度误差。

(3) 残余应力引起弯曲变形

加工过程中，内应力重新分布引起弯曲变形，也会造成平面度误差。

(4) 装夹方法或夹紧部位不当

加工过程中，装夹方法或夹紧部位不当将会引起夹紧变形，使工件产生加工误差。

(5) 砂轮特性选择不当

如砂轮的粒度、砂轮材料及硬度等选择不当，使工件产生加工误差。

3. 提出改进措施

① 平时注意维护机床导轨，减小磨损，如果导轨磨损导致工件超出规定精度范围，应及时修理，恢复机床精度。

② 在磨削工件时，合理选用切削液。

③ 在磨削加工时，合理选择磨削用量。

④ 合理选择砂轮特性，并及时对砂轮进行修整。

⑤ 划分加工阶段，并在粗加工、半精加工后松开工件，安排适当的时效处理。

【任务实施】

一、课前准备工作

① 准备相关教学资料，包括教材、教学参考书、工作任务书等。

② 做好课前准备，按要求完成课前知识点的学习。

二、学习活动安排

判断箱体零件产生误差的形式，分组讨论并分析箱体类零件产生误差的原因，提出解决措施，并按要求填写工作页。

工作页	任务三 箱体类零件的加工质量分析	学习活动 箱体类零件的加工质量分析

【知识梳理】

请你通过自主学习、小组讨论、信息查找等方法，结合知识点的学习完成以下工作任务。

1. 简述什么是机械加工表面质量，它包括哪些内容以及对零件的使用性能有何影响。

____

____

____

____

2. 简述什么是加工硬化现象，影响加工硬化的因素有哪些。

____

____

____

____

3. 磨削加工过程中，为什么会产生磨削烧伤？减少磨削烧伤的措施有哪些？

____

____

____

____

【思考与练习】

通过对相关基础知识的学习，完成以下测试。

一、判断题

(　　)1. 在铣床上铣削零件水平面，如果导轨在垂直面内存在直线度误差，将会造成零件的平面度误差。

(　　)2. 内应力的重新分布只发生在加工过程中，会导致已加工零件产生变形。

(　　)3. 人工时效处理是一种不需要能源的消除工件内应力的方法。

(　　)4. 利用平面磨床磨削零件平面时，通常需要采用大量切削液进行冷却，这种保证精度的方法就是直接减小误差法。

(　　)5. 表面粗糙度值越小，其耐磨性越好。

(　　)6. 表面粗糙度值大，磨合后会使间隙配合的间隙增大，降低配合精度。

二、选择题

1. 零件表面层材料在加工过程中产生加工硬化的主要原因是(　　)。

A. 切削热　　B. 切削力

C. 表层材料的工艺性　　D. 表层材料的硬度

2. 为了消除零件的铸造内应力，防止加工后产生变形，需要进行(　　)热处理。

A. 退火　　B. 正火　　C. 淬火　　D. 回火

3. 利用平面磨床磨削零件水平面时，(　　)方向为误差敏感方向。

A. 纵向进给　　B. 横向进给　　C. 垂直　　D. 水平

4. 加工平面时，粗铣→精铣→磨削的加工方案一般可以达到的经济加工精度为(　　)级，经济表面粗糙度值为 $Ra0.8 \sim 0.2\ \mu m$。

A. IT8　　B. IT7　　C. IT6　　D. IT5

【做中学】

根据工作任务要求，请你和小组成员讨论，完成以下工作任务。

□　任务 1　磨削平面时，加工后的平面出现平面度误差且表面粗糙度值较大，不符合零件技术要求，试分析此误差产生的原因及改进措施。

____

____

____

____

□　任务 2　一床身零件的导轨面在龙门刨床上粗刨之后便立即进行精刨，试分析若床身刚度较低时，精刨后的导轨面将会产生什么样的误差。根据对于箱体类零件加工质量的问题解析，分组讨论并完成任务。

____

____

____

____

【检查评价】

① 自行检查工作任务完成情况。

② 学习小组间互查，查找存在的问题。

③ 针对问题，提出解决方法及改进措施。

④ 整理相关资料，归档。

工作任务评价单

<table>
<tr><th>序号</th><th colspan="3">考核评价项目</th><th>考核内容</th><th>学生自评</th><th>小组互评</th><th>教师总评</th><th>分数比重</th></tr>
<tr><td rowspan="4">1</td><td rowspan="7">过程性考核</td><td rowspan="4">专业能力</td><td>课前</td><td>学习知识点，完成测试</td><td></td><td></td><td></td><td rowspan="4">60%</td></tr>
<tr><td rowspan="2">课中</td><td>能够正确判断箱体类零件误差的形式</td><td></td><td></td><td></td></tr>
<tr><td>能正确分析箱体类零件误差产生的原因，并提出解决措施</td><td></td><td></td><td></td></tr>
<tr><td>课后</td><td>巩固课程知识，完成习题</td><td></td><td></td><td></td></tr>
<tr><td>2</td><td colspan="2">方法能力</td><td>能搜集信息、自主学习、分析解决问题、归纳总结及创新</td><td></td><td></td><td></td><td>15%</td></tr>
<tr><td>3</td><td colspan="2">社会能力</td><td>能与团队共同协作、交流沟通；能遵守安全规范，有安全质量意识和工匠精神等</td><td></td><td></td><td></td><td>15%</td></tr>
<tr><td>4</td><td colspan="2">其他</td><td>能按时出勤、遵守课堂纪律、积极参与活动、回答问题等</td><td></td><td></td><td></td><td>10%</td></tr>
<tr><td colspan="5">总评</td><td></td><td></td><td></td><td>100%</td></tr>
</table>

<table>
<tr><td rowspan="2">综合评价</td><td>组别</td><td></td><td>组长签字</td><td></td><td>日期</td><td></td></tr>
<tr><td>评语</td><td></td><td></td><td></td><td></td><td></td></tr>
</table>

存在的问题及改进措施

<table>
<tr><th>序号</th><th>存在的问题</th><th>解决方法及改进措施</th><th>备注</th></tr>
<tr><td></td><td></td><td></td><td></td></tr>
<tr><td></td><td></td><td></td><td></td></tr>
<tr><td></td><td></td><td></td><td></td></tr>
<tr><td colspan="4">总结与提高：</td></tr>
</table>

【教学反馈】

信息反馈表

序号	反馈问题	反馈意见
1	你对该工作任务是否感兴趣?	A. 感兴趣　B. 一般　C. 不感兴趣
2	该工作任务的安排是否合理?	A. 合理　B. 一般　C. 不合理
3	该工作任务的难度是否合适?	A. 太难　B. 合适　C. 太简单
4	该工作任务的学时安排是否合适?	A. 太少　B. 合适　C. 太多
5	该工作任务的学习目标是否实现?	A. 实现　B. 部分实现　C. 没有实现
问题综述		
学习心得		

项目四

齿轮的加工工艺制订与实施

项目导入

你了解哪些是齿轮零件吗？了解齿轮零件主要应用在什么场合，是怎么加工出来的吗？

如图 4-1 所示为齿轮的零件图，通过对此齿轮零件的工艺分析，进一步学习机械加工

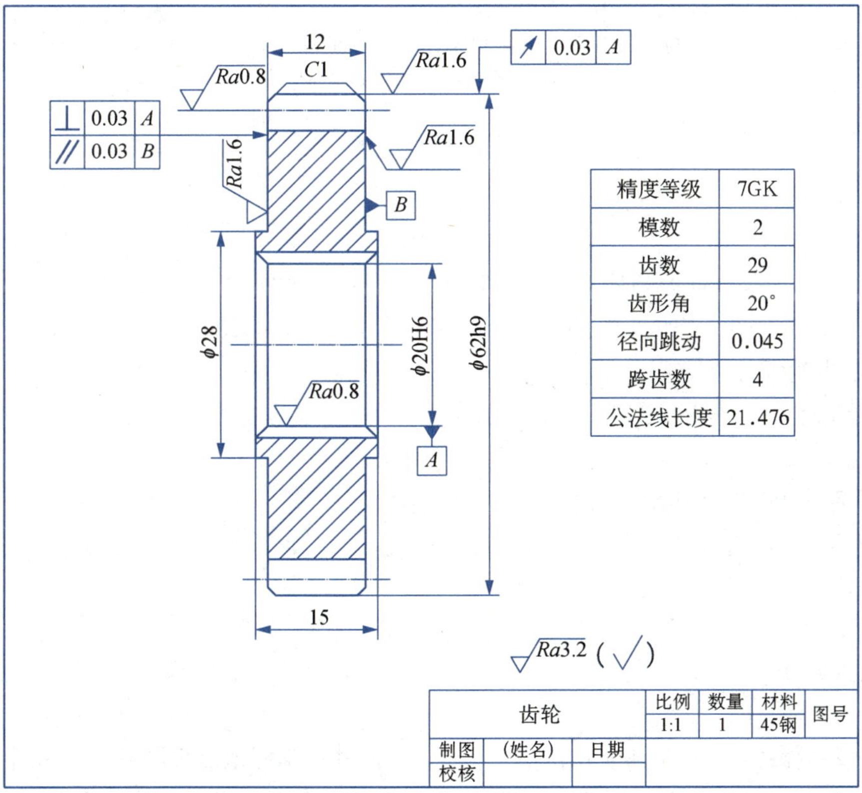

图 4-1　齿轮

工艺规程的制订原则、依据、步骤和方法。试完成齿轮的机械加工工艺规程制订，编制该零件的机械加工工艺文件，根据实际生产条件进行仿真或机械加工，验证工艺的合理性。

为了使学生更好地掌握本项目的学习目标，具备相关技能，此任务的具体实施通过三个任务完成。

任务一　齿轮加工方案的选择

任务二　齿轮工艺规程的制订

任务三　齿轮类零件的加工质量分析

任务一
齿轮加工方案的选择

学习目标

知识目标	能力目标	素质目标
① 了解齿轮零件的功用、结构、材料、类型及主要技术要求。 ② 掌握齿形的加工方法、范围、实现的精度等级及表面粗糙度。 ③ 掌握齿形常用加工方案的选用	① 能够完成齿轮零件的工艺分析及毛坯选择。 ② 会选择齿形的加工方法，确定合理的加工方案。 ③ 会选择典型齿轮零件的加工方法和加工方案	① 培养学生自主学习能力及团队合作精神。 ② 培养学生勤于钻研的精神，严谨、认真的工作态度

任务描述

如图 4-1 所示为直齿圆柱齿轮零件简图，本任务以此零件为例，主要介绍齿轮的加工方法，试根据零件图给出的相关信息，分析齿轮零件的功用、结构、材料、类型及主要技术要求，确定齿轮的加工方案。

观察齿轮零件，分析识读图 4-1 所示齿轮零件图，通过学习讨论，完成以下学习活动，并填写工作页。

学习活动 1　零件的工艺分析

学习活动 2　齿形加工方法和设备的认知

学习活动 3　齿轮加工方案的选择

任务分析

齿轮是机械传动中应用极为广泛的零件之一，如图 4-1 所示直齿圆柱齿轮零件。在加工齿轮时，首先应分析齿轮的技术要求、掌握各种齿形加工方法所能达到的精度等级，才能在加工过程中，根据零件的技术要求，选择相应的加工方法，确定合理的加工方案。

学习活动 1　零件的工艺分析

训练目的：观察齿轮零件，分析该零件的主要技术要求，确定零件毛坯。

【知识储备】

拓展阅读——盘类零件

一、齿轮零件的功用、种类及结构特点

1. 齿轮零件的功用及种类

齿轮在机械传动中广泛用来传递运动和扭矩。齿轮的种类很多，常见的齿轮有盘形齿轮、套类齿轮、内齿轮、轴类齿轮、扇形齿轮和齿条等，如图 4-2 所示。

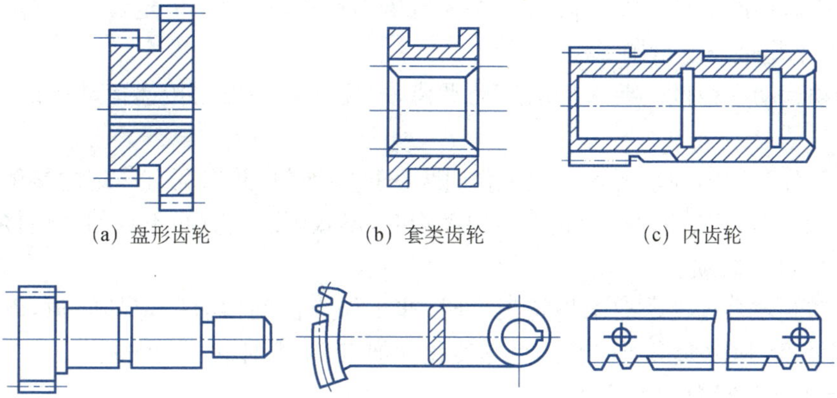

(a) 盘形齿轮　(b) 套类齿轮　(c) 内齿轮

(d) 轴类齿轮　(e) 扇形齿轮　(f) 齿条

图 4-2　常见齿轮种类

2. 结构特点

齿轮的结构由于用途不同而具有不同的形状，但从工艺的角度来讲，齿轮一般分为齿圈和轮体两部分。在上述齿轮中，盘形齿轮应用最广。盘形齿轮零件一般都是回转体，其结构特点是径向尺寸较大，轴向尺寸相对较小；主要加工表面有齿面、孔、外圆、端面和沟槽，其中盘形齿轮的孔多为精度较高的圆柱孔和花键孔，孔端面也常常是加工、检验和装配的基准。

二、齿轮的主要技术要求

齿轮传动精度的高低，直接影响整个机器的工作性能、承载能力和使用寿命。齿轮的主要技术要求如下。

1. 齿轮精度和公差组

《圆柱齿轮　ISO 齿面公差分级制　第 1 部分：齿面偏差的定义和允许值》（GB/T 10095.1—2022）对齿轮规定了 13 个精度等级，其中，0 级精度最高，12 级精度最低。2～0 级为有待发展的精度等级（一般的加工工艺难以达到）；5～3 级为高精度等级；8～6 级为中等精度等级（7 级为基础等级）；12～9 级为低精度等级。

2. 侧隙

齿轮副啮合时，两齿轮非工作齿面沿法线方向的距离即法向侧隙。侧隙用以保证齿轮副的正常工作。加工齿轮时，一般用齿厚极限偏差来控制和保证齿轮副侧隙的大小。

3. 齿轮基准表面的精度

齿轮基准表面的尺寸误差和形状、位置误差直接影响齿轮与齿轮副的精度。技术要求可查阅机械加工工艺手册相关规定。

4. 表面粗糙度

主要表面的表面粗糙度与齿轮的精度等级有关。8～6 级精度的齿轮，齿面表面粗糙度值为 Ra3. 2～0. 8 μm，基准孔为 Ra1. 6～0. 8 μm，基准轴颈为 Ra1. 6～0. 4 μm，基准端面为 Ra3. 2～1. 6 μm，齿顶圆柱面为 Ra3. 2 μm。具体要求可查阅机械加工工艺手册相关规定。

5. 齿轮传动

根据齿轮的使用条件，齿轮传动应满足以下四个要求。

① 传递运动准确性。要求齿轮能准确地传递运动，传动比恒定，即要求齿轮一转中的转角误差不超过一定范围。

② 传动运动平稳性。要求传动运动平稳，即要求减小齿轮传递运动中的冲击、振动和噪声。

③ 载荷分布均匀性。要求齿轮工作时齿面接触均匀，并保证有一定的接触面积和符合要求的接触位置，从而保证齿轮在传递动力时，不致因载荷分布不均匀而使接触应力过大，引起齿面过早磨损。

④ 传动侧隙合理性。要求齿轮工作时，非工作齿面间留有一定的间隙，以贮存润滑油，补偿因温度、弹性变形所引起的尺寸变化和加工、装配时的一些误差。

三、齿轮类零件的材料和毛坯

1. 材料

齿轮材料的选择对齿轮的加工性能和使用寿命都有直接的影响。

常用的零件材料有 15 钢和 45 钢；对于低速重载的传力齿轮，齿面受压产生塑性变形和磨损，且轮齿易折断，应选择机械强度、硬度等综合力学性能好的材料，如 18CrMnTi；线速度高的传力齿轮，齿面容易产生疲劳点蚀，可用 38CrMoAl 氮化钢；承受冲击载荷的传力齿轮，应选择韧性好的材料，如低碳合金钢 18CrMnTi；非传力齿轮可选用不淬火钢、铸铁及夹布胶木、尼龙等非金属材料；一般用途的齿轮均可用中碳钢和低碳合金结构钢，如 20Cr、40Cr、20CrMnTi 等材料。

2. 毛坯

齿轮毛坯形式主要有棒料、锻件和铸件。棒料用于小尺寸、结构简单且对强度要求不高的齿轮；当齿轮要求强度高、耐磨损、耐冲击时，常选择锻件毛坯；当齿轮的直径为 400～600 mm 时，常选用铸件毛坯。

【组织实施】

一、课前准备工作

① 准备相关教学资料，包括教材、教学参考书、工作任务书等。

② 做好课前准备，按要求完成课前知识点的学习。

二、学习活动安排

① 分组讨论图 4-1 齿轮零件图的主要技术要求，完成以下工作任务，按要求填写工作页。

- 说明齿轮零件的类型、功用、结构特点。
- 获取零件的名称、形状、材料及主要技术要求。
- 确定主要加工表面和某些有特殊工艺要求的表面。

② 确定如图 4-1 所示齿轮零件的毛坯。

工作页	任务一 齿轮加工方案的选择	学习活动 1 零件的工艺分析

【知识梳理】

请你通过自主学习、小组讨论、信息查找等方法，结合基础知识的学习完成以下工作任务。

1. 你了解齿轮类零件吗？简述齿轮类零件的种类。

____

____

____

2. 简述齿轮类零件的结构特点、材料及常用毛坯类型。

____

____

____

【思考与练习】

通过对以上相关基础知识的学习，完成以下测试。

一、填空题

1. 齿轮在机械传动中广泛用来____________和____________。
2. 一般用途的齿轮常用材料有____________和____________。
3. 齿轮毛坯形式主要有____________、____________和____________。

二、判断对错

(　　)1. 齿轮传递运动中应减小冲击、振动和噪声，保证传动平稳性。

(　　)2. 棒料用于小尺寸、结构简单且对精度要求不高的齿轮。

(　　)3. 承受冲击载荷的传力齿轮，应选择韧性好的材料。

【做中学】

根据工作任务要求，请你和小组成员讨论，完成以下工作任务。

□　任务 1　零件的技术要求分析

识读图纸，分析如图 4-1 所示齿轮的主要技术要求。

____

____

____

____

□ 任务 2 齿轮零件的毛坯选择

确定如图 4-1 所示齿轮零件的毛坯类型及尺寸。

____

____

____

____

【检查评价】

① 自行检查工作任务完成情况。

② 学习小组间互查，查找存在的问题。

③ 针对问题，提出解决方法及改进措施。

④ 整理相关资料，归档。

工作任务评价单

<table>
<tr><th>序号</th><th colspan="3">考核评价项目</th><th>考核内容</th><th>学生自评</th><th>小组互评</th><th>教师总评</th><th>分数比重</th></tr>
<tr><td rowspan="4">1</td><td rowspan="7">过程性考核</td><td rowspan="4">专业能力</td><td>课前</td><td>学习知识点，完成测试</td><td></td><td></td><td></td><td rowspan="4">60%</td></tr>
<tr><td rowspan="2">课中</td><td>能完成齿轮零件的技术要求分析</td><td></td><td></td><td></td></tr>
<tr><td>能完成齿轮零件毛坯的选择</td><td></td><td></td><td></td></tr>
<tr><td>课后</td><td>巩固课程知识，完成习题</td><td></td><td></td><td></td></tr>
<tr><td>2</td><td colspan="2">方法能力</td><td>能搜集信息、自主学习、分析解决问题、归纳总结及创新</td><td></td><td></td><td></td><td>15%</td></tr>
<tr><td>3</td><td colspan="2">社会能力</td><td>能与团队共同协作、交流沟通；能遵守安全规范，有安全质量意识和工匠精神等</td><td></td><td></td><td></td><td>15%</td></tr>
<tr><td>4</td><td colspan="2">其他</td><td>能按时出勤、遵守课堂纪律、积极参与活动、回答问题等</td><td></td><td></td><td></td><td>10%</td></tr>
<tr><td colspan="5">总评</td><td></td><td></td><td></td><td>100%</td></tr>
</table>

<table>
<tr><td rowspan="2">综合评价</td><td>组别</td><td></td><td>组长签字</td><td></td><td>日期</td><td></td></tr>
<tr><td>评语</td><td></td><td></td><td></td><td></td><td></td></tr>
</table>

存在的问题及改进措施

<table>
<tr><th>序号</th><th>存在的问题</th><th>解决方法及改进措施</th><th>备注</th></tr>
<tr><td></td><td></td><td></td><td></td></tr>
<tr><td></td><td></td><td></td><td></td></tr>
<tr><td></td><td></td><td></td><td></td></tr>
<tr><td colspan="4">总结与提高：</td></tr>
</table>

学习活动 2　齿形加工方法和设备的认知

训练目的：熟悉齿形的主要加工方法，加工设备的结构、特点、应用及工艺装备等。

(1) 熟悉铣齿、滚齿、插齿等加工方法、应用范围及实现的精度等级和表面粗糙度；

(2) 能识别滚齿机、插齿机等齿轮加工设备，了解其结构、特点、应用及工艺装备等。

【知识储备】

拓展阅读——齿轮加工机床的日常维护保养

一、齿形的加工设备和加工方法

在齿轮的齿坯上加工出渐开线齿形的方法很多，按齿廓的成形原理不同，圆柱齿轮齿形的切削加工可分为成形法和展成法两种。

(一) 成形法

成形法加工原理是利用与被切齿轮齿槽相符合的成形刀具切出齿形。成形法加工齿轮的方法有铣齿、插齿、拉齿、成形磨齿等。其中最常用的方法是铣齿加工。

1. 铣齿

用成形齿轮铣刀（盘状或指状模数铣刀）在普通铣床上直接切制齿形的方法即铣齿。当齿轮模数 $m \leqslant 16$ mm 时，用盘状模数铣刀在卧式铣床上加工，如图 4-3 所示；大模数的直齿圆柱齿轮，用指状模数铣刀在立式铣床上加工，如图 4-4 所示。

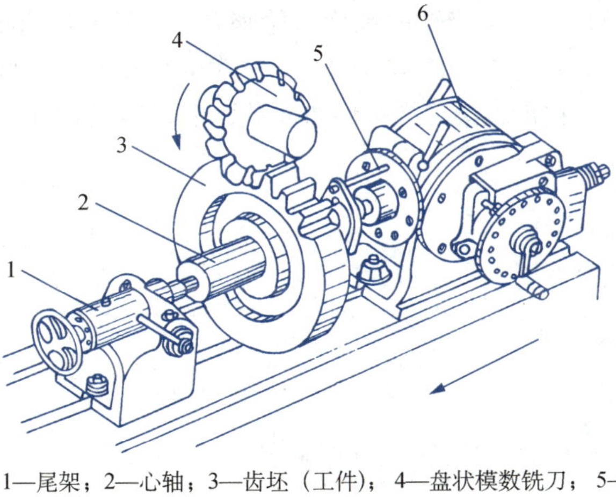

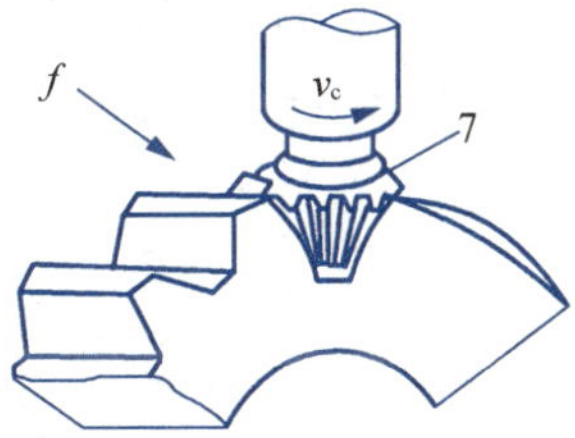

1—尾架；2—心轴；3—齿坯（工件）；4—盘状模数铣刀；5—卡箍；6—分度头；7—指状模数铣刀

图 4-3　盘状模数铣刀铣齿　　　图 4-4　指状模数铣刀铣齿

铣削时，铣刀旋转做主运动，工件随工作台做纵向进给运动。每铣完一个齿槽后，工件纵向退回原处，进行分度后再铣下一个齿槽，直到全部齿槽加工完毕为止。

2. 铣齿的工艺特点

① 生产成本低。设备采用普通铣床，刀具简单，加工方便，生产成本低。

② 生产率低。铣齿是逐齿加工，每铣一个齿槽都重复消耗切入、切出、退刀以及分度等工作，辅助时间长，故生产率低。

③ 精度较低。由于受刀具的齿形误差和工件的分度误差的影响，加工的齿形误差较大，精度低，加工精度一般为 IT12～IT9 级，表面粗糙度值为 $Ra\,6.3 \sim 1.2\ \mu m$。

④ 适应性差。一把铣刀只能加工一种规格的齿轮。

铣齿加工一般用于单件、小批生产或机修工作中，加工低速、低精度的齿轮。

（二）展成法

利用齿轮刀具与被切齿轮之间的啮合运动而切出齿轮齿形的方法即展成法。常用的有滚齿、插齿、剃齿、磨齿等。

1. 滚齿

用齿轮滚刀按展成法加工齿轮、蜗轮等齿面的方法称为滚齿，如图 4-5 所示。

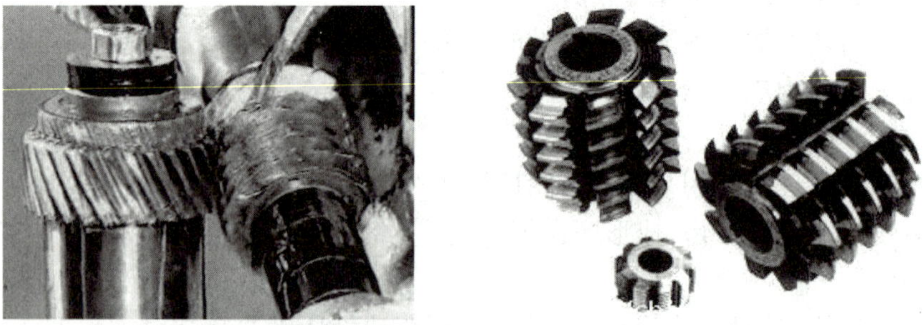

图 4-5　滚齿加工及齿轮滚刀

（1）滚齿工作原理

用齿轮滚刀加工齿轮时，相当于是一对交错轴的螺旋齿轮啮合。在这对啮合的齿轮传动副中，一个齿轮的齿数很少，只有一个或几个，螺旋角很大，就演变成了一个蜗杆，再将蜗杆开槽并铲背，就成为齿轮滚刀。在齿轮滚刀螺旋线法向截面上，其切削刃近似于齿条的齿形，如图 4-6 所示。

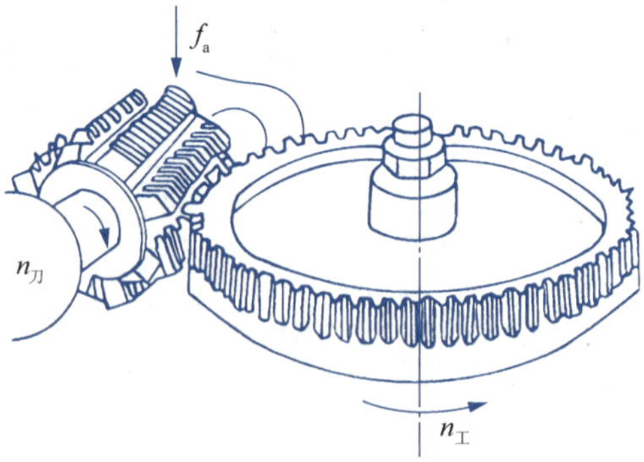

图 4-6　滚齿工作原理

滚切时，滚刀与工件的相对运动可以假想为齿条与齿轮的啮合，滚刀的刀齿又沿着螺旋线的切线方向进行切削，实现在齿坯上切出齿廓的运动。

（2）滚齿机

滚齿机是齿轮加工机床中应用最广泛的一种机床，在滚齿机上可滚切直齿、斜齿圆柱齿轮，还可以加工蜗轮、链轮等。Y3150E 型滚齿机主要由床身、立柱、刀架溜板、滚刀架、后立柱和工作台等部件组成，如图 4-7 所示。

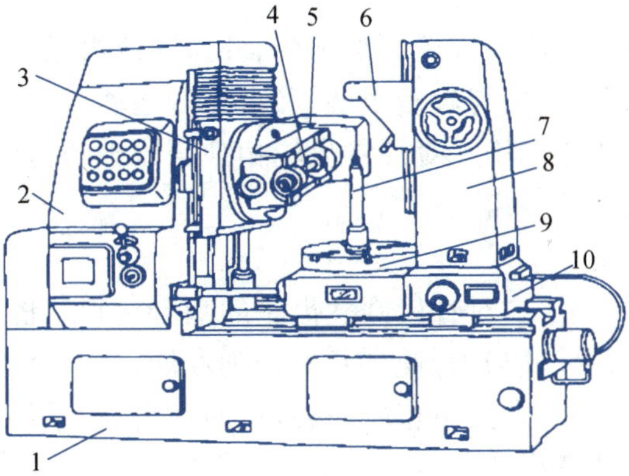

1—床身；2—立柱；3—刀架溜板；4—刀杆；5—刀架体；6—支架；7—心轴；8—后立柱；9—工作台；10—床鞍

图 4-7　Y3150E 型滚齿机

立柱 2 固定在床身 1 上，刀架溜板 3 带动滚刀可沿立柱导轨上下移动。装夹滚刀的刀杆 4 装在主轴的刀架体 5 上，刀架体连同滚刀可一起沿刀架溜板的弧形导轨在 240°范围内调整装夹角度。工件安装在工作台的心轴 7 上，随同工作台一起转动。后立柱 8 和工作台 9 一起装在床鞍 10 上，可沿机床水平导轨移动，用于调整径向位置或做径向进给运动。后立柱上的支架 6 可通过轴套或顶尖支承工件心轴的上端，以增加滚切工作的平稳性。

(3) 滚齿的切削运动

① 主运动。滚刀的回转运动，转速用 $n_{刀}$ 表示，用以实现对工件的切削。

② 分齿运动。工件台的回转运动，转速用 $n_{工}$ 表示，为保证滚刀回转与工件回转之间确定的啮合关系实现展成运动，$n_{工}$ 与 $n_{刀}$ 必须保持严格的速比。

③ 垂直进给运动。滚刀(刀架)沿着工件轴线方向上下均匀移动，以保证在工件的整个宽度上切出齿槽。

④ 径向进给运动。工作台的水平移动，以保证在工件上滚切出符合要求的齿槽深度。

(4) 滚齿加工的工艺特点

① 加工精度高。滚齿是利用展成法原理的齿轮加工方法，与铣齿比较，没有原理性齿形误差，因此，加工精度高，齿轮精度一般为 IT8～IT7 级；齿面的表面粗糙度值为 $Ra\,0.8 \sim 0.4\ \mu m$。

② 生产率高。滚齿加工属于连续切削，无辅助时间损耗，生产率一般比铣齿、插齿高。

③ 滚刀的通用性好。每一模数的齿轮滚刀可加工同一模数任意齿数的齿轮。

④ 适用性好。在齿轮齿形的加工中，滚齿应用最广泛，它适用于滚制直齿、斜齿圆柱

齿轮和蜗轮，但不能加工内齿轮、扇形齿轮和间距较近的台阶齿轮（如双联齿轮、三联齿轮）。

2. 插齿

用插齿刀可以通过展成法或成形法加工内、外齿轮或齿条等的齿面。成形法插齿所用插齿刀为成形刀具，刀刃轮廓与齿槽截形一致，在普通插床上逐齿插削，并由分度装置按齿数分度。展成法插齿是利用一对圆柱齿轮相啮合原理的齿面加工方法，在插齿机上加工。一般插齿是指展成法插齿。

（1）插齿工作原理

插齿的加工过程，相当于一对直齿圆柱齿轮的啮合过程。将齿轮副中的一个齿轮在轮齿上磨出前角、后角，制成插齿刀，使其具有切削性能，另一个齿轮换成齿坯。插齿时，插齿刀回转，工件按齿轮副啮合关系相应回转，从而在齿坯上展成渐开线齿廓，插齿刀做上、下往复直线运动，完成切齿。

（2）插齿机

插齿机主要由床身、插齿刀主轴、刀架、横梁、工作台等组成，如图 4-8 所示。

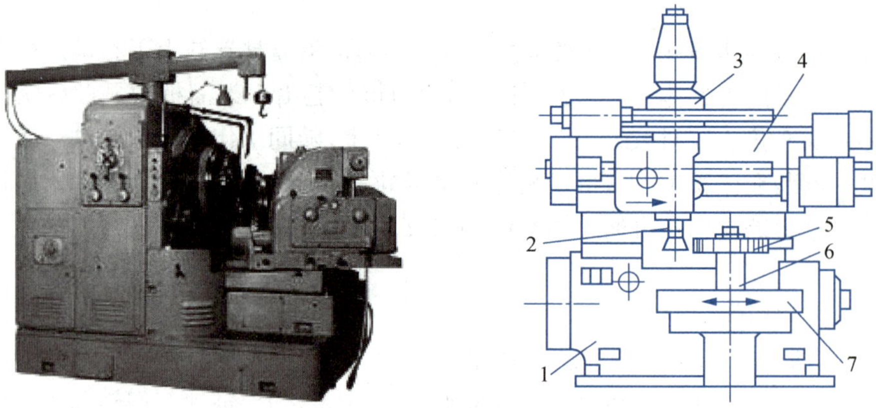

1—床身；2—主轴；3—刀架；4—横梁；5—齿坯；6—心轴；7—工作台

图 4-8 插齿机的外形及结构

插齿刀安装在刀架 3 的主轴 2 上，做回转运动和上、下往复直线运动。刀架可带动插齿刀向工件径向切入。工件安装在工作台 7 中央的心轴 6 上，在做回转运动的同时，随工作台水平摆动。

（3）插齿的切削运动

插齿机切削加工直齿圆柱齿轮的主要运动，如图 4-9 所示。

① 主运动。插齿刀的上、下往复直线运动。

② 分齿运动。插齿刀与工件分别绕自身轴线回转的啮合运动。

③ 径向进给运动。插齿刀每往复运动一次，刀架带动插齿刀向工件中心径向进给一次，直至插齿刀插削出齿的全深后，工件再回转一周，完成全部轮齿的插削加工。

④ 让刀运动。插齿时，插齿刀向下运动为工作行程，向上运动不进行切削，为空行程。为避免插齿刀返回行程中擦伤工件已加工表面，减小刀具磨损，工件做离开插齿刀具

的让刀运动，此运动由工作台的摆动实现。在返回行程终了、工作行程开始时，工件恢复原位。

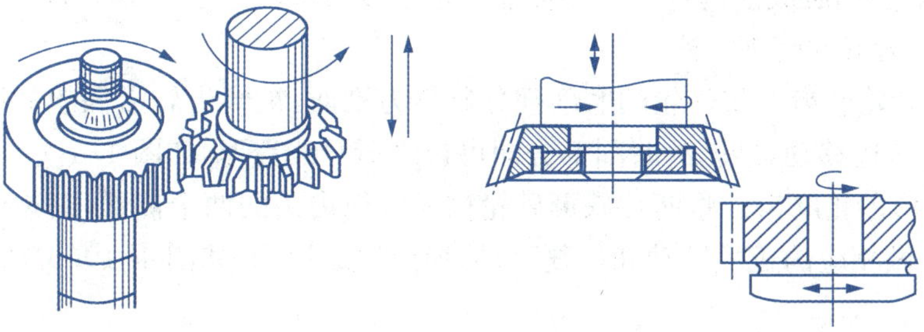

图 4-9　插齿的切削运动

（4）插齿的工艺特点

① 加工精度高。插齿刀的制造、刃磨和检验都比齿轮滚刀简便，易于保证制造精度，插齿所形成的齿形包络线的切线数量比滚齿多，齿面粗糙度值小，故齿形的制造精度比滚齿高，但公法线长度变动较大。插齿的加工精度一般为 IT8～IT7 级，高的可达 IT6 级以上；齿面的表面粗糙度值为 Ra1.6～0.8 μm，最小可达 Ra0.4～0.2 μm。

② 生产率较低。插齿加工属于断续切削，插齿刀的往复运动有空行程，一般情况下，生产率低于滚齿。

③ 插刀的通用性好。同一模数的插齿刀可加工模数相同任意齿数的圆柱齿轮。

④ 适用性好。插齿适用于加工内、外啮合的直齿圆柱齿轮，以及多联齿轮、扇形齿轮和齿条。

3. 剃齿

剃齿是利用剃齿刀在专用剃齿机上对齿轮齿形进行精加工的一种方法。

（1）剃齿工作原理

剃齿加工相当于一对螺旋齿轮啮合，剃齿时刀具与工件做无侧隙双面啮合的自由展成运动。剃齿刀安装时与工件轴线倾斜一个螺旋角。刀齿的两侧面都能进行切削，当工件旋向不同或剃齿刀正反转动时，刀齿两侧切削刃的切削速度是不同的。为了使齿轮的两侧都能获得较好的剃削质量，剃齿刀在剃齿过程中应交替地进行正反转动。剃齿刀的圆周速度可以分解为沿工件齿向的切向速度和沿工件齿面的法向速度，从而带动工件旋转和轴向运动，使刀具在工件表面上剃下一层极薄的切屑。同时，工作台带动工件做往复运动，以剃削轮齿的全长。

（2）剃齿的工艺特点

① 剃齿的加工精度一般为 IT8～IT7 级，表面粗糙度值为 Ra0.8～0.4 μm。

② 剃齿主要用于提高齿形精度和降低表面粗糙度值，不能修正公法线长度变动误差。

③ 剃齿生产率高，主要适用于大批生产中精加工齿面未淬硬（35HRC 以下）的直齿、斜齿圆柱齿轮。

4. 磨齿

磨齿是用砂轮在专用磨齿机上对已淬火齿轮进行精加工的一种方法。磨齿按加工原理可分为成形法和展成法两种。大多数磨齿都是以展成法原理来加工的。

(1) 齿轮齿形的磨削方法

① 锥形砂轮磨齿。将砂轮的磨削部分修整为锥面,被磨齿轮沿假想的固定齿条做往复纯滚动,边转边移动,砂轮的磨削部分即可包络渐开线齿形,如图 4-10(a)所示。

② 双碟形砂轮磨齿。将两片碟形砂轮构成假想齿条的两个侧面,磨齿时砂轮只在原位转动,工件做相应的正反转动和往复移动,形成展成运动,如图 4-10(b)所示。

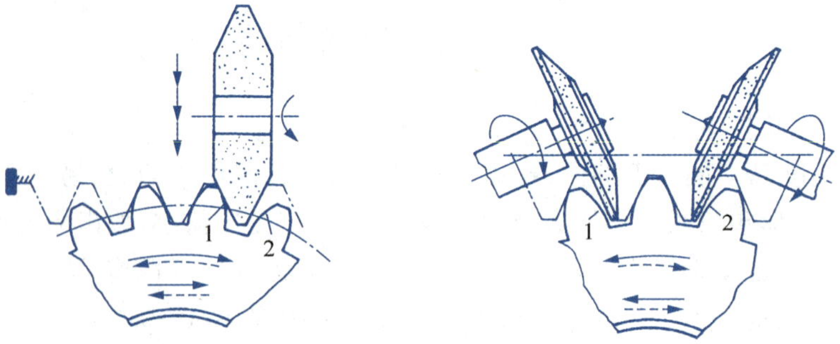

(a) 锥形砂轮磨齿　　(b) 双碟形砂轮磨齿

图 4-10　磨齿加工方法

(2) 磨齿的工艺特点

磨齿的加工精度可达 IT6～IT4 级,齿面的表面粗糙度值为 $Ra0.4 \sim 0.2\ \mu m$。磨齿可对齿轮误差及热处理变形有较强的纠错能力,但生产率低,主要适用于单件、小批生产中淬硬或非淬硬的高精度齿轮及插齿刀、剃齿刀等齿轮刀具的精加工。

【组织实施】

一、课前准备工作

① 准备相关教学资料,包括教材、教学参考书、工作任务书等。

② 做好课前准备,按要求完成课前知识点的学习。

二、学习活动安排

通过参观学习,进行分组实施,按具体要求完成以下工作任务,并填写工作页。

① 观察设备标牌的内容,了解设备型号、规格和精度等级等。

② 说明 Y3150E 型滚齿机的结构和用途,了解其他齿形加工设备的结构和用途。

③ 说明齿形加工设备工作时的运动情况及所用刀具。

④ 熟悉齿轮齿形表面加工方法、加工范围。

工作页	任务一 齿轮加工方案的选择	学习活动 2 齿形加工方法和设备的认知

【知识梳理】

请你通过自主学习、小组讨论、信息查找等方法，结合知识点的学习完成以下工作任务。

1. 齿轮齿形常用的切削加工方法有哪几种？

2. 什么是成形法？常用的加工方法有哪些？有哪些工艺特点？

3. 什么是展成法？常用的展成加工方法有哪些？

4. 简述滚齿加工常用设备、刀具及其工艺特点。

5. 简述插齿加工常用设备、刀具及其工艺特点。

【思考与练习】

通过对以上相关基础知识的学习，完成以下测试。

一、判断题

(　　)1. 展成法加工齿轮是齿轮刀具与被切齿轮之间的啮合运动而切出齿形的方法。

(　　)2. 成形法加工齿轮是利用与被切齿轮的齿槽相符合的成形刀具切出齿形的方法。

(　　)3. 剃齿相当于一对直齿圆柱齿轮传动进行自由展成法加工。

(　　)4. 磨齿是指齿形精加工的主要方法，它既可加工未经淬硬的轮齿，也可加工淬硬的轮齿。

(　　)5. 对淬火后的齿轮齿面进行精加工应采用磨齿。

(　　)6. 滚齿机能够进行各种内外直齿圆柱齿轮的加工。

(　　)7. 滚齿机加工效率一般高于插齿机，但滚齿机不能加工内齿轮和相距很近的多联齿轮。

(　　)8. 插齿机主要用于加工直齿圆柱齿轮，尤其适用于加工滚齿机上不能加工的内齿轮和多联齿轮。

(　　)9. 插齿加工属于断续加工，故生产效率低。

二、选择题

1. 下列属于加工内齿轮齿形方法的有(　　)。

A. 滚齿　　B. 插齿　　C. 磨齿　　D. 挤齿

2. 下列属于淬硬齿轮的齿形精加工方法的是(　　)。

A. 铣齿　　B. 拉齿　　C. 珩齿　　D. 剃齿

3. 下列属于铣齿加工主运动的是(　　)。

A. 工件的旋转运动　　B. 工件的直线移动

C. 铣刀的旋转运动　　D. 铣刀的直线运动

4. 在滚齿机上用齿轮滚刀加工齿轮，相当于一对(　　)的啮合过程。

A. 圆柱齿轮　　B. 圆柱螺旋齿轮　　C. 锥齿轮　　D. 螺旋锥齿轮

5. 在插齿加工时，能切出整个齿宽运动的是(　　)。

A. 上下往复运动　　B. 径向进给运动　　C. 让刀运动　　D. 回转运动

6. 机床型号的首位字母“Y”表示该机床是(　　)。

A. 水压机　　B. 齿轮加工机床　　C. 压力机　　D. 螺纹加工机床

7. 利用成形法加工齿轮齿形的方法有(　　)。

A. 滚齿　　B. 插齿　　C. 铣齿　　D. 剃齿

【做中学】

根据工作任务要求，请你和小组成员讨论，完成以下工作任务。

☐　任务 1　解读以下机床型号的含义，并简述机床的运动形式、工装夹具。

Y3150E：

____

____

____

☐　任务 2　查阅资料，简述其他齿轮齿形的加工方法。

____

____

____

【检查评价】

1. 自行检查工作任务完成情况。
2. 学习小组间互查，查找存在的问题。
3. 针对问题，提出解决方法及改进措施。
4. 整理相关资料，归档。

工作任务评价单

序号	考核评价项目			考核内容	学生自评	小组互评	教师总评	分数比重
1	过程性考核	专业能力	课前	学习知识点，完成测试				60%
			课中	熟悉齿轮齿形加工设备的结构、特点、应用及工艺装备				
				能认知齿轮齿形的各种加工方法				
			课后	巩固课程知识，完成习题				
2		方法能力		能搜集信息、自主学习、分析解决问题、归纳总结及创新				15%
3		社会能力		能与团队共同协作、交流沟通；能遵守安全规范，有安全质量意识和工匠精神等				15%
4		其他		能按时出勤、遵守课堂纪律、积极参与活动、回答问题等				10%
总评								100%
综合评价	组别			组长签字		日期		
	评语							

存在的问题及改进措施

序号	存在的问题	解决方法及改进措施	备注
总结与提高：			

学习活动3　齿轮加工方案的选择

训练目的:会选择齿轮的加工方法,并确定其加工方案。

【知识储备】

齿轮加工方案的选择,主要取决于齿轮的精度等级、结构形状、生产类型、热处理方法及生产工厂的现有条件,对于不同精度等级的齿轮,常用的加工方案有以下三种。

1. 8级及8级精度以下的齿轮

对于不淬硬的齿轮用滚齿或插齿即可满足加工要求;对于淬硬齿轮一般采用铣齿→齿端加工→齿面热处理→修正内孔的加工方案。若无热处理可去掉修正内孔的加工工序。此方案适用于单件、小批生产或维修。

2. 7~6级精度的齿轮

对于淬硬齿面的齿轮可以采用滚(插)齿→齿端加工→表面淬火→校正基准→磨齿,这种方案加工精度稳定;也可以采用滚(插)→剃齿或冷挤→表面淬火→校正基准→内啮合珩齿的加工方案,此方案加工精度稳定,生产率高。

3. 5级以上精度的齿轮

一般采用粗滚齿→精滚齿→表面淬火→校正基准→粗磨齿→精磨齿的加工方案。大批生产时也可采用粗磨齿→精磨齿→表面淬火→校正基准→磨削外珩自动线的加工方案。这种加工方案的齿轮精度可稳定在5级以上,且加工精度高,适用于各种批量的齿轮齿形加工。

常用的齿轮加工方案见表4-1。

表4-1　常用齿轮加工方案

<table>
<tr><th>齿面加工方案</th><th>齿轮精度等级</th><th>齿面粗糙度 Ra(μm)</th><th>适　用　范　围</th></tr>
<tr><td>铣齿</td><td>9级以下</td><td>6.3~3.2</td><td>单件、小批生产或修配生产中,加工低精度的外圆柱齿轮、齿条、锥齿轮、蜗轮</td></tr>
<tr><td>拉齿</td><td>7级</td><td>1.6~0.4</td><td>大批生产7级内齿轮;外齿轮拉刀制造复杂,故少用</td></tr>
<tr><td>滚齿</td><td rowspan="3">8~7级</td><td>3.2~1.6</td><td>各种批量的生产中,加工中等质量外圆柱齿轮及蜗轮</td></tr>
<tr><td>插齿</td><td>1.6</td><td>各种批量的生产中,加工中等质量的内、外圆柱齿轮、多联齿轮及小型齿条</td></tr>
<tr><td>滚(或插)齿→淬火→珩齿</td><td>0.8~0.4</td><td>用于齿面淬火的齿轮</td></tr>
</table>

（续表）

齿面加工方案	齿轮精度等级	齿面粗糙度 *Ra*(μm)	适　用　范　围
滚齿→剃齿	7～6 级	0.8～0.4	主要用于大批生产
滚齿→剃齿→淬火→珩齿		0.4～0.2	
滚(插)齿→淬火→磨齿	6～3 级	0.4～0.2	用于高精度齿轮的齿面加工，生产率低，成本高
滚(插)齿→磨齿	6～3 级		

【组织实施】

一、课前准备工作

① 准备相关教学资料，包括教材、教学参考书、工作任务书等。

② 做好课前准备，按要求完成课前知识点的学习。

二、学习活动安排

根据图 4-1 所示齿轮的零件图进行分析，完成以下工作任务，填写工作页。

① 掌握齿轮加工方法和加工方案所能达到的加工经济精度、表面粗糙度及适用范围。

② 完成齿轮零件技术要求分析，制订齿轮齿形的加工方案。

工作页	任务一 齿轮加工方案的选择	学习活动 3 齿轮加工方案的选择

【知识梳理】

请你通过自主学习、小组讨论、信息查找等方法，结合基础知识的学习完成以下工作任务。

齿轮的加工方案大致分为哪几种？

____

____

____

____

____

【思考与练习】

通过对以上相关基础知识的学习，完成以下测试。

一、判断对错

(　　)1. 铣齿加工主要适用于单件、小批生产中加工精度高的外圆柱齿轮、齿条等。

(　　)2. 对于淬硬齿面的齿轮可采用磨齿为最终加工方案。

(　　)3. 剃齿加工主要用于大批生产。

二、填空题

1. 齿轮加工方案的选择，主要取决于齿轮的________、________、________、热处理方法及生产工厂的现有条件。

2. 常用的齿面加工方法有________、________、________和________等。

【做中学】

根据工作任务要求，请你和小组成员讨论，完成以下工作任务。

□　任务 1　齿轮加工方案的选择

如图 4-1 所示齿轮零件，根据要求完成以下工作任务。

1. 分析零件图，填写下表。

序号	设备名称	规格	工艺装备(刀具、夹具、量具)	备注

2. 确定该齿轮零件的加工方案。

____

____

____

□ 任务 2 如图 4-11 所示传动齿轮，分析该零件的加工工艺，确定齿轮的加工方案。

____

____

____

____

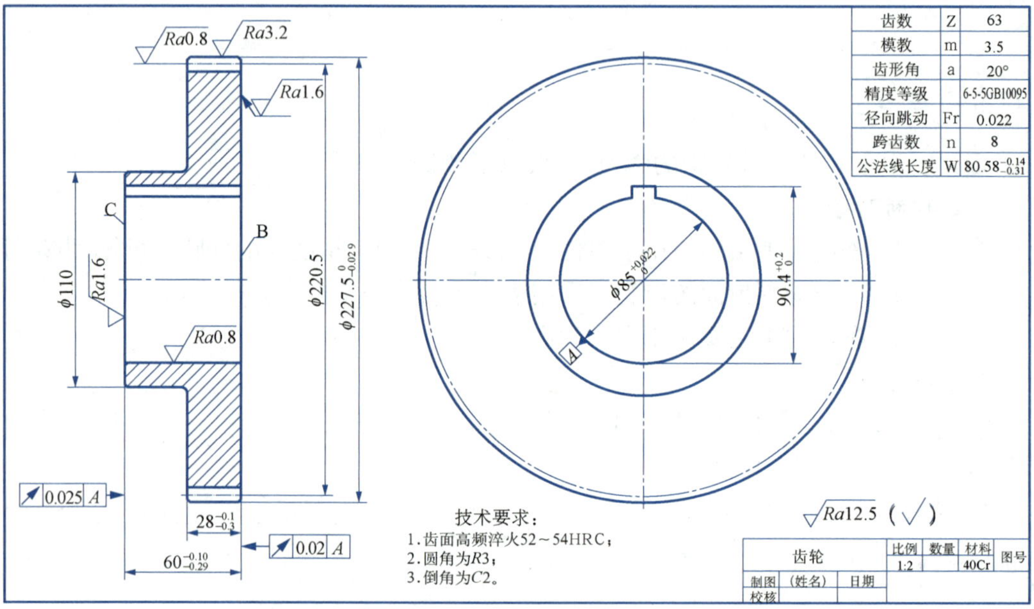

图 4-11 齿轮

【检查评价】

① 自行检查工作任务完成情况。

② 学习小组间互查，查找存在的问题。

③ 针对问题，提出解决方法及改进措施。

④ 整理相关资料，归档。

工作任务评价单

<table>
<tr><th>序号</th><th colspan="3">考核评价项目</th><th>考核内容</th><th>学生自评</th><th>小组互评</th><th>教师总评</th><th>分数比重</th></tr>
<tr><td rowspan="4">1</td><td rowspan="7">过程性考核</td><td rowspan="4">专业能力</td><td>课前</td><td>学习知识点，完成测试</td><td></td><td></td><td></td><td rowspan="4">60%</td></tr>
<tr><td rowspan="2">课中</td><td>能正确选择齿轮加工方法，确定机床设备、工艺装备等</td><td></td><td></td><td></td></tr>
<tr><td>能完成齿轮的加工方案分析，确定各齿形的加工方法</td><td></td><td></td><td></td></tr>
<tr><td>课后</td><td>巩固课程知识，完成习题</td><td></td><td></td><td></td></tr>
<tr><td>2</td><td colspan="2">方法能力</td><td>能搜集信息、自主学习、分析解决问题、归纳总结及创新</td><td></td><td></td><td></td><td>15%</td></tr>
<tr><td>3</td><td colspan="2">社会能力</td><td>能与团队共同协作、交流沟通；能遵守安全规范，有安全质量意识和工匠精神等</td><td></td><td></td><td></td><td>15%</td></tr>
<tr><td>4</td><td colspan="2">其他</td><td>能按时出勤、遵守课堂纪律、积极参与活动、回答问题等</td><td></td><td></td><td></td><td>10%</td></tr>
<tr><td colspan="5">总评</td><td></td><td></td><td></td><td>100%</td></tr>
<tr><td colspan="2" rowspan="2">综合评价</td><td>组别</td><td></td><td>组长签字</td><td></td><td colspan="2">日期</td><td></td></tr>
<tr><td>评语</td><td colspan="6"></td></tr>
</table>

存在的问题及改进措施

序号	存在的问题	解决方法及改进措施	备注

总结与提高：

【教学反馈】

信息反馈表

序号	反馈问题	反馈意见
1	你对该工作任务是否感兴趣?	A. 感兴趣 B. 一般 C. 不感兴趣
2	该工作任务的安排是否合理?	A. 合理 B. 一般 C. 不合理
3	该工作任务的难度是否合适?	A. 太难 B. 合适 C. 太简单
4	该工作任务的学时安排是否合适?	A. 太少 B. 合适 C. 太多
5	该工作任务的学习目标是否实现?	A. 实现 B. 部分实现 C. 没有实现
问题综述		
学习心得		

任务二
齿轮工艺规程的制订

学习目标

知识目标	能力目标	素质目标
① 熟悉齿轮零件机械加工工艺分析。 ② 熟悉齿轮定位基准的选择。 ③ 掌握工艺尺寸链的应用计算	能够制订齿轮零件的机械加工工艺规程，编制机械加工工艺过程卡片	① 培养学生对相关手册的自主学习及应用能力。 ② 培养学生精益求精的工作态度。 ③ 培养学生环保、健康和安全意识

任务描述

如图 4-1 所示为齿轮的零件图，本任务主要介绍齿轮零件的机械加工工艺，试根据零件图给出的相关信息，通过分组讨论，制订该齿轮零件的机械加工工艺规程，编制机械加工工艺过程卡片。

任务分析

图 4-1 的齿轮，该零件材料为 45 钢，批量生产。加工前应对齿轮零件的结构、功能、技术要求、定位基准和热处理等方面进行综合分析，确定其合理的加工工艺，保证齿轮的加工精度。

学习活动　制订齿轮的工艺规程

训练目的：能够综合应用机械加工工艺知识，分析齿轮类零件的加工工艺，编制零件的机械加工工艺文件。

① 能正确地选择零件加工时的粗基准和精基准。

② 在工序基准与设计基准不重合时，确定工序尺寸和公差。

③ 能够综合分析齿轮类零件的加工工艺，编制零件的机械加工工艺过程卡片。

拓展阅读——高精度齿轮加工工艺分析

【知识储备】

一、齿轮的加工工艺分析

(一) 定位基准的选择

正确选择齿轮的定位基准和安装方式，对齿轮的制造精度有着重要的影响。齿轮定位基准的选择常因齿轮的结构形状不同而有所差异。

1. 定位基准

小直径的轴齿轮，可采用两端中心孔或锥体作为定位基准，符合基准统一原则；大直径的轴齿轮，通常用轴颈和一个较大的端面组合定位，符合基准重合原则。

2. 带孔齿轮在加工齿面时常采用的安装方式

(1) 内孔和端面定位

以工件内孔和端面联合定位，确定齿轮中心和轴向位置。选择既是设计基准又是测量基准和装配基准的内孔和端面作为定位基准，既符合基准重合原则，又能使以后各工序的基准统一。使用心轴装夹时，不需找正，定位、测量和装配的基准重合，定位精度高，生产效率高，但对夹具的制造精度要求较高。这种安装方式主要适用于产量较大、质量要求稳定的批量生产。

(2) 外圆和端面定位

若齿轮坯件两端面对孔的轴线都有较高的垂直度要求，或要求两端面有较高的平行度而又不能在一次装夹中加工出孔和两端面，则可在第一次装夹中车好一个端面、内孔及外圆，然后调头，用已加工好的外圆作基准找正加工另一端面。这种装夹方法找正费时，效率低，但不需专用心轴，故适用于单件、小批生产。

当工件批量较大时，为节省找正时间并使工件获得准确定位，可在三爪自定心卡盘上采用软卡爪装夹。装夹前先对卡爪定位支承面进行精车，使工件已加工好的端面紧靠在定位支承面上，再夹紧已加工好的外圆，这样加工出来的端面与轴线的垂直度及两端面的平行度都较高。

(二) 齿坯的加工工艺

齿轮加工之前的加工称为齿坯加工。齿坯的内孔、端面、轴颈或齿顶圆经常用作齿轮加工、测量和装配的基准。齿坯的精度对齿轮的加工精度有重要的影响。因此，齿坯的加工在整个齿轮加工中占有重要的地位。

1. 齿坯精度

齿轮在加工、检验和装夹时的径向基准面和轴向基准面应尽量一致。多数情况下，常以齿轮孔(或轴颈)和端面为齿形加工的基准面，所以在齿坯加工中，主要要求保证齿轮孔(或轴颈)的尺寸精度、形状精度、基准端面相对于齿轮孔(或轴颈)的相互位置精度。相关要求可参考表 4-2，详细内容请查阅相关机械加工工艺手册。

表 4-2 齿坯尺寸和形状公差

齿轮精度等级	5	6	7	8
孔的尺寸和形状公差	IT5	IT6	IT7	
轴的尺寸和形状公差	IT5		IT6	
外圆直径尺寸和形状公差	IT7	IT8		

2. 齿坯的加工方案选择

齿坯加工主要包括齿坯的孔、端面和中心孔的加工(对于轴齿轮)以及齿圈外圆的加工。

对于轴齿轮和套筒齿轮的齿坯,其加工过程和一般的轴、套类零件基本相同;盘类齿轮齿坯的加工工艺方案主要取决于齿轮的轮体结构和生产类型。

(1) 大批生产的齿坯加工

大批加工中等尺寸的齿轮齿坯时,采用钻→拉→多刀车的工艺方案。具体步骤如下:主要以毛坯外圆及端面定位进行钻孔或扩孔;在拉床上以端面支承拉孔;以孔定位,在多刀半自动车床上粗、精车外圆、端面、槽及倒角等。这种工艺方案采用高效机床组成流水线或自动生产线,生产效率高。

(2) 成批生产的齿坯加工

成批生产中进行齿坯加工时,常采用车→拉→车的工艺方案。具体步骤如下:主要以齿坯外圆或轮毂定位,精车外圆、端面和内孔;以端面支承拉孔;以孔定位精车外圆及端面等。这种工艺方案可由卧式车床或转塔车床及拉床实现,加工质量稳定,生产效率较高。

(3) 单件、小批生产的齿坯加工

单件、小批生产齿坯时,一般齿坯的孔、端面及外圆的粗、精加工都在通用车床上完成。但应使基准孔和端面的精加工在一次装夹中完成,以保证相互位置精度要求。

(三) 齿形的加工工艺

齿圈的齿形加工是整个齿轮加工的核心。齿形加工工艺的选择,主要取决于齿轮的精度等级、结构形状、生产类型、齿轮的热处理方法及生产工厂的现有条件,详细内容参阅本项目任务一。

二、齿轮加工中热处理工序的安排

齿轮加工中,根据不同的目的要求需要安排两种热处理工序。

1. 齿坯热处理

在齿坯加工前后安排预先热处理,其主要目的是消除毛坯制造过程中或粗加工中产生的内应力,改善材料的切削性能,提高材料的综合力学性能,保证表面质量。齿坯常用的热处理方法有正火和调质。正火安排在粗车前,调质一般安排在齿坯粗加工以后。

2. 齿面热处理

齿形加工完毕后,为提高齿面的硬度和耐磨性,常进行高频感应加热淬火、渗碳淬火、渗氮和火焰淬火等热处理工序。

(1) 高频感应加热淬火

高频感应加热淬火，是指采用高频电磁感应加热装置迅速将齿面温度加热到淬火温度，然后快速冷却，达到齿面淬硬的热处理方法。齿面高频感应加热淬火的变形比其他淬火方法小。当齿轮模数 $m \leqslant 6$ mm 时，可用整体式感应器将全部齿面一次加热淬火；当模数 $m \geqslant 8$ mm 时，可用单齿式感应器逐齿分次加热淬火。

(2) 渗碳淬火

齿面渗碳的齿轮一般采用整体淬火，渗碳层深度与齿轮模数有关。渗碳层太薄，容易引起表面疲劳剥落；渗碳层太厚，轮齿承受冲击的性能变坏。渗碳层厚度一般为分度圆弦齿厚的 1/6～1/5。

渗碳淬火后的齿轮变形较大，因此，高精度齿轮渗碳淬火后还需进行磨齿加工；精度较低、淬火后不需精加工齿形的齿轮，可根据热处理变形量预先调整齿形切削加工余量来补偿。

(3) 渗氮

高速齿轮和要求热处理变形极小的中小模数齿轮，常采用渗氮效果好的钢(如 38CrMoAl)制造并对齿面进行渗氮处理。经渗氮处理的齿轮，其耐磨性及抗疲劳强度都很高。

(4) 火焰淬火

对大模数、大直径的齿轮或受热处理设备限制施工困难的齿轮，可采用氧-乙炔火焰表面淬火。由于氧-乙炔火焰的温度极高，加热齿面时很快能达到淬火温度，随即将水或乳化液喷射到已加热的齿面上急冷，即能达到将齿面淬硬的目的。火焰淬火的齿面硬度不容易控制均匀，但对于缺少热处理设备的小型机修企业或齿面淬硬层要求不高的齿轮，这种方法仍具有实用意义。

三、齿轮的加工工艺路线

拟定直齿圆柱齿轮的加工工艺路线时，应根据齿轮材质和热处理要求、齿轮结构及尺寸大小、精度要求、生产批量和企业车间设备条件等进行综合分析确定。齿轮的加工工艺过程一般可归纳为如下八个阶段：毛坯制造→毛坯热处理→齿坯加工→齿形加工→齿端加工→齿面热处理→齿轮定位表面精加工→齿形精加工。

(1) 只需要调质热处理的齿轮

毛坯制造→毛坯热处理(正火)→齿坯粗加工→调质→齿坯精加工→齿形粗加工→齿形精加工。

(2) 齿面须经表面淬火的中碳结构钢、合金结构钢齿轮

毛坯制造→毛坯热处理(正火)→齿坯粗加工→调质→齿坯半精加工→齿形粗加工→齿面表面淬火→齿坯精加工→齿形精加工。

(3) 齿面须渗碳淬火或渗氮的齿轮

毛坯制造→毛坯热处理(正火)→齿坯粗加工→调质→齿坯半精加工→齿形粗加工→齿形半精加工→渗碳淬火或渗氮→齿坯精加工→齿形精加工。

【组织实施】

一、课前准备工作

① 准备相关教学资料，包括教材、教学参考书、工作任务书等。

② 做好课前准备，按要求完成课前知识点的学习。

二、学习活动安排

① 选择定位基准。

分析图 4-1 所示齿轮零件，试选择该零件定位基准，并按要求填写工作页。

② 确定工序尺寸和公差。

③ 编制机械加工工艺过程卡片。

工作页	任务二 齿轮工艺规程的制订	学习活动 制订齿轮的工艺规程

【知识梳理】

请你通过自主学习、小组讨论、信息查找等方法，结合基础知识的学习完成以下工作任务。

1. 结合齿轮零件的结构特点，简述定位基准的选择原则，说明优、缺点及适用场合。

____

____

____

____

2. 简述齿坯加工方案的选择。

____

____

____

____

【思考与练习】

通过对以上相关基础知识的学习，完成以下测试。

一、判断对错

(　　)1. 小直径的轴齿轮，常采用两端中心孔或锥体作为定位基准。

(　　)2. 齿轮加工、检验和装夹时，径向基准面和轴向基准面应尽量一致。

(　　)3. 经渗氮处理的齿轮其耐磨性及抗疲劳强度都很高。

二、选择题(可多选)

1. 带孔齿轮加工齿面时常采用的安装方式为(　　)。

A. 内孔和端面定位　　B. 外圆和端面定位

C. 两中心孔定位　　D. 端面定位

2. 齿轮拟定工艺路线时应考虑因素有(　　)。

A. 材质和热处理要求

B. 结构及尺寸大小

C. 精度要求

D. 生产批量及企业现有条件

【做中学】

根据工作任务要求，请你和小组成员讨论，完成以下工作任务。

□ 任务 1 定位基准的选择

如图 4-1 所示齿轮，试确定该零件的定位基准。

____

____

____

□ 任务 2 工序尺寸和公差的确定

如图 4-12 所示零件，确定键槽底面的工序基准和设计基准，判断两者是否重合。完成插键槽深度 A_2 的计算。

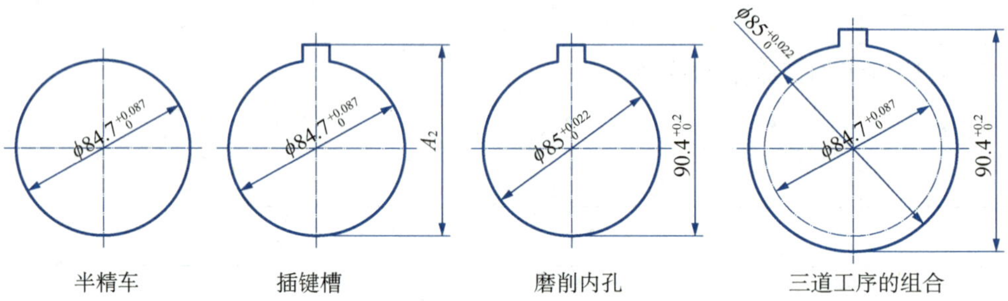

图 4-12 齿轮

____

____

____

□ 任务 3 编制机械加工工艺过程卡片

如图 4-1 所示齿轮零件，按要求完成加工工艺分析，并编制该零件机械加工工艺过程卡片。

____

____

____

□ 任务 4 如图 4-13 所示主轴箱传动齿轮，批量生产。试分析确定该零件加工方案，编制机械加工工艺过程卡片。

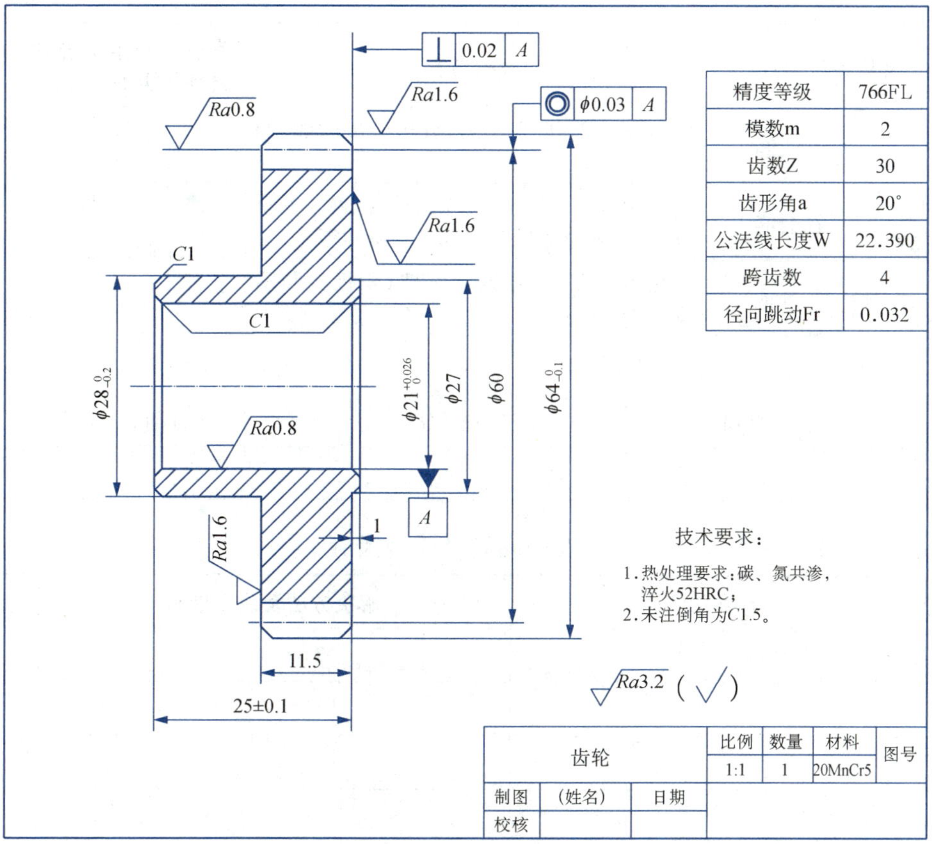

图 4-13　传动齿轮

【检查评价】

① 自行检查工作任务完成情况。

② 学习小组间互查，查找存在的问题。

③ 针对问题，提出解决方法及改进措施。

④ 整理相关资料，归档。

工作任务评价单

序号	考核评价项目			考核内容	学生自评	小组互评	教师总评	分数比重
1	过程性考核	专业能力	课前	学习知识点，完成测试				60%
			课中	能正确选择齿轮零件的定位基准，拟定加工工艺路线				
				能运用工艺尺寸链解决实际问题				
				能完成机械加工工艺过程卡片的编制				
			课后	巩固课程知识，完成习题				

（续表）

序号	考核评价项目		考核内容	学生自评	小组互评	教师总评	分数比重
2	过程性考核	方法能力	能搜集信息、自主学习、分析解决问题、归纳总结及创新				15%
3		社会能力	能与团队共同协作、交流沟通；能遵守安全规范，有安全质量意识和工匠精神等				15%
4		其他	能按时出勤、遵守课堂纪律、积极参与活动、回答问题等				10%
总评							100%

综合评价	组别		组长签字		日期	
	评语					

存在的问题及改进措施

序号	存在的问题	解决方法及改进措施	备注
总结与提高：			

【教学反馈】

信息反馈表

序号	反馈问题	反馈意见		
1	你对该工作任务是否感兴趣？	A. 感兴趣	B. 一般	C. 不感兴趣
2	该工作任务的安排是否合理？	A. 合理	B. 一般	C. 不合理
3	该工作任务的难度是否合适？	A. 太难	B. 合适	C. 太简单
4	该工作任务的学时安排是否合适？	A. 太少	B. 合适	C. 太多
5	该工作任务的学习目标是否实现？	A. 实现	B. 部分实现	C. 没有实现
问题综述				
学习心得				

任务三
齿轮类零件的加工质量分析

学习目标

知识目标	能力目标	素质目标
① 熟悉机械加工精度和机械加工表面质量的基础知识。 ② 掌握影响加工质量的工艺因素及其改善措施。 ③ 掌握保证加工精度的方法	① 能够通过对齿轮类零件的检测，确定误差的形式。 ② 能分析齿轮类零件产生误差的原因，并给出解决措施	① 培养学生严谨、认真的工作态度。 ② 培养学生良好的质量意识和职业素养。 ③ 培养学生的创新思维

任务描述

加工直齿圆柱齿轮时，经常会出现如图 4-14 所示的齿形角误差、出棱、不对称等误差。请分组讨论，通过检测判断误差的形式，分析齿轮类零件产生误差的原因，并给出解决措施。

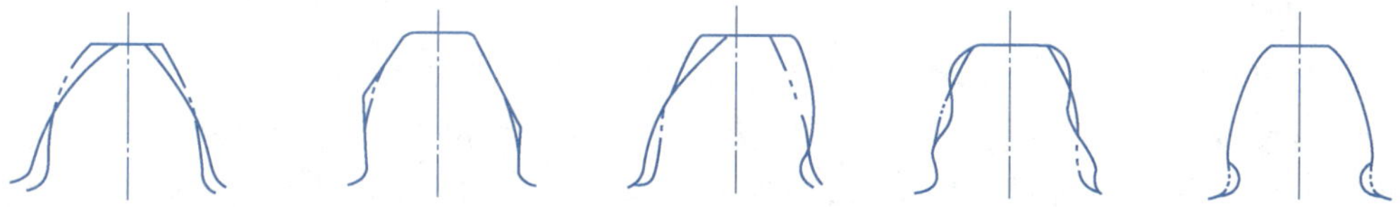
(a) 齿形角误差　(b) 出棱　(c) 不对称　(d) 周期误差　(e) 根切

图 4-14　齿轮加工后的误差

任务分析

齿轮传动是机械传动的重要形式之一，齿轮作为重要的基础零件，其加工精度直接关系到齿轮传动的准确性和平稳性。减小加工过程中的齿形误差，首先要查找误差产生的原因，然后采取相应工艺措施，保证齿轮的加工精度，提高齿轮传动工作精度。

学习活动　齿轮类零件的加工质量分析

训练目的：能通过检测判断误差的形式，分析齿轮类零件产生误差的原因，并提出解决措施。

拓展阅读——齿形精度的检测

【知识储备】

一、滚齿的加工精度分析

滚齿加工中，由于机床、刀具、夹具和齿坯在制造、安装或调试中不可避免地存在一些误差，因而被加工齿轮的尺寸、形状和位置等方面也会产生一些误差。它们会影响齿轮传动的准确性、平稳性、载荷的均匀性和齿侧间隙。

1. 影响传动准确性的误差分析

影响传动准确性的主要原因是加工中滚刀和被加工齿轮的相对位置和相对运动发生变化。相对位置的变化（几何偏心）产生齿轮的径向误差；相对运动的变化（运动偏心）产生齿轮的切向误差。

（1）齿轮径向误差

齿轮的径向误差是指滚齿时，由于齿坯的实际回转中心与其定位基准中心不重合，使被切齿轮的轮齿发生径向位移而引起的齿距误差。

产生的主要原因：安装调整夹具时，定位轴心与机床工作台回转中心不重合；齿坯内孔与心轴间有间隙，安装偏心；基准端面定位不好，夹紧后内孔相对工作台回转中心产生间隙。

（2）齿轮切向误差

齿轮切向误差是指加工时，由于机床工作台的不等速旋转，使被切齿轮的轮齿沿切向发生位移所引起的齿距累积误差。滚齿时，刀具与齿坯间应保持严格的展成运动，但传动链中各元件的制造和装配误差，必然产生传动误差，使刀具与齿坯间的相对运动不均匀。

产生误差的主要原因：工作台分度蜗轮本身齿距累积误差及安装偏心。

2. 影响传动平稳性的加工误差分析

影响传动平稳性的主要因素是齿轮的基节偏差和齿形误差。

产生误差的主要原因：加工原理误差、滚刀的制造误差、安装误差和机床分齿传动链的传动误差等。

3. 影响载荷均匀性的加工误差分析

齿轮齿面的接触状况直接影响齿轮传动中载荷的均匀性。齿轮齿高方向的接触精度由齿形精度和基节精度来保证；齿宽方向的接触精度主要受齿向误差的影响。

齿向误差是指轮齿齿向偏离理论位置。产生齿向误差的主要因素是滚刀进给方向与齿坯定位心轴不平行，包括齿坯定位心轴歪斜，刀架导轨相对工作台回转中心在齿坯径向或切向不平行。

二、查找误差产生原因的方法和步骤

1. 确定加工误差形式

直齿圆柱齿轮出现齿形角误差、不对称、出棱、周期误差和根切均属于齿轮齿形误差，即基本形式齿形与标准渐开线齿轮的齿形不相符。由于有原始误差的存在，标准渐开线齿轮加工后实际齿形并非渐开线，而是由若干短线组成的折线，如图 4-15 所示。

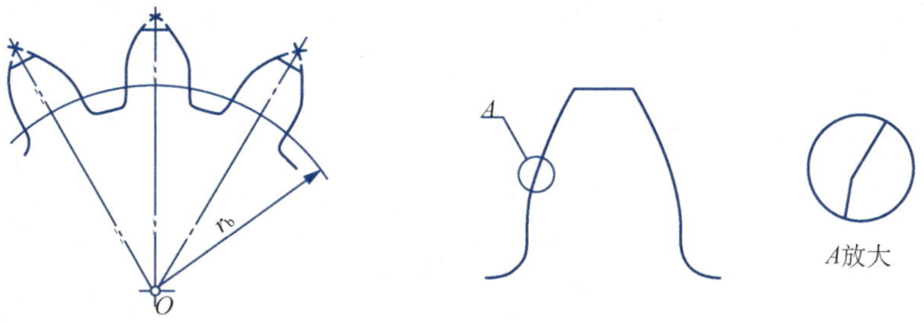

(a) 标准齿形　　(b) 实际齿形

图 4-15　直齿圆柱齿轮齿形形状

2. 全面分析，查找原因

针对问题全面分析，确定齿轮齿形误差产生的原因主要有以下四个方面：

① 当采用成形法加工时，成形刀具的制造误差引起齿形误差。

② 加工原理误差。当采用展成法加工时，齿廓是由滚刀做展成切削运动而加工出来的，如图 4-15 所示，由于滚刀切削刃形状误差，滚齿时会直接引起加工误差。同时，由于滚刀切削刃数有限，滚切出的齿形不是连续光滑的渐开线，而是由若干短线组成的折线。

③ 滚刀的制造误差和安装误差。

④ 机床的精度低，特别是机床的传动误差对齿轮加工精度影响较大。

3. 提出改进措施

① 提高成形刀具的制造精度。

② 根据不同精度等级的齿轮，选择不同精度的展成法加工刀具。

③ 根据不同精度等级的齿轮，选择不同的加工方案。对于加工精度 6 级在以上的淬火齿轮，可采用滚齿(插齿)→剃齿→淬火→磨齿(珩齿)的加工方案。

④ 保证滚刀的安装精度。

⑤ 提高机床传动机构制造精度，缩短传动链，还可采用附加误差校正机构。

【组织实施】

一、课前准备工作

① 准备相关教学资料，包括教材、教学参考书、工作任务书等。

② 做好课前准备，按要求完成课前知识点的学习。

二、学习活动安排

分析齿轮类零件误差产生的原因及改进措施。

工作页	任务三 齿轮类零件的加工质量分析	学习活动 齿轮类零件的加工质量分析

【知识梳理】

请你通过自主学习、小组讨论、信息查找等方法，结合知识点的学习完成以下工作任务。

1. 简述滚齿时影响齿轮传动的准确性的因素有哪些。

____

____

____

____

2. 简述滚齿时影响齿轮传动的平稳性的因素有哪些。

____

____

____

____

【思考与练习】

通过对以上相关基础知识的学习，完成以下测试。

一、判断对错

(　　)1. 滚齿时由于齿坯的实际回转中心与其定位基准中心不重合，使被切齿轮的轮齿发生径向位移而引起齿距误差。

(　　)2. 滚齿时影响传动平稳性的主要因素是齿轮的基节偏差和齿形误差。

二、填空题

1. 影响传动准确性的主要原因是加工中滚刀和被加工齿轮的________和________发生变化。________的变化(几何偏心)产生齿轮的径向误差；________的变化(运动偏心)产生齿轮的切向误差。

2. 齿轮作为重要的基础零件，其加工精度直接关系到齿轮传动的________和________。

【做中学】

根据工作任务要求，请你和小组成员讨论，完成以下工作任务。

□　任务 1　如图 4-1 所示零件，加工直齿圆柱齿轮时，经常会出现齿形角误差、不对称、出棱等误差，试分析误差产生的原因及改进措施。

□ 任务 2　加工直齿圆柱齿轮时，加工后的齿轮出现各齿距之间不相等的现象，试分析该误差产生的原因及改进措施。

【检查评价】

① 自行检查工作任务完成情况。
② 学习小组间互查，查找存在的问题。
③ 针对问题，提出解决方法及改进措施。
④ 整理相关资料，归档。

工作任务评价单

序号	考核评价项目			考核内容	学生自评	小组互评	教师总评	分数比重
1	过程性考核	专业能力	课前	学习知识点，完成测试				60%
			课中	能够正确判断齿轮类零件误差的形式				
				能正确分析齿轮类零件误差产生的原因，并提出解决措施				
			课后	巩固课程知识，完成习题				
2		方法能力		能搜集信息、自主学习、分析解决问题、归纳总结及创新				15%
3		社会能力		能与团队共同协作、交流沟通；能遵守安全规范，有安全质量意识和工匠精神等				15%
4		其他		能按时出勤、遵守课堂纪律、积极参与活动、回答问题等				10%
总评								100%

综合评价	组别		组长签字		日期	
	评语					

存在的问题及改进措施

序号	存在的问题	解决方法及改进措施	备注
总结与提高：			

【教学反馈】

信息反馈表

序号	反馈问题	反馈意见		
1	你对该工作任务是否感兴趣？	A. 感兴趣	B. 一般	C. 不感兴趣
2	该工作任务的安排是否合理？	A. 合理	B. 一般	C. 不合理
3	该工作任务的难度是否合适？	A. 太难	B. 合适	C. 太简单
4	该工作任务的学时安排是否合适？	A. 太少	B. 合适	C. 太多
5	该工作任务的学习目标是否实现？	A. 实现	B. 部分实现	C. 没有实现
问题综述				
学习心得				

附　　表

附表 1　标准公差数值表

公称尺寸(mm)		公差等级																			
		IT01	IT0	IT1	IT2	IT3	IT4	IT5	IT6	IT7	IT8	IT9	IT10	IT11	IT12	IT13	IT14	IT15	IT16	IT17	IT18
大于	至	(μm)													(mm)						
—	3	0.3	0.5	0.8	1.2	2	3	4	6	10	14	25	40	60	0.10	0.14	0.25	0.40	0.60	1.0	1.4
3	6	0.4	0.6	1	1.5	2.5	4	5	8	12	18	30	48	75	0.12	0.18	0.30	0.48	0.75	1.2	1.8
6	10	0.4	0.6	1	1.5	2.5	4	6	9	15	22	36	58	90	0.15	0.22	0.36	0.58	0.90	1.5	2.2
10	18	0.5	0.8	1.2	2	3	5	8	11	18	27	43	70	110	0.18	0.27	0.43	0.70	1.10	1.8	2.7
18	30	0.6	1	1.5	2.5	4	6	9	13	21	33	52	84	130	0.21	0.33	0.52	0.84	1.30	2.1	3.3
30	50	0.6	1	1.5	2.5	4	7	11	16	25	39	62	100	160	0.25	0.39	0.62	1.00	1.60	2.5	3.9
50	80	0.8	1.2	2	3	5	8	13	19	30	46	74	120	190	0.30	0.46	0.74	1.20	1.90	3.0	4.6
80	120	1	1.5	2.5	4	6	10	15	22	35	54	87	140	220	0.35	0.54	0.87	1.40	2.20	3.5	5.4
120	180	1.2	2	3.5	5	8	12	18	25	40	63	100	160	250	0.40	0.63	1.00	1.60	2.50	4.0	6.3
180	250	2	3	4.5	7	10	14	20	29	46	72	115	185	290	0.46	0.72	1.15	1.85	2.90	4.6	7.2
250	315	2.5	4	6	8	12	16	23	32	52	81	130	210	320	0.52	0.81	1.30	2.10	3.20	5.2	8.1
315	400	3	5	7	9	13	18	25	36	57	89	140	230	360	0.57	0.89	1.40	2.30	3.60	5.7	8.9
400	500	4	6	8	10	15	20	27	40	63	97	155	250	400	0.63	0.97	1.55	2.50	4.00	6.3	9.7

附表 2　常用加工方法的加工余量参考表

附表 2-1　粗车及半精车外圆加工余量和公差

单位:mm

零件基本尺寸	直径余量				直径公差	
	粗车		半精车			
	长　度				荒车	粗车
	≤200	>200～400	≤200	>200～400		
≤10	1.5	1.7	0.8	1.0	IT14	IT13～IT12
>10～18	1.5	1.7	1.0	1.3		
>18～30	2.0	2.2	1.3	1.3		
>30～50	2.0	2.2	1.4	1.5		
>50～80	2.3	2.5	1.5	1.8		
>80～120	2.5	2.8	1.5	1.8		
>120～180	2.5	2.8	1.8	2.0		
>180～250	2.8	3.0	2.0	2.3		
>250～315	3.0	3.3	2.0	2.3		

附表 2-2　半精车后磨外圆加工余量和公差

单位:mm

零件基本尺寸	直径余量		直径公差	
	粗磨	半精磨	半精车	粗磨
≤10	0.2	0.1	IT11	IT19
>10～18	0.2	0.1		
>18～30	0.2	0.1		
>30～50	0.25	0.15		
>50～80	0.3	0.2		
>80～120	0.3	0.2		
>120～180	0.5	0.3		
>180～250	0.5	0.3		
>250～315	0.5	0.3		

附表 2-3　镗削内孔的加工余量和公差

单位:mm

零件基本尺寸	直径余量		直径公差	
	粗镗	半精镗	钻孔	粗镗
≤18	0.8	0.5	IT13～IT12	IT12～IT11
>18～30	1.2	0.8		
>30～50	1.5	1.0		
>50～80	2.0	1.0		
>80～120	2.0	1.3		
>120～180	2.0	1.5		

附表 2-4　拉内孔的加工余量和公差

单位:mm

零件基本尺寸	直径余量			前工序公差
	拉孔长度			
	≤25	>25～45	>45～120	
≤18	0.5	0.5	0.5	IT11
>18～30	0.5	0.5	0.7	
>30～40	0.5	0.7	0.7	
>40～50	0.7	0.7	1.0	
>50～60	0.7	1.0	1.0	

附表 2-5　磨削内孔的加工余量和公差

单位:mm

零件基本尺寸	直径余量		直径公差	
	粗磨	半精磨	半精镗	粗磨
>10～18	0.2	0.1	IT10	IT8
>18～30	0.2	0.1		
>30～50	0.2	0.1		
>50～80	0.3	0.1		
>80～120	0.3	0.2		
>120～180	0.3	0.2		

附表 2-6 半精车轴端面的加工余量和公差

单位:mm

工件长度	端面半精车余量				粗车端面后的尺寸公差
	端面最大直径				
	≤30	>30~120	>120~260	>260~500	
≤10	0.5	0.6	1.0	1.2	IT13~IT12
>10~18	0.5	0.7	1.0	1.2	
>18~30	0.6	1.0	1.2	1.3	
>30~50	0.6	1.0	1.2	1.3	
>50~80	0.7	1.0	1.3	1.5	
>80~120	1.0	1.0	1.3	1.5	
>120~180	1.0	1.3	1.5	1.7	
>180~250	1.0	1.3	1.5	1.7	

附表 2-7 磨削轴端面的加工余量和公差

单位:mm

工件长度	端面磨削余量				半精车端面后的尺寸公差
	端面最大直径				
	≤30	>30~120	>120~260	>260~500	
≤10	0.2	0.2	0.3	0.4	IT11
>10~18	0.2	0.3	0.3	0.4	
>18~30	0.2	0.3	0.3	0.4	
>30~50	0.2	0.3	0.3	0.4	
>50~80	0.3	0.3	0.4	0.5	
>80~120	0.3	0.3	0.5	0.5	
>120~180	0.3	0.4	0.5	0.6	
>180~250	0.3	0.4	0.5	0.6	